论权力与权利
之协同共治

——环境保护体制机制的变革

钭晓东 等／著

法律出版社 LAW PRESS · CHINA

北京

图书在版编目（CIP）数据

论权力与权利之协同共治：环境保护体制机制的变革／钭晓东等著. -- 北京：法律出版社，2021
（宁波大学东海文库）
ISBN 978 - 7 - 5197 - 2503 - 7

Ⅰ. ①论… Ⅱ. ①钭… Ⅲ. ①环境保护 - 环境管理 - 体制改革 - 研究 - 中国 Ⅳ. ①X3

中国版本图书馆 CIP 数据核字（2020）第 270964 号

| 论权力与权利之协同共治
——环境保护体制机制的变革
LUNQUANLI YU QUANLI ZHI XIETONG GONGZHI
—HUANJING BAOHU TIZHI JIZHI DE BIANGE | 钭晓东 等著 | 责任编辑 屈 瑶
装帧设计 臧晓飞 |

出版发行 法律出版社	**开本** 710 毫米×1000 毫米 1/16
编辑统筹 学术·对外出版分社	**印张** 19.75 **字数** 301 千
责任校对 王晓萍	**版本** 2021 年 12 月第 1 版
责任印制 陶 松	**印次** 2021 年 12 月第 1 次印刷
经 销 新华书店	**印刷** 三河市龙大印装有限公司

地址:北京市丰台区莲花池西里 7 号(100073)

网址:www. lawpress. com. cn

投稿邮箱:info@ lawpress. com. cn

举报盗版邮箱:jbwq@ lawpress. com. cn

版权所有·侵权必究

销售电话:010 - 83938349

客服电话:010 - 83938350

咨询电话:010 - 63939796

书号:ISBN 978 - 7 - 5197 - 2503 - 7   定价:85.00 元

凡购买本社图书,如有印装错误,我社负责退换。电话:010 - 83938349

总　序

　　21 世纪正面临一个从"黄土时代到蓝土时代"的转型大变局。"面向海洋、海陆统筹、谋新蓝图"已成当今世界发展的大趋势。同时,随着人口增长,人类对海洋的深入涉足,人类的"活动半径"正进一步从"内陆"延展至"海洋",陆地资源因大规模开发利用而日趋短缺,海洋已成为人类在地球上进一步拓展足迹的"最后空间"。毋庸置疑,宁波作为"面向海洋、海陆统筹、以海定陆、谋新蓝图"趋势下向海而生的重要节点城市,面对上述时代变局,其所生发的系列先行先试治理及法治实践,正被推向前台。

　　宁波作为计划单列市、副省级城市,是"一带一路"沿线的重要节点城市,商、海、港等先试资源众多,正面临"全面展示中国特色社会主义优越性、全国生态文明先行示范、高质量发展建设共同富裕示范"等10 余项国家级先行示范区的时势之责。就宁波港而言,其历史可追溯到数千年之前,唐朝建立明州港,元朝更名为庆元港,明朝更名为宁波港。宁波舟山港位于我国海岸线中部、"长江经济带"的南翼,为中国对外开放一类口岸,中国沿海主要港口和中国国家综合运输体系的重要枢纽,中国国内重要的铁矿石中转基地、原油转运基地、液体化工储运基地和华东地区重要的煤炭、粮食储运基地;作为上海国际航运中转港,宁波舟山港由北仑、洋山、六横、衢山、穿山等19个港区组成,共有生产泊位620多座,其中万吨级以上大型泊位近160座,5万吨级以上的大型、特大型深水泊位90多座,是服务长江经济带、建设舟山江海联运服务中心的核心载体。2020年,宁波舟山港完成货物吞吐量11.72亿吨,同比增长4.7%,连续12年保持全球第一;完成集装箱吞吐量2872万标箱,同比增长4.3%,继续位列全球第三。

宁波大学面朝东海、根系内陆,于20世纪80年代由北京大学、浙江大学、复旦大学等五校对口援建而成。正如同其校训"实事求是、经世致用"一样,宁波大学扮演着本土与海外、理论与实践对话与沟通的重要桥梁。宁波大学法律系于1986年在北京大学法律系对口援建下创办,是宁波大学最早设立的八个系之一。法学专业先后获国家综合改革专业、国家特色专业、浙江省"十二五"和"十三五"优势特色专业,入选首批国家一流本科专业建设点,法学学科为浙江省一流学科(A类)。行政管理专业为浙江省重点建设专业,公共管理学科是浙江省重点建设学科。宁波大学法学院已形成民营经济与中小企业法治服务、法治政府与地方治理、生态文明与海洋法治等特色学科建设领域。法学院拥有浙江省高校人文社科重点研究基地——法学、省重点学科——民商法学,获得"法学浙江省首届高等学校省级教学团队""'滨海湾区建设及其法治保障'浙江省高校高水平创新团队"等荣誉称号,拥有浙江省高校人文社科重点研究基地、浙江省首批重点专业智库——东海研究院、国家首批知识产权信息服务中心等系列学科科研建设平台;同时拥有宁波市人大常委会与宁波大学合作共建的宁波立法研究院。浙江省重点专业智库——宁波大学东海研究院、宁波大学法学院、宁波立法研究院三者形成了"一体两翼"的格局。

宁波大学东海研究院有着15余年的建设积淀。2006年4月,宁波大学获批浙江省首批哲学社会科学重点研究基地(东海研究院的前身),经10余年的建设积淀,2016年11月提升发展并被命名为宁波大学东海研究院;2017年被遴选为浙江省教育厅首批高校智库,2018年被遴选为浙江省首批重点专业智库,又先后入选"中国CTTI来源智库",成为东黄海战略联盟核心支撑平台之一。东黄海研究智库联盟是为落实李克强同志2014 年在第九届东亚峰会上提出的建设东亚海洋合作平台的倡议，由自然资源部海洋发展战略研究所于 2017 年发起成立的我国首个专门研究东黄海涉海问题的智库合作机构。宁波大学东海研究院从"环境"与"海洋"两大领域跨学科推进系统深入研究，尤其关注"生态文明及法治基础理论及重点实践，海洋法治、海洋经济、海洋环境和海洋教育"等领域的重大前沿理论与现实问题。通过积极开展厚实的积淀建设与广泛国内国际交流合作，东海研究院已建立了一支专业优势突出、研究视野宽广、决策能力突出、结构合理的研究团队；形成了"高端东海智库论坛""东海沙龙""东海讲坛""东海通讯""海洋教育研究通讯"等系列有影响力的智库品牌与交流载体；刊发了诸多深层次的前沿的、有价值的论著；获得了国家社科重大招标项目以及省部级领导肯定性批示等系列高端标志性成果；在国内外形成了一定的影响力与知名度，积极发挥了国家战略及地方治理先行先试的理论研究与资政智囊团作用。

宁波立法研究院成立于 2021 年，其服务于国家法治战略、宁波市人大地方立法、法规动态维护、法律法规实施监督等工作，服务于宁波大学法学学科建设，致力于打造一流的、服务于地方人大工作的法律专家智库，探索研究地方先行先试立法、法律法规实施监督等前沿理论和实务领域重点课题，为地方人大及其常委会履行法定职责、推进地方治理体系和治理能力现代化提供有力的理论支撑和智力支持。我们力求通过宁波的地方立法实践与经验总结，合力将宁波立法研究院建设成为全面展示先行区域先行先试立法实践与经验的"重要窗口"。

随着党中央全面依法治国等系列重大战略举措的大力推进，我们正面临坚定不移走中国特色社会主义法治道路，在法治轨道上推进国家治理体系和治理能力现代化，为全面建设社会主义现代化国家、实现中华民族伟大复兴的中国梦提供有力法治保障。在探索地方治理体系与治理能力现代化先行先试经验等方面，宁波、宁波大学、宁波大学法学院、东海研究院及宁波立法研究院无疑需要就"前沿理论问题研究、先行制度机制创新先试、先行先试经验提炼推广、国家及地方政府治理战略咨政建言、高层次地方治理及法治人才培养"等，积极回应"全面展示中国特色社会主义优越性、全国生态文明先行示范、高质量发展建设共同富裕示范"等时代诉求，积极扮演"示范先行区、发展引领区、改革试验区、展示探索者"等时代角色。

正基于此，"东海文库"应运而生。本文库旨在宣传先行先试区域、宁波大学、宁波大学法学院、东海研究院及宁波立法研究院等在积极回应时代诉求中，所涌现的有关"治理与法治先行先试探索"的系列优秀理论与实证研究成果。入选本文库之成果，无论作者职称和地位，以学术性为唯一考量，以求"顶天立地"，以力承时势之责，为推进国家治理体系与治理能力现代化贡献绵薄之力！"东海文库"秉承"国家战略、区域先行、国际视野、中国立场"的逻辑主线，立足"根植于本土、归属于全国、面向新时局"的生成基点，正走在法治先行先试的新征程上，敬请大家批评指正！

钭晓东

2021 年 6 月

目 录

导　言　权力与权利之间：迈向新时代的
环境保护体制机制变革

　　党的十七大首次提出"建设生态文明"，与经济建设、政治建设、文明建设、社会建设相提并论，提高到国家发展战略高度；十七届五中全会进一步提出"加快建设资源节约型、环境友好型社会，提高生态水平"战略决策；党的十八大独立成章阐述"大力推进生态文明建设"，提出把生态文明建设放在突出地位，融入经济建设、政治建设、文化建设、社会建设的"五位一体"总体布局；党的十八届三中全会将生态文明纳入国家治理体系的总目标；党的十八届四中全会"为生态文明嫁接以'法治翅膀'"；党的十八届五中全会与"十三五"规划明确"创新、协调、绿色、开放、共享"五大发展理念；党的十九届四中全会审议通过《中共中央关于坚持和完善中国特色社会主义制度、推进国家治理体系和治理能力现代化若干重大问题的决定》；2020年中共中央办公厅、国务院办公厅印发《关于构建现代环境治理体系的指导意见》要求要以习近平新时代中国特色社会主义思想为指导，全面贯彻党的十九大和十九届二中、三中、四中全会精神，深入贯彻习近平生态文明思想，紧紧围绕统筹推进"五位一体"总体布局和协调推进"四个全面"战略布局，认真落实党中央、国务院决策部署,牢固树立绿色发展理念,以坚持党的集中统一领导为统领,以强化政府主导作用为关键,以深化企业主体作用为根本,以更好动员社会组织和公众共同参与为支撑,实现政府治理和社会调节、企业自治良性互动,完善体制机制,强化源头治理,形成工作合力,为推动生态环境根本好转、建设生态文明和美丽中国提供有力制度保障。党的十九届五中全会明确"十四五"时期经济社会发展主要目标,提出生态文明建设实现新进步,国土空间开发保护格局得到优化,生产生活方式绿色转型成效显著,能源资源配置更加合理、利用效率大幅提高,主要污染物排放总量持续减少,生态环境持续改善,生态安全屏障更加牢固,城乡人居环境明显改善;并对"生态环境根本好转,美丽中国建设目标基本实现"的 2035 年的远景目标进行了进一步强调。习近平总书记也在中央全面依法治国工作会议的重要讲话中,强调了"坚持建设中国特色社会主义法治体系,积极推进生态文明等重要领域立法"。

随着生态文明演进,环境法治建设正迈入国家生态治理体系与治理能力现代化的新时代。在此期间,我国社会的主要矛盾、权力—权利—义务—利益格局、环境法治客观条件与话语体系也正发生深刻变化,我国环境法治建设也正逐步呈现出"迈向实效性、追求多元协同共治"的新样态与新趋势。上述新样态与新趋势的时势背景,无疑对环境保护体制机制之适时因应的协同共治变革提出了要求。

综合而言,体制,即权力—权利配置的格局,是指国家机关、企业、事业单位、公众整体意义上协同共治的组织制度。从本质上来说,其尤其体现的是"权力—权利—义务—利益"中的"权力—权利"配置格局。"机制"则是"权力—权利—义务—利益",尤其是"权力—权利"分配格局的运行。而法律制度是该多元格局形成与运行的保障。体制、机制与法律制度三者之间相互联系、相互作用、不可分割。

首先,在"权力—权利—义务—利益"的关系格局中,"权利—权力的关系是法理学的最深刻的基本问题之一"①。其中的深刻性主要体现在:

---

① 葛洪义:《探索与对话:法理学导论》,法律出版社 1996 年版,第 174 页。

这个问题实质上是一个如何认识现代社会中个体与整体之间的关系的问题，是一个如何解决个体与整体之间矛盾的问题。因此，它既是现代法理学的一个普遍问题，又是面临改革开放、走向现代化的中国法理学的一个特殊问题。为此，童之伟教授认为权利与权力从根本上可称为法权的统一体，法律世界最重要的现象是权利和权力，①法律生活最基本的矛盾是权利与权力的矛盾，甚至认为当代中国法学的核心范畴，选权利、权力优于选权利或权利、义务。权利是个体利益、私人财产的法律表现，权力是公共利益（或社会整体的利益）、公共机关所有之财产的法律表现。② 而公共利益的维护，需要公共权力的功能运行与发挥。其中公共权力在构成上，包括国家/政府权力与社会权力，③而非仅限于国家权力。对此，马克思则把社会上的人概括为"私人"与"公人"的双重身份和人的"私权利"（private right）与人的"社会权力"（public right）的双重权利。李步云教授在《法哲学的体系和基本范畴论纲》中也指出，"权力与权利是法的两个相对应的基础范畴，权力有国家权力和社会权力之分"。④ 其中，国家/政府权力是国家（政府）机构所享有之力，即社会资源分配协调保障之力。而对社会权力，郭道晖先生曾指出，"'社会权力'即社会主体以其所拥有的社会资源对国家和社会的影响力和支配力"。⑤ 为此，日本著名法学家美浓部达吉认为："所谓私权，只是存在于私人相互间的权利，国家对之处于第三者的关系。反之，若为公权，国家或公共团体本身居于当事者或义务者的地位。因此，国家对人民权利的保护方法，因公权或私权而有显著的差异。"⑥

故而在环境法治领域，在环境权力（含国家/政府环境权力、社会环境

① 参见童之伟：《论变迁中的当代中国法学核心范畴》，载《法学评论》2020 年第 2 期。

② 参见童之伟：《再论法理学的更新》，载《法学研究》1999 年第 2 期。

③ 当然，也有公权利、公法权利等提法。公法权利是德国行政法学的基础概念，德文为 subjektive offentliche Rechte，日本的文献也将其译为"公法上的权利"、"公权利"或"公权"，其表达方式虽有差别但含义完全相同。参见鲁鹏宇：《德国公权理论评介》，载《法制与社会发展》2010 年第 5 期。

④ 李步云：《法哲学的体系和基本范畴论纲》，载《现代法学》2019 年第 1 期。

⑤ 郭道晖：《认真对待权力》，载《法学》2011 年第 1 期。

⑥ ［日］美浓部达吉：《公法与私法》，商务印书馆 1937 年版，第 124 页。

权力)与环境权利(含国家/政府环境权力、社会环境权力、公众环境权利)结构中,环境权力一定程度是环境公共利益(或社会整体环境利益)的法律表现,而公众环境权利是单位及个体环境利益的法律表现。其中,国家/政府环境权力是指国家及政府依法享有的环境公益的分配协调与保障权力。"社会环境权力"是指相关组织、公众等基于"公人"身份,参与环境公共事务,维护环境公益的公共性权力,是对国家/政府环境权力的监督、补充和促进。公众环境权利是指公众基于"私人"身份,享有适宜、清洁与健康环境的权利。综合而言,环境权力与环境权利关系的研究视角,无疑是对传统环境权利义务关系研究的视角拓展,也为推进环境保护体制机制变革提供逻辑主线、拓展运行路径。一方面既有利于对环境权力与环境权利关系的系统认识与梳理,另一方面也有助于推进对环境权力的合理配置、合理运用和制约监督,从而借助环境保护体制机制变革,进一步推进新时代时势背景下的生态文明演进与环境法治建设。

其次,就总体的"权力—权利"关系而言,可以进一步呈现于下述两个层面:(1)从广义上的法律实施角度,权力与权利形成"互补"关系。"互补"意味着在判断力方面,权力构成对权利的补充;而在执行力方面,权利是对权力的补充。权利是主体意识的核心,而主体意识形成有三个中心范畴:行动在先;活动意识在先;社会意识或群体意识在先。① 权力则被认为既意味着物理的力量,又意味着理智的判断力。国家既是最伟大的人类力量,又是最高的人类智慧,拥有最高的权威,是唯一的权力主体。权力塑造的理性的权利主体和现实的个体人之间的矛盾日渐突出,20 世纪六七十年代遍及西方的社会运动、环境运动、新思潮和文化反叛,汇成后现代主义思潮,把矛头直指启蒙运动以来的理性政治和权力结构,在对各种诸如真理、理性、体系、基础、确定性等现代性概念进行解构中,权力与权利的界线模糊。权力开始弥散化,开始由政府与社会共同分享。(2)从狭义的法律实施即政府执法层面,权力与利益形成"共生"关系。

---

① 参见段德智:《主体生成论——对"主体死亡论"之超越》,人民出版社 2009 年版,第 71 页。

"共生"的基础性意义当然就是权力主体和利益主体的共存，也即在环境执法的过程中形成主体间性支撑的法律商谈结构。同时，"共生"必须含有"共进"的意义，不仅存在，而且应该更好地存在。综合而言，环境法治建设及环境法律规范配置与运行，一定程度上也是基于环境公共利益保护而对公众及企业等主体的相关行为与诉求予以规制与限制。因此，一定程度上，环境法律规范配置与运行，也是在生态文明建设要求下对公众及企业等主体一种实体意义上的利益限制或不利益。因此，如果国家/政府环境权力的运行，忽视对公众及企业等主体的这种实体意义的利益限制或不利益，必然建立不起"命令—合作"的关系。

最后，在"权力—权利"的"互补与共生"关系中，权力的回应是一个重要环节。权力要回应权利的要求；权力也要回应利益的需要。权力的回应不是代言，也不是适应或迁就，因此能够把握法律实施的关键要点，法律的严肃性、科学性、程序性和公正性才能得以维持。政府既有自己的判断，也要尊重公众、环境保护团体、企业等各种主体的判断，不同主体参与法律实施的渠道不同，但都能阐述自己的意见。法律的实施过程不再是政府单方面灌输它的意志的过程，而是政府、公众与企业共同理解和诠释法律、共同建设法律秩序的过程。显然，权力回应有双重要点：

（1）在工具意义上权力的回应是"决策型回应"，即权力对权利和利益做出应激性反应。当公众通过公民诉讼或其他方式表达对环境保护的关切时，政府应即时启动环境执法，积极作为，回应社会的要求；当企业在执法过程中提出自己的利益需求时，政府应充分予以尊重，将法律的合理性与正当性论证作为执法的核心，沟通与接受而不是灌输与压制。（2）权力的回应必须是目的意义上的"结构型回应"，即政府应该以此为契机，创新制度安排，调整权力运行的结构。当公众通过公民诉讼或其他方式"实施法律"时，政府应该借此进行制度设计的反思，检讨权力配置、执法方式与执法能力等结构性问题。当企业违法环境法律面临处罚时，政府应该分析导致违法的原因，反省制度设计与政府本身存在的问题。企业是典型的经济理性驱动型组织，通常只有当守法成本太高时，才会违反法律。

在权力的两种回应类型中，前者是基本前提，"结构型回应"必须建立在"决策型回应"之上；但是，权力的回应最终必须是"结构型回应"，进而达致环境协同共治的样态。公民诉讼或政府对企业违法行为的处罚都是个案性的，如果不能从结构上对权力自身进行反思，不断谋求制度安排和权力运行结构的完善，环境法实效的结构就不可能建立。就事论事是不能解决根本问题的。权力的回应性是环境法实效结构的核心，显然也就是环境法实现实效的具体路径。

因此综合而言，法学是一门强应用性学科，环境保护体制机制变革及其研究应立足、面向、服务于社会现实。因而，"新时代"本质上也是当今我国社会、经济与文化的现状概括。就此而言，尽管法学界有许多学者对"后现代"思潮持反对或警惕态度，但是，事实上种种所谓的"后现代思维"无疑已深深影响公众。环境问题是现代性副产品，随现代性发展而变化。以"新时代"为社会文化背景，以生态文明的发展及其演进为理论线索，立足于我国政治制度与行政体制的特点，希望突破概念法学和逻辑演绎的方法，充分挖掘与利用中国本土资源，梳理决定与影响我国环境保护体制机制变革、环境法律制度运行基础的社会关系，以及从其背后折射出的复杂利益关系冲突，进而探索和研究迈向实效性、协同共治的环境保护体制机制变革。

第一章　生态文明演进与环境保护体制机制变革

第一节　生态文明演进铺就环境保护体制机制变革之路

一、生态文明为变革提供时空维度与作用空间

随着新时代人类文明向生态文明的演进,人类社会的发展进入了一个新的发展阶段。后工业社会在创造极大物质财富的同时,也给人类带来难以想象的风险。社会的变迁是法律功能演进的动力。生态文明及风险社会的背景不仅带来了主体多元性、利益多样性与多层次性的演变,也对环境法的功能演变、环境保护体制机制变革提出了要求。其中,利益调整是环境法之功能实现的基点,理性平衡多元利益,就必须实现功能的进化。其进化路径是:在生态文明建构原则指引下,彰显倾斜保护功能,深化利益增进功能,拓展互助共赢功能,实现多元利益的共生、共进、再生。①

无疑,人类社会在进入风险社会后,环境问题也

---

① 参见钭晓东:《生态文明、风险社会与环境法的功能进化》,载《学术月刊》2008 年第 1 期。

会呈现出与传统不一样的特征。因此,从"风险社会"理论视角,理解风险社会中环境问题的特征,并提出相应治理对策显得尤为必要和迫切。为此,布伦特·K.马歇尔指出:在传统理论框架内,在社会背景或社会关系理论化过程中,环境被典型地看作是边缘化概念,而不是核心范畴。①传统理论建构认为技术进步只有积极的社会作用,能够促进发展、积累财富和开化(人类),生态环境能够消化现代化带来的副作用,因此不会对社会产生什么影响。然而,传统理论产生的历史环境如今发生了根本性变化。现代社会最复杂、最突出的一个困境就是出现和增加了按人文地理分布的环境风险和疾病灾害。具体到气候变化等问题上,彼得·哈里斯·琼斯认为:传统秩序对全球气候变化的反应是多种多样的,总体上有三种趋势:第一个是生存问题,即直接拒绝工业主义的全球实践;第二个趋势可形容为"反思传统主义"范畴上传统的复苏;第三个趋势是为了增强对源起于全球气候变化的环境变化的有计划应对,尝试把传统价值与现代守恒学结合起来。②

基于我国生态文明及风险社会的背景,学者李拥军、郑智航等研究认为:"中国环境法也要在立法理论与实践方式上实现自觉地更新与转换,具体应包括:提升环境法在法律体系中的地位;把预防作为环境法首要的调整方式;强调国际合作在环境法治中的作用。"③显然,从传统工业社会向风险社会的转型不仅意味着社会运作方式的转变,更意味着人们生活方式与生活态度的转变。这种转变既使传统社会的环境法治遭遇了前所未有的危机和困境,同时也为环境法治理念的更新与实践转向

---

① 参见[美]布伦特·K.马歇尔:《全球化、环境退化与贝克的风险社会》,载《马克思主义与现实》2005年第5期。

② 参见[加]彼得·哈里斯·琼斯:《"风险社会"传统、生态秩序与时空加速》,载《马克思主义与现实》2005年第6期。

③ 李拥军、郑智航:《中国环境法治的理念更新与实践转向——以从工业社会向风险社会转型为视角》,载《学习与探索》2010年第2期。

提供了契机。①

　　法律作为社会变迁的产物,其规范变迁与功能的进化必然受深层的文明演进因素的影响。因此,对环境法而言,"人定胜天、天人合一、资源有限、同质同源"的理念变迁,促成了环境法之法律规则运行模式的四层次演进:环境破坏规制规则的缺位;环境破坏规制规则的填补;利益限制性规则的注重;利益促进性规则的引入。而环境法之功能也在环境法律规则运行模式的层递演进中得到进化。②

　　1989年《环境保护法》颁布以来,我国的环境法及其相应制度得到了长足发展。但是,随着我国经济社会的快速发展,市场经济体制的建立和完善,以及公众环境保护与法律意识的提高,环境保护形势发生了巨大变化,也使相关法律制度暴露出一些缺陷和不足。如立法理念不适应时代变化要求,有些制度尚存在计划经济时的缺陷,环境保护法与单项法的衔接不顺等,一定程度上已经成为我国环境保护事业进一步发展的障碍,亟待修订和完善。而生态文明的演进,尤其是党的十八大报告明确提出"生态文明",十八届五中全会与"十三五"规划明确"创新、协调、绿色、开放、共享"五大发展理念,到党的十九届四中全会通过《中共中央关于坚持和完善中国特色社会主义制度、推进国家治理体系和治理能力现代化若干

---

① 这方面的其他重要成果还包括:[德]乌尔里希·贝克:《风险社会再思考》,载《马克思主义与现实》2002年第4期;黄庆桥:《科学的风险意识与和谐社会的建设》,载《毛泽东邓小平理论研究》2006年第9期;[荷]沃特·阿赫特贝格:《民主、正义与风险社会:生态民主政治的形态与意义》,载《马克思主义与现实》2003年第3期;庄友刚:《风险社会理论研究述评》,载《哲学动态》2005年第9期;[德]乌尔里希·贝克:《世界风险社会:失语状态下的思考》,载《当代世界与社会主义》2004年第2期;程新英、柴淑芹:《风险社会及现代发展中的风险——乌尔里希·贝克风险社会思想评述》,载《学术论坛》2006年第2期;王小钢:《贝克的风险社会理论及其启示——评〈风险社会〉和〈世界风险社会〉》,载《河北法学》2007年第1期;文军:《社会学理论的核心主题及古典传统的创新——论社会学理论中"全球化研究范式"的建立》,载《浙江学刊》2005年第4期;吴忠民:《现阶段中国的社会风险与社会安全运行——当前中国重大问题研究报告之一》,载《科学社会主义》2004年第5期;夏玉珍、郝建梅:《当代西方风险社会理论:解读与讨论》,载《学习与实践》2007年第10期;薛澜:《危机管理:转型期中国面临的挑战》,载《中国软科学》2003年第4期;章国峰:《反思的现代化与风险社会——乌尔里希·贝克对西方现代化理论的研究》,载《马克思主义与现实》2006年第1期;周战超:《当代西方风险社会理论引述》,载《马克思主义与现实》2003年第3期;等等。

② 参见钭晓东:《论社会变迁与环境法律规则运行模式的演进》,载《河北法学》2008年第3期。

重大问题的决定》,再到 2020 年中共中央办公厅、国务院办公厅印发《关于构建现代环境治理体系的指导意见》,再到党的十九届五中全会通过公报,审议通过《中共中央关于制定国民经济和社会发展第十四个五年规划和二〇三五年远景目标的建议》;再到习近平总书记在中央全面依法治国工作会议的重要讲话中,关于"坚持建设中国特色社会主义法治体系,积极推进生态文明等重要领域立法"的强调。这些无疑都为我国的环境法理论研究与体系形成、走向深入提供了纲领性的指引,更是对环境法的实效性保障、体制机制及制度变革提出了更为深层的要求。上述时势使环境法的实效性变革研究具有了"自身发展和文明演进需求"的双重意义。

作为一门强应用性学科,环境法的实效性、环境保护的体制机制及法律制度变革必须立足、面向、服务于社会现实。就我国的环境立法启动与环境法学研究起步而言,二者在时间上与我国进入全面、快速的社会转型阶段有着历史的巧合。而这也注定了当前我国的环境保护的体制机制、法律制度以及环境法的发展不能脱离当下生态文明演进及时势变迁的大背景。"和谐社会、资源节约型与环境友好型社会、低碳社会"等目标,既表征了人类在"后现代思维"下对现代化进程与现代社会转型的反思,也为环境法力求呈现实效性、推进环境保护体制机制变革提供了适时情境与时势背景。

二、生态文明为环境保护体制机制变革拓宽视角

(一) 生态文明演进与社会转型的交织

总体而言,在生态文明演进进程中,"生物多样性及生态系统的复杂性、人与自然的和谐共生而非对抗征服"的特殊语境,更为"后现代思维"所强调的"非决定论而不是决定论,多样性而非统一性,差异性而非综合性,复杂而非简单"提供了滋养土壤。作为生态文明演进中利益调整的重要规则之一,环境法必须关注与回应当下社会的需要,并从中获取力量与生命力。在日益深入的全球化之下,我国当前社会传统、现代、后现代不同时代特征并存,变迁性社会问题、转轨性社会问题、全球

性社会问题交织。环境问题归根结底就是社会问题,当代中国所彰显的一系列话语(和谐社会、生态文明、资源节约型与环境友好型社会、风险社会、低碳社会等),在表明对人类生态危机担忧与环境保护问题关注的同时,更是表征国人在"后现代思维"影响下对现代化进程与现代社会转型的反思。追本溯源,当下频发的环境问题与生态危机,现代性难辞其咎,而这也正是"后现代思维"生成及其倡导者"挑战、批判现代性"的主要原因。

因此,在此时势背景下,生态文明的演进与社会转型的交织下状态,构成了"环境保护体制机制变革"的基本出发点,无疑也在自觉与不自觉中,促使了其研究视角的拓展。一定程度上,以往关于环境法及其相关体制机制、法律制度的研究,大多局限于传统的单一的概念法学研究方法,主要偏向于概念法学和逻辑演绎方法既缺乏对中国本土资源及条件的研究,也缺乏与其他学科的联系。显然,就环境法的实效性境况及其中的复杂环境法律关系,以及其背后折射出的复杂的利益关系冲突(不同社会利益、经济利益和政治利益之间)而言,仅从单一的学科角度或研究方法出发,难以实现有效、确切的探究,获得优质答案与可行方案。无疑,我们必须拓展研究视角、探索新研究方法与思路。显然,"生态文明、时势变迁"的背景既为环境保护的体制机制变革研究拓宽了视域,也为其提供了源源活水与鲜活案例。

(二)我国社会的转型与环境法治建设的适时回应

改革开放四十余年来中国环境法治建设与研究经历了计划经济时期、计划经济向市场经济过渡时期和市场经济时期三个阶段,环境法治既有成功的经验,也有失败的教训。伴随着1978年召开党的十一届三中全会以来的系列发展,中国进入了改革开放、从计划经济向社会主义市场经济转变的时期。为此,蔡守秋教授在《论加强市场经济体制下的环境资源法制建设》中,也进一步详细论述了市场经济对环境资源法制的影响,进而将我国1978年以后的环境法称为"经济转型时期的环境法"。他认为:从1978年至今,虽然是中国现代环境法迅速、全面发展的阶段,但这个阶段的环境法都具有经济转型时期的性质和特点。① 因此,可以将这个阶段的环境法简称为"经济转型时期的环境法"或"改革开放时期的环境法",又称"当代中国的环境法"。而常纪文教授也认为:1978 年以来,我国的环境立法、环境执法、环境司法、环境守法、环境参与和环境法律监督工作取得了巨大的成就。② 从 1997 年国家正式提出依法治国方略后,我国的环境保护工作正式走向法治化的轨道。目前,无论是从环节上,还是从整体的判断指标上分析,或者从实效上评估,都说明我国的环境法制架构已经基本形成,符合科学发展观和生态文明要求的环境友好型和资源节约型环境法治工作正在完善之中。完善的措施既包括立法完善工作,还包括执法、司法、守法、参与和监督环节的体制、制度和机制的创新工作。通过对环境法治建设的历史回顾,体现了不同时期环境法发展的不同特点。而这也为新时代环境保护体制机制变革、环境法治建设与发展的趋势研究奠定了基础,提供了借鉴思路。

经济体制改革的新情况与行政体制改革的内在要求推动其必须进入机制与制度创新的新阶段。重构一种科学规范的中央与地方利益关系的新模式以保持深层次利益结构平衡,已成为环境保护体制机制变革甚至政治体制改革的逻辑选择。我国环境法经历十多年的发展历程,人们愈加发现环境利益衡平观点的前瞻性和正当性,成为当前环境保护体制机制研究的主流方向。对此,王明远教授、马骧聪教授指出:环境问题的经济根源在于其外部不经济性,保护环境资源、促进可持续发展的政策与法律体系在于构建环境经济法制制度、命令和控制措施以及宣传、教育手段等共同组成的有机整体。③ 崔玉成、陈赛则认为:环境法律制度实质上是

① 参见蔡守秋:《论加强市场经济体制下的环境资源法制建设》,载《法学评论》1995 年第 2 期。
② 参见常纪文:《中国环境法治的历史、现状与走向——中国环境法治 30 年之评析》,载《昆明理工大学学报·社科(法学)版》2008 年第 1 期。
③ 参见王明远、马骧聪:《论我国可持续发展的环境经济法律制度》,载《中国人口·资源与环境》1998 年第 4 期。

一种利益平衡制度,利益规律是环境法律制度的基础。① 环境法律制度设计的目的就在于通过法律(制度)这一特殊的利益调控机制将经济发展的负面效应降到最低程度,既达到发展经济的目的,又保护好人类赖以生存的环境和自然资源,从而增进全人类的普遍的共同的利益,达到经济利益、生态利益和社会利益的统一,促进人类社会的可持续发展。

尹伊君教授在《社会变迁的法律解释》一书中,从法律视角解释了社会变迁的历史社会学(historical sociology)②。他从中国近代社会、法律转型的现实问题入手,在社会变迁和中西比较的背景下,对法律的概念、法律变革与法律传统的关系、法律秩序与法律规则、法律现代化与法律本土化以及法治等重大问题重新加以梳理和解释,提出了"双重社会"的理论模式。因此,无疑中国社会与西方社会、中国法律与西方法律都是源于中国人与西方人的不同心智,是依各自的文化传统连续演进的。法治非建构之物。诺内特在《转变中的法律与社会:迈向回应型法》中认为,③法律是社会的产物,因此,对于法律的研究就不能空谈恒久不变的理想。从法律权威与法律秩序入手,将社会中的法律分为三类,作为压制性权力工具的法律,作为能够控制并维护自己完整性的一种特别制度的法律,作为回应各种社会需要和愿望的一种便利工具的法律。并且诺内特认为,整体社会的历史进程大致应当是从压制性法为主转变到自治型法再迈向回应型法占主要地位的社会。④

---

① 参见崔玉成、陈赛:《环境法律制度利益平衡观》,环境资源法学国际研讨会论文,2001年于福州。

② 参见尹伊君:《社会变迁的法律解释》,商务印书馆 2003 年版。

③ 参见[美]P. 诺内特、P. 塞尔兹尼克:《转变中的法律与社会:迈向回应型法》,季卫东、张志铭译,中国政法大学出版社 2004 年版。

④ 这方面的其他重要成果还包括:国家环境保护局编:《中国环境保护事业(1981—1985)》,中国环境科学出版社 1988 年版;金瑞林:《环境与资源保护法学》,高等教育出版社 1999 年版;王树义:《可持续发展与中国环境法治——循环经济立法问题专题研究》,科学出版社 2007 年版;徐祥民、陈书全:《中国环境资源法的产生与发展》,科学出版社 2007 年版;郑杭生主编:《中国社会转型中的社会问题》,中国人民大学出版社 1996 年版;瞿同祖:《中国法律与中国社会》,中华书局 2006 年版;等等。

第二节　环境保护体制机制变革:生态文明演进的时势诉求

生态文明的演进标志着人类文明与社会发展进入新阶段,在"本土生态危机与国际环境责任"的双重压力下,更使生态文明成为建设中国特色社会主义法治体系不可或缺的核心内容。与此同时,环境问题的地域性以及经济、社会与环境的连续统一体背景,更使我国环境保护体制机制变革必然要走中国化、本土化之路,须在传统理论研究基础上,虑及环境问题的中国化、本土化问题,体现本土化研究与实证之间的张力。无疑,在中国特色社会主义法治体系基础上的"生态文明理论",在新时代的变迁与进展中,作为一个基础的指导性理论,无疑为我国环境保护体制机制变革、走向多元环境共治提供了方向引领。

一、我国环境法治建设发展与完善的四个阶段

当前,我国环境法治建设过程中,系列环境法理论的提出及环境政策和立法的实践,是生态文明理论逐步发展成型的重要组成。综合而言,借助以下四个阶段来实现长期的积淀与完善。

(一)铺垫时期:1978 年党的十一届三中全会之前

第一阶段:1973 年 8 月的全国第一次环境保护会议之前。本阶段党与国家的阶段性决策及相关理论的进展主要体现在两个方面:一方面,"持续利用、节约使用"——我国早期环境立法的基本理念的形成。这与"天人合一"等中华民族的传统文化与自然哲学影响有关。最早可追溯至夏商,《秦律》《明律》《清律》等也有有关自然资源和环境保护的规定。另一方面,环境立法理论及其制度取向上偏重自然资源保护。从中华人民共和国成立初期到1973 年的全国第一次环境保护会议之前,由于该阶段的工业还很不发达,环境污染还不突出,因此,该阶段在立法理论及制度取向上偏重自然资源保护。在此期间确立了自然资源全民所有制

形式。

第二阶段:1973年8月至1978年的中共十一届三中全会。本阶段党与国家的阶段性决策及相关理论的进展主要体现在:第一,"全面规划,合理布局,综合利用,化害为利,依靠群众,大家动手,保护环境,造福人民"32字方针在1973年8月国务院第一次全国环境保护会议中首次确立,并成为本阶段的基本指导方针。第二,环境保护基本法的功能雏形形成。国务院委托国家计划委员会(现国家发展和改革委员会)召开的第一次全国环境保护会议拟定《关于保护和改善环境的若干规定(试行)草案》,在当时起到环境保护基本法的作用。第三,环境保护的重要性从宪法层面得到体现。1978年3月的《宪法》第11条"国家保护环境和自然资源,防治污染和其他公害"是作出的专门修改,奠定了国家环境保护的宪法基础。这在其后的1982年《宪法》里得到进一步强调。

(二)初建时期:1978~1992年

本阶段党与国家的阶段性决策及相关理论的进展主要体现在三方面:

1.环境保护立法的地位得到明示。中共中央在1978年年底就保护环境立法作出明示,并转发国务院《环境保护工作汇报要点》,促成了我国首部环境保护法律《中华人民共和国环境保护法(试行)》的制定,并于1979年通过并实施。在当时中国社会主义法治建设刚刚恢复、国家法律数量尚不足10部的情况下,该法的颁布表明我国进入第一次环境立法高潮。而这也回应了当时邓小平同志关于"森林法、草原法、环境保护法"与"刑法、民法、诉讼法"地位同等重要的指示与要求。

2.开始呈现从"经济效益、社会效益和环境效益结合"的层面关注环境保护及环境政策制定的转变。1987年党的十三大提出"有中国特色的社会主义"为环境法的"中国特色建设与发展"指明了方向。1981年国务院的《关于在国民经济调整时期加强环境保护工作的决定》意图在经济的宏观调控领域纳入环境保护。十三大报告强调"提倡节约资源、降低物质消耗,经济效益、社会效益和环境效益的结合"。① 而"六五"计划也首次将环境保护纳入社会发展计划之中。这些都标志我国国家层面环境保护战略思想的转变。

3. 伴随着国家层面环境保护战略思想转变,环境的概念和范围确定,环境法的目的、体系、基本原则、部门法地位等重要理论问题开始受到关注。在此期间的环境法法学理论建设及法律制定呈现以下特征:(1)确定较全面的环境保护目标。(2)重点探讨了环境的概念和范围确定、环境法的目的、环境法体系建设、环境法的部门法地位、环境法基本原则等重要理论问题,并形成具有中国特色的"三同时"、限期治理等理论及制度。② (3)参加《保护世界文化和自然遗产公约》《濒危野生动植物种国际贸易公约》等重要国际环境公约和协定,开始从"环境外交"视野建构环境法学理论。1989 年通过的《中华人民共和国环境保护法》标志着第一次环境立法高潮达到顶点,也是有中国特色的社会主义环境法理论初建中一个非常重要的时间点。

(三)推进时期:1992~2002 年

本阶段党与国家的阶段性决策及相关理论的进展主要体现在以下三个方面:

1. 在重要性上,环境问题开始与经济、政治、文化等问题并列看待。在党的十三大报告《沿着有中国特色的社会主义道路前进》的基础上,党的十四大明确提出"有中国特色社会主义"命题,首次将环境问题与经济、政治、文化、外交等问题并列看待;强调控制人口增长和加强环境保护的基本国策;要求经济增长的"粗放型向集约型、数量型向质量型"转型。党的十八届五中全会公报指出,要统筹推进经济建设、政治建设、文化建设、社会建设、生态文明建设和党的建设,确保如期全面建成小康社会。要实现"十三五"时期发展目标,必须牢固树立并切实贯彻创新、协调、绿

---

① 禹海霞、刘建伟:《改革开放后中国共产党对环境问题认识的转变——基于历次党代会报告的视角》,载《理论学刊》2012 年第 3 期。

② 其中作为高等学校法学试用教材,韩德培主编的《环境保护法教程》(法律出版社 1986 年版)的一大特点就是根据我国的环境法律政策,来搭建环境法学体系。

色、开放、共享的理念,要在改革和发展中全面推进生态文明建设。从跻身"五位一体"战略布局开始,生态环境保护越来越受到高层重视。

2. 可持续发展等理念开始体现在我国的环境治理战略中。党的十五大报告在以下方面得到进展:促进资源合理开发利用和环境保护结合;强调从源头节约减少资源投入量;强调经济、人口、资源、环境的关系协调,走"速度较快、效益较好、整体素质不断提高的经济协调发展的路子";将可持续发展确定为现代化与环境治理战略,实现"中国特色"与国际社会的接轨。党的十八届五中全会报告提出,要以提高环境质量为核心进行环境治理,使环境保护回归其根本目的。以主要污染物减排为抓手的环境治理模式有其特定的历史功绩,今后也有其发挥作用的空间。现在把环境保护工作的重点放到提高环境质量上来,是适应新形势、新要求的创新举措。"环境质量目标能够充分挖掘政府及其职能部门开展环境保护的潜力,充分调动国家的和社会的环境保护力量,有效排除来自组织和个人的环境保护阻力。环境质量目标应当成为环境保护法制度体系的核心。"①

3. 在此期间,重点讨论了环境法的公益性、环境法的"人与自然调整对象理论"、可持续发展法律制度体系构建、环境保护市场化的法律调整、区域环境保护的综合和长效机制、环境民事纠纷的行政处理等重要理论问题。② 其他部门法律如1997年修订的《刑法》增加了"破坏环境资源保护罪",实现环境犯罪立法模式的重大突破。在签署《里约宣言》《21世纪行动计划》《联合国气候变化框架公约》等重要国际法律文件,发布了《中国环境保护行动计划》(1991~2000年)、《中国21世纪议程》等行动方案后,与世界银行(World Bank)、亚洲开发银行(Asian Development Bank,ADB)、亚太经合组织(Asia-Pacific Economic Cooperation,APEC)、经合组织(Organization for Economic Cooperation and Development,OECD)、

① 徐祥民:《环境质量目标主义:关于环境法直接规制目标的思考》,载《中国法学》2015年第6期。

② 如蔡守秋教授的《环境政策法律问题研究》(武汉大学出版社1999年版)就是在《中国环境政策概论》的基础上,进一步明晰环境政策学的结构框架,对环境道德、环境外交、源削减、环境污染纠纷行政处理和国际贸易生态化的法律保障等方面进行了阐述与分析。

亚欧会议（Asia-Europe Meeting，ASEM）、欧盟（European Union，EU）等开展区域环境合作联动得到重视及加强。尤其是蔡守秋教授关于环境法调整对象的研究①，标志着中国特色社会主义环境法理论建设进入新时代。

（四）形成时期：2002年至今

党的十六大报告明确了"中国特色社会主义"提法，为中国特色社会主义环境法理论发展提供进一步指引，而党的十七大则进一步推进到"落实科学发展观、注重人与自然关系的协调、建设生态文明"时期。党的十八大报告将生态文明建设放在了突出地位，强调要围绕协调推进"五位一体"总体布局和"四个全面"战略布局，牢固树立和贯彻落实"创新、协调、绿色、开放、共享"的发展理念，把生态文明建设摆上更加重要的战略位置。我国生态文明建设展现出旺盛生机和光明前景。本阶段党与国家的阶段性决策及相关理论的进展主要体现在以下方面：

1. 明确将生态文明建设融入"五位一体"总体布局和"四个全面"战略布局。党和国家对生态文明建设的认识高度、推进力度、实践深度前所未有，构建人与自然和谐发展的现代化建设新格局取得积极进展。十八届五中全会报告指出，坚持绿色发展，必须坚持节约资源和保护环境的基本国策，坚持可持续发展，坚定走生产发展、生活富裕、生态良好的文明发展道路，加快建设资源节约型、环境友好型社会，形成人与自然和谐发展现代化建设新格局，推进美丽中国建设，为全球生态安全作出新贡献。

2. 明确提出建设生态文明就是民生问题，体现了民意。随着社会发展和人民生活水平不断提高，良好生态环境成为人民生活质量的重要内容，在群众生活幸福指数中的地位不断凸显。建设生态文明的核心就是增加优质生态产品供给，让良好生态环境成为普惠的民生福祉，成为提升人民群众获得感、幸福感的增长点。习近平同志指出，人民对美好生活的向往，就是我们的奋斗目标。我们要顺应人民群众对良好生态环境的新

---

① 蔡守秋教授在本阶段的后期发表了关于"调整人与自然关系的环境法学理论"的数篇论文与著作。尤其是专著（《调整论——对主流法理学的反思与补充》，高等教育出版社2003年版），对此作了专门的论述。

期待,加快推进生态文明建设,让广大人民群众享有更多的绿色福利、生态福祉。

3. 系统呈现"共同体"思维,强调"命运共同体—利益共同体—责任共同体"建构。大自然是山水林田湖相互依存、相互影响的生命共同体。在环境问题日益复杂化与全球化背景下,"共同体"既是一种思维,更是一项要求,需要将生态文明及法治建设作为统筹共治工程,全方位、全地域、全过程予以协同共治,进而从三层次共同体(命运共同体—利益共同体—责任共同体)进一步展开:

(1)命运共同体。"命运共同体"是"利益共同体、责任共同体"的源起、升华与凝练,也是最终归宿。在人类进化与文明演进的整体化进程中,各主体命运休戚相关、荣辱与共。在环境问题全球化背景下,面对全球性挑战,没有哪国可置身事外、独善其身。[1] (2)利益共同体。环境利益作为关乎人类生存发展的根本性共同利益,是不同利益主体高度一致的基本共同利益诉求,事关人类的共同生存与发展,需要国际社会基于"利益共同体"的理念共同努力加以呵护。(3)责任共同体。建设全球生态文明关系国际社会各主体利益,各主体兼有其责。显然,全球环境利益维护,需责任共同体共担其责、共面挑战。从而促使生态文明及环境法治建设立足"共同体思维",依生态系统内在整体性与系统性,把生态文明及环境法治建设所涉相关问题作为一个系统工程,标本兼治、统筹兼顾,"全方位、全领域、全过程"予以推进。

4. 彰显共同体视角下的"共存、共生、共融、共进"深层本质。针对该深层次命题,对"多元利益的共生、共进、再生"下的生态文明的建构原则展开研究,系统论述了生态文明的"多样性共生、制衡性共进、循环性再生"三大原则。[2] "共同体"定位与论断形象阐述了生态文明及法治建设中,"人与自然的山水林田湖生命共同体""全球生态文明的人类命运共

---

① 参见中共中央宣传部编:《习近平总书记系列重要讲话读本》,学习出版社、人民出版社2016年版,第265页。

② 参见钭晓东:《生态文明、风险社会与环境法的功能进化》,载《学术月刊》2008年第1期。

同体"的一体性关系。从生态学视角看,整个人类社会是全球生态系统一部分,不以种群类别、国家区域为疆界,遵循的是客观规律与道法天理。彼此相互联系、影响与依存。正如马斯洛指出的:"人是自然一部分,自然是人一部分……人能和这种实在融成一片……是对我们与大自然同型的深刻生物本性的承认。"①整个宇宙是统一整体,都有其存在价值,自我实现需要宇宙万物存在保驾护航。利奥波德的"大地伦理"强调自然界中土、水、植物、动物等与人类共建"命运共同体"②。"共同体思维"揭示的是"人与自然以及国际社会各主体之间"共存、共生、共融、共进的深层本质,从而也使原有的"可持续发展"指导思想、"综合化、一体化"环境法理论得以进一步强化。

5. 明确加强环境法治是建设生态文明美丽中国的重要保障,完善体制机制是加强环境法治的基础和关键。新的国际国内形势对我国的环境保护体制机制变革提出了新的要求,我们既要学习发达国家在环境法治建设方面的经验,更要立足于我国现阶段的国情,把生态文明建设纳入中国特色社会主义事业"五位一体"总体布局,按照党的十八届四中全会要求用严格的法律制度保护生态环境,加快建立有效约束开发行为和促进绿色发展、循环发展、低碳发展的生态文明法律制度。同时,大力推进全社会环境共治体系,深入推进各项改革。改革的核心是建立起一套行之有效的体制机制,明确政府、企业、公众的责任,形成内生动力,从而借助环境保护体制机制变革的推进,使市场、科学技术规范及国际规则的协调性日益增强,环境应急法制的建设、区域限批的法律适用、环境损害赔偿的制度创新、环境公益诉讼、环境司法专门化等重要理论问题的研究进一步深入。借助全球气候变化大会等重要国际会议的积极参与,《节能减排综合性工作方案》和《中国应对气候变化国家方案》等重要文件的颁布,促进环境保护体制机制变革、中国特色社会主义环境法理论建设的国际

---

① [美]马斯洛:《人性能达到的境界》,林方译,云南人民出版社 1987 年版,第 329～330 页。

② [美]奥尔多·利奥波德:《沙乡年鉴》,侯文蕙译,吉林人民出版社 1997 年版,第 213 页。

接轨。

6. 形成生态文明的"1 + 6"体制改革"组合拳"与制度"四梁八柱"。习近平总书记强调必须健全生态文明制度体系,并将生态文明制度体系直接写入党章。《生态文明体制改革总体方案》出台,系统阐明指导思想、理念、原则、目标、实施保障等内容,尤其是生态文明体制改革的六大理念、六大原则及八项制度(自然资源资产产权、国土开发保护、空间规划体系、资源总量管理和全面节约、资源有偿使用和生态补偿、环境治理体系、市场体系、绩效考核和责任追究),从而基本搭起"四梁八柱"。同时,《环境保护督察方案(试行)》《生态环境监测网络建设方案》《生态环境损害赔偿制度改革试点方案》等六项配套制度颁布,为总体改革保驾护航。从而总体型构了"1 + 6"的生态文明体制改革"组合拳"(《生态文明体制改革总体方案》+6 项配套制度),形成了激励约束并重、多元参与、系统完整的生态文明制度体系,为我国环境法治建设推进作出顶层设计,提供增进动力。

7. 强化公众参与基本原则基础上的政府主导、部门协同、社会参与、公众监督的协同共治。环境保护问题就是重大的民生工程问题,公众参与是环境保护法治建设向更高更深层次演进的重要支点。生态文明及环境法治正趋于形成协同共治格局:(1)形成法治主体多元,社会组织与公众不再只是被治理对象,也是治理主体。(2)形成权力来源多元,实现部分治理权由社会组织与公众直接行使,以实现自治与共治。(3)形成运作模式多元,"单向、强制、刚性的环境管理"转向"复合、合作、包容的生态治理",提升生态治理合理性、灵活性。(4)形成治理路径多元,由"自上而下"转向"自下而上 + 自上而下"的互动共生。(5)实现价值目标多元,由"秩序价值"追求拓展至"自由—公平—正义价值"追求。从而有效打通共同体各组成部分间的"关节经脉",充分激发生态文明法治的社会活力,推进基层民主,发挥社会组织与公众功能。既确保环境公共利益不受侵害,又积极保护公众环境权益,包容多样性与个性化追求。从而优化环境制度机制,增进环境民生福祉,促进生态文明成果普惠。

二、生态文明演进下的环境保护体制机制变革推进

(一)从"环境管理"到"环境治理"

从现行环境管理历史变迁与现实架构看:改革前后,政府管理可以区分为"统治型政府""管理型政府""服务型政府"三个发展阶段;环境管理亦与此呼应,呈现为"环境不管""环境管理""环境治理"三个阶段的发展脉络。

从现行环境管理主要特征看:其一,常态压力型管理与非常态的动员型管理交替运用,显现环境指标的软性特征、政府上下博弈与动员管理的不可持续等运作困境;其二,属地化管理与部门化管理都存在问题,前者造成地方政府间缺失治污合作,后者衍生环境保护部门难以协调地方政府各职能部门的问题;其三,下沉式管理与交易式管理因果相连,基层环境保护人员最终承担环境保护重责,但却欠缺执行资源。由此,需要从"理念—制度"的维度,对现行环境管理进一步优化,须从"促进主体间的协调合作、走向环境"层面寻找出路。

合作共治是实现环境保护体制机制变革的必然选择。"环境利益的公共性、环境问题的公害性、环境保护运动的公众性,环境所涉领域的跨区域性与全球化"等特性,决定了环境保护体制机制变革绝非单一靠政府,体现为政府、企业、公众等多元力量对于公共事务包括环境事务基于信任关系的"多中心"协同合作共治。事实上,环境法律问题的复杂性及其管理的艰巨性,也尤其呼唤社会力量的介入。因此,与服务型政府相联系的"环境治理"因素虽有所发育,但也昭示环境保护体制机制变革若要进一步生长,必须实现从"单一的政府定位到多元的社会选择"的多中心,从而为走向政府、企业、公众的多中心环境共治拓展方法、挖掘驱动力。

(二)"环境治理"到"多中心环境共治"

多中心环境共治及其体系建设是深化环境治理的根本路径。实践证明,当前的环境治理已突破传统的线性模式,走向网络化治理形态,呈现网络化、多样化、多中心、自组织的特征。而与此同时,环境问题及环境治

理有很强的生态系统依赖性,任何一种环境问题都是依附于特定区域及其特定地理环境生态而生发的。这决定了环境问题的解决、治理理念的推进,必须充分契合生态的系统性特点。因此,从"体系建构与运行"的视角设计环境共治方案,促使多中心环境共治及其体系化建设,促使共治方在多中心环境共治体系内的相互联系、发挥作用,有利于充分展现多中心环境共治及其体系化建设的优势,充分实现多中心环境共治及其体系化建设的目的。因此,要深化环境治理,不能仅限于初层的"概念性环境治理"阶段。应从建构多中心环境共治及其体系化建设层面,促使环境治理走向"体系化"建构,向复杂的多中心协同方式转变。

（三）从"顶层设计"到"环境保护体制机制变革"

当前我国发展进入新阶段,改革进入攻坚期和深水区。改革开放四十多年出现的生态与环境问题如果不能得到有效解决,不但可能使我国的经济发展受到影响,也会对社会进步和公众的生活造成影响。近年来,党中央和国务院高度重视我国生态文明建设,特别是党的十八大以来,在历次通过的全会报告中多次针对生态文明及环境法治建设体系建设作出了许多顶层的制度设计。这些重要的中央大政方针,既是党和国家重大的阶段性环境决策,也是我国环境保护体制机制变革建设的重要渊源。

为全面贯彻落实党中央、国务院关于生态文明建设总体部署和要求,2016年10月28日,国家环境保护部印发《全国生态保护"十三五"规划纲要》(以下简称《规划纲要》)。《规划纲要》明确提出:要牢固树立和贯彻落实创新、协调、绿色、开放、共享的发展理念,按照山水林田湖系统保护的要求,以改善环境质量为核心,以维护国家生态安全为目标,以保障生态空间、提升生态质量、改善生态功能为主线,大力推进生态文明建设,强化生态监管,完善制度体系,推动补齐生态产品供给不足短板,为全面建成小康社会、建设美丽中国做出更大贡献。为进一步健全我国环境保护体制机制变革,《规划纲要》进一步指出:"充分发挥中国生物多样性保护国家委员会、国家级自然保护区评审委员会、生物物种资源保护部际联席会等已有机制平台的协调作用,推动制定和实施跨部门生态保护政策措施,协调相关部门加大生态保护投入。加快建立上下联动、沟通顺畅的各级环保部门联系机制。积极参与国家相关的体制机制变革,推动理顺相应机构与职责设置。"

第三节 环境保护体制机制变革的总体框架

一、变革因应新时代环境法治建设发展的需要

对于社会变迁而言,制度机制是社会的本质规定,社会进程的质变首先是制度机制的质变,体现为旧制度机制的解体与新制度机制的形成;社会进程的量变也必然是制度机制的量变。因此,制度机制变革与创新本身就是社会变迁的基本内容。长期以来,法律要与特定的政治制度、管理体制、经济水平、文化传统以及民族习惯相适应的观点一直牢不可破,因此,法律作为社会制度的重要组成部分,势必会在社会转型中发生相应的变革和创新。在环境法治建设与发展领域亦是如此。

我国在从传统社会向现代社会的全面转型过程中,又面临后现代解构思维的影响。新型社会情境对我国的环境法治建设与发展带来巨大冲击,也提出了新要求。总体来看,环境法治建设与发展在现阶段的遭遇,并不是简单的某一个具体法律制度的完善问题。它涉及社会变迁中的观念、政治、经济、文化信仰激烈碰撞引发的全方位变革。在这种巨大的影响中,环境法治建设与发展必须通过自身的立、改、废活动,围绕社会具体情境予以重新整合和创新,不断更新法律内容,调整法律价值取向,改善法律制度机制,以此来带动发展,实现吐故纳新。

因此,"文明演进背景与体制机制基础"是环境法治建设与发展的一种客观驱动力,以"生态文明与环境保护体制机制变革"为视角研究环境法治建设与发展,更有利于发现生态文明演进与环境保护体制机制变革的内在联系,实现环境保护体制机制供给与社会需求之间动态平衡和默契适应。而"文明演进背景与体制机制变革"也将成为中国当代法学研究的重要视角,从而推进相应研究迈向新台阶。

在关涉环境保护的体制中,就横向环境监管体制而言,诸多事实已证

明,部门与部门之间的"统一监管、分工负责"传统做法,已成为当前环境监管体制运行中的一个问题。而中国广阔国土与各异的区域环境特点,也对"注重中央权力集中行使,欠缺区域与社区治理力量唤醒与发挥"的纵向环境监管体制提出了一系列挑战。显然,在环境法治建设与发展中,"环境问题公害性""环境利益公益性"决定了"体制机制变革"已成为当前一个关键节点。其中的"三三联动"情境——环境治理内在动力的三元:政府—社会—市场,环境治理权威塑造的三级:中央—区域—地方,改革与变革的法理三维:权力—权利—利益,将为环境保护体制机制变革提供理论框架。正如亚里士多德指出的:法律实际是,也应该是根据政体来制定的,当然不能叫政体来适应法律。若目前存于体制机制中的痼疾能得以剔除,则必将大力推进环境保护体制机制变革与环境法治建设发展,提升其层次与实效。

二、环境保护体制机制变革的目标、理论框架及推进路径

（一）总体目标与核心问题的关系结构

马克思把社会上的人概括为"私人"与"公人"的双重身份和人的"私权利"（private right）与人的"社会权力"（public right）的双重权利。"私权利"是指人所享有的生命、自由、财产、平等和安全等权利;"社会权力"则是参与国家公共事务的政治权利,从宪法意义看,"社会权力"是公民权的核心内容。[①] 而私权利,即利己性的权利,主体是政府之外的个人和组织。"私权利"这一概念不是指私利,只因它具有私人（个人）性质,因此称为私权利,以和公权力相对应。[②]

因此,在生态文明的演进进程中,围绕着环境保护过程的而形成的利益格局与法律调整也不断在呈现新的样态与变化,也引发了对"国家/政府环境权力、社会环境权力、公众环境权利"等问题的关注。一定程度上,"国家/政府环境权力"是指国家及政府依法享有的关于环境公益的分配

---

① 参见郭道晖:《公法体系要以公民的公权利为本》,载《河北法学》2007 年第 1 期。

② 参见刘作翔:《法治社会中的权力和权利定位》,载《法学研究》1996 年第 4 期。

协调与保障权力;"社会环境权力"是指相关组织及公众等主体基于"公人"身份,参与环境公共事务,维护环境公益的公共性权力;公众环境权利是指公众基于"私人"身份,享用适宜、清洁与健康环境的权利。

由此,立足于当前中国所处"生态文明演进与后现代转型进程"的时势背景,需要系统剖析现有理论研究以及制度实践存在的问题,运用多元共生、复杂范式等方法,在"政府—社会—市场三元""中央—区域—地方三级""权力—权利—利益三维"基础上,从国家/政府环境权力调整、社会环境权力弘扬、公众环境权利彰显三方面,促进"三元—三级—三维"的"三三联动",探索我国的环境保护体制机制的变革的中国化、本土化之路,为生态文明背景下的环境法治建设与发展进程提供理论依据与推进路径。

环境问题归根结底就是社会问题,当前生态文明演进背景下,中国的社会变迁使传统、现代、后现代不同时代特征并存,变迁性社会问题、转轨性社会问题、全球性社会问题等相互交织,由此决定着我国环境保护体制机制变革、环境法治建设与发展的实效性须以"生态文明演进与转型社会"为基本出发点,在文明演进更迭与"传统—现代—后现代"跨时空范围内,甄别和考量时空交错而必然存在的种种矛盾,走出契合中国实际、科学发展的环境法治建设与发展实效性变革与建设之路。在总体框架上,包括:重点阐明环境保护体制机制变革的文明演进及社会转型时势背景;体制、机制、制度的概念以及三者之间的关系;环境保护体制机制变革的研究进路与理论框架;转型社会环境保护体制机制变革及制度的评估;环境保护体制机制变革的对策路径等重要问题。

(二)环境保护体制机制变革的理论框架

毋庸置疑,在法律制度建构及运行中,权利与权力是基石范畴。因此传统上,学者就"权利—权力"的二元关系研究诸多。但是在现有的"权利—权力关系"研究中,"利益"在其中的地位及作用却常被晾于一侧,并未引起充分注意。权力,即社会资源分配协调保障之力,特指国家(政府)机构享有之力,具有大小、作用方向、作用对象三个基本要素。关于权利,立足于我国将权力与权利截然区分的传统,及西方后现代发展而来的有关权利的解说，可以涉及资格、利益、主张、力量、自由等五要素，任何一个要素都可用来界定权利。学界曾从内涵上将权利解释为法律上的地位、资格与主张；曾将权利分为道德权利、法定权利与习俗权利；应有权利、法定权利与实有权利；基本权利与派生权利；个人权利与群体权利；私人权利与公共权利或社会权利等多种。进而也有从性质（利己或利他）上加以划分，划分为"社会权力"（利他性权利）与"私权利"（利己性权利），这种分类与后现代发展起来的政治权利与经社文权利、行动权利与接受权利、积极权利与消极权利等分类类型基本相通。和权利一样，利益在学界也有个人利益、团体利益、公共利益、国家利益、社会利益等多种含义相近或交叉的类型，剔除那种有意无意的做作与虚无，利益无非就是个体利益（私人利益）和公共利益两大类。公共利益在现代性的"原子个体人"假说面前，盛行的是"功利主义"的解说，即个人利益的叠加。利益以"满足人类价值感情之一切事体"之意义，构成权力、权利的根本。其中，权力之本对应公共利益和政府作为经济人时的私人利益；社会权力之本对应公共利益；私权利之本对应个体（私人）利益。如此，中国后现代转型社会语境下互有区别，但又紧密联系。权力、权利、利益正构成"倒三角形"三维图像，进而为相应的法律制度运行提供平台与空间。

对于环境法律制度运行而言，亦是如此。而且"环境问题的公害性"与"环境利益的公共性"，更是对环境法律关系中的"权力、权利、利益"三元关系梳理及运行提出了深层的要求。而"中央、区域、地方"三级环境治理权威的塑造，构成环境保护体制机制变革的基础。"政府、社会、市场"的三维体系，也为环境法律关系中的"权力、权利、利益"关系调整和相应的改革与变革其提供了深厚的土壤与更广阔的空间。也正是基于"三三联动"情境，为环境保护体制机制变革提供理论框架，进而在中国特定语境基础上，推动"多中心环境治理本土化进程"走向深入。

因此，以"生态文明演进背景及环境协同共治新时代"为时间维度、以"三三联动"为空间维度，推进环境保护体制机制变革。重点包括三大层次："国家/政府环境权力调整—环境保护体制机制变革""社会环境权力弘扬—环境保护体制机制变革""公众环境权利彰显—环境法律制度变革"。其中,环境治理内在动力的三元(政府—社会—市场),在"平行中各司其职"实现从单一的政府定位到多元的社会选择;环境治理"利维坦"权威的三级(中央—区域—地方),在"垂直中内部分权"以地方与社区环境自治为基础建立权责结合、科学合理的环境监管体系;基于"权力—权利—利益"的法理三维,通过"权力—权利"关系塑造、"权力—利益"关系调整和"权利—利益"关系协调,在"三元、三级、三维"联动框架下,推进环境保护体制机制的变革与多中心协同共治。

就"环境保护体制机制"的变革体系而言,涉及环境治理中"部门与部门"(横向)、"中央与地方、区域"(纵向)的"国家/政府环境权力"配置问题,"国家与社会"关系中社会环境权力的培育与生长问题,"政府与市场"互动中的制度激励与利益调整问题。特别是社会环境权力的培育与生长。社会环境权力是一种公众和社会组织等参与国家环境公共事务,为环境公共事务效力的政治权利和社会权力,是对为民服务的公权力的补充和促进。政府不仅不必畏惧它,而应当扶持、鼓励它,为它的正当、有序行使创造条件。进而在多中心治理理论下,形成环境治理的多中心结构——多元主体(国家/政府、区域/社区、市民/企业与社团),多元方法(强制、激励与志愿),多元利益调整(公益、私益与公私合益/社会利益)。从而梳理后现代转型社会的理论基础及话语体系流变,于"三三联动"中评估环境保护体制机制变革的走向,探索多中心协同环境共治的本土化结构与路径,进而为环境保护体制机制变革的具体展开提供指引。

(三)环境保护体制机制变革的推进路径

就对策路径而言,则依据"三三联动"的理论框架,以"权力—利益""权力—权利""权利—利益"等相应关系为基础,就其所形成的体制机制格局为核心,从"国家/政府环境权力调整—环境保护体制机制变革""社会环境权力弘扬—环境保护体制机制变革""公众环境权利彰显—环境保护体制机制变革"三个层面加以展开。

1. 国家/政府环境权力调整——环境保护体制机制变革

深受西方现代与后现代思维影响的学术界,大多数人坚决支持权力向社会的分散,因而有"私权力""社会权力"的提法。但在此,我们将权力界定为"政府独享的关于社会资源分配协调与保障之力"。所谓国家/政府环境权力调整，即"环境权力—环境利益"关系的调整。一般地，国家/政府环境权力的"横向"与"纵向"配置，是权力运行自身的必然要求，也是政府环境治理效率的根本保障。分权起到权力制衡的作用，在权力的三要素中主要是从作用对象角度出发的权力内部制约。而无论在唯理还是在经验角度，影响体制合理与科学设置运行（机制）的因素无外乎利益，即政府作为经济人时的个体性利益。正是基于这种个体性利益的争夺，于是就可能产生相互推诿。环境问题是经济发展的副产品，从利益角度环境与经济正是典型的"公"与"私"关系。

所以，环境保护体制机制变革在国家/政府环境权力层面，首先涉及的就是"权力—利益"关系的调整。立足"权力—利益"关系调整，才能为合理与科学的体制机制建立提供前提与基础。需要以公共选择和多中心治理等为重要理论基础，探究我国环境保护体制机制变革中内在的公权力调整机理，尤其是探讨"权力—利益"关系下，国家/政府环境权力在中央、区域和地方三个层级中的内在调整机理，以及基于此的相应变革思路展开等。而关于"法律对权力制约"的经典命题，随着现代性的发展深入、生态危机的日益严峻与风险社会的样态呈现，关于"法律对权力制约"的认识及对策方案，在现代社会、现代法治追求"小政府、大社会"塑造中也有了相应变化—— 限权观逐渐被控权观取代，即从要求小政府向呼唤强政府转变，从限制权力大小向控制权力作用方向转变。为此，在加强与完善法律对权力制约，在因应"权力—利益"的关系调整过程中，必须关注与保证"强政府"的环境权力能力建设。无疑，在生态危机日益逼近的境况下，要化解围绕"多中心环境治理"与环境法治建设发展所面临的诸多现实矛盾与冲突，需要关注与保证"强"国家/政府的环境权力能力建设。必须强调的是——推进国家/政府环境权力能力建设，并不是削弱国家/政府环境责任与义务，相反，恰恰是要对国家/政府环境责任与义务加以强调。需要在环境保护体制机制变革中，强化国家/政府环境责任与义务这一重要立足点，促使"权力—利益"调整奠基于政府环境责任与义务的刚性规定之上，从而最大可能促进国家/政府环境权力向保护与增进环境公共利益这一方向运行。

2. 社会环境权力弘扬——环境保护体制机制变革

在中国传统法理学中,权利具有当然的"私"属性。鉴于转型社会权利意识的张扬以及对政府时而怠于保护权利之状况,学界不少提出或采纳西方学者对权利含有力量的解释。在环境法学界,相应地存在环境权归属的"公"与"私"、性质的"权力"说与"权利"之纷争。在这里,我们将权利界定为主体的法律地位或资格,以区别于以支配力为根本要素的权力。就国家/政府之外的公众、组织与社团而言,可以予以社会环境权力(基于利他性)与公众环境权利(基于利己性)之分。生态危机的逼近催生了强政府环境责任及义务的呼唤,而与此同时,国际社会涌起的后现代思潮又强烈主张"非中心的公共性、去中心化"的"亚政治"。这种"似是而非"的矛盾,在简单范式的"分权"理论中无从解释,但"权力—权利—利益"的三维联动架构,却可以提供相应思路。"亚政治"要求分享政府权威的呼声,一定程度促成了"社会权力"的生成。社会权力的生成基于后现代重新对公民资格理论的阐释与发展,以及后现代主体间性理论和新公共哲学思潮。"社会权力"与(公)权力一样具有同质的公共性、"利他性",因而对于环境公共事务的治理,国家/政府(公)环境权力与社会环境权力之间不仅不存在冲突,恰恰能够互补。如果说一定程度上,公权力基于性质上的约束,限制其向社会让渡;但是环境问题的公共性却又需要集体行动决定与促进。无疑,社会环境权力的生成正是"多中心环境治理"成功的根本性前提。"权力—权利"关系的塑造,即权力由现代社会法律的权力对权利保护逻辑,转换为权力与权利的合作逻辑。

当然从另一方面看,环境治理"草根性"缺失又是现代社会环境治理失败的一个重要原因。因此,需要以"权力—权利"关系塑造为基点,尤其是促进"社会环境权力"的生成、发展与弘扬。因为社会环境权力与国家/政府环境权力一样,具有同质的公共性、"利他性",在环境公共事务的治理中,国家/政府环境权力与社会环境权力之间不仅不存在冲突,恰恰能够互补。"权力—权利"关系的塑造,即借助"由权力对权利保护逻辑→权力与权利合作逻辑"的转换,从而在限制个体性利益追求的同时,建构与拓展环境治理中的社会环境权力生成渠道与实现路径。其中重点可以从环境知情权保障、环境立法参与权完善、环境行政参与权拓展、环境公益诉权推进等方面予以展开。

3. 公众环境权利彰显——环境保护体制机制变革

环境问题的"公地悲剧"隐喻、环境治理难题的"搭便车"诠释，使得自 19 世纪中叶出现环境政策以来，就对借助主张个体性、"利己性"的私权利来解决环境问题、实现环境公益维护的想法，在根本上持怀疑态度。因此，当学者或是站在环境权的公私属性交叉角度、或是立足于环境利益的外溢性角度，提出"现代环境法治建设与发展中的环境侵权向环境损害变革"的主张时，不仅遭遇到以个体人、可分的个体利益为基点的传统法理论抵制，而且在实际中也难以解决"惰诉"的难题。

无疑，从权利和利益的公、私两分视角，强化认识社会环境权力的"利他性"，梳理公众环境权利基于个体追求或其他价值满足的主张与要求，这一方面一定程度上承继了传统法理的遗传基因，另一方面也是基于后现代主体性阐释的基础上，有利于促进公众环境权利、社会环境权力与国家/政府环境权力的互相分工、相互呼应与相互合作。如此将有利于在权利—权利协同共治基础上，破解生态危机与环境公益维护问题。当然，尽管关于身心两分的提法源于古希腊传统，而且至今还发展出颇有说服力的"人的两面性"认识（将公众环境权利、社会环境权力加以两分），有学者也指出其有着"人格分立"之嫌。但是，如果联系到当下所呈现的"主体间性、多元分殊、差异共生"的人学观，这里所谓的"人格分立"，一定程度正恰恰源于现代理性的普遍性以及个体主义的基本思维，而深受后现代思维的时势变迁影响。而且，在我国当前生态文明演进及社会转型中，也正在不同阶段与不同场合呈现热衷于"利他"的环保主义者或组织，同时也有一批"利己"的主张者。但毋庸置疑的是，针对当前现实中复杂的环境问题及其解决的迫切需求，从"公众环境权利诉求—个体环境利益满足—公共利益维护"层面，借助公众环境权利的内涵优化，唤醒其对"利他及环境公益"的关注，对于环境保护体制机制变革重要作用不容忽视。

具体从"公众环境权利诉求—公共环境利益维护"关系层面看，其中的制度创新动力,一方面源自基于个体环境利益维护的"利己性",而对代表公益的国家/政府环境权力、以"利他性"社会环境权力提出环境利益保护的要求;另一方面,也是基于针对企业环境污染及生态破坏等不当与违法行为而提出的反对性要求。故而,在环境保护体制机制变革层面的回应就是:一方面是创新公众环境权利要求的渠道,如环境损害与破坏行为的检举举报、优化环境侵权诉讼制度机制等;另一方面是借助相应的制度创新,如环境公共产品民营化、企业环境自我管制制度建立、环保产业发展促进等制度机制创设,促成企业、政府及公众、环保组织之间的合作,实现利益增进与共赢。

在传统与现代性发展进程中,环境问题基本是被作为政治与社会的边缘问题,直到当下,生态危机的日益逼近,公众及社会的关注点更多从经济利益转向环境质量及环境利益的享有。在环境正义视域下"经济—环境—社会"连续统一体的构建,这种私人利益之间的分配与环境问题解决完全无涉的观念已被根本推翻。虽然,因应"公众环境权利诉求—私人利益满足"关系协调要求的环境保护体制机制变革动力,依然来自社会财富平等分配的诉求。但是通过生态补偿、生态基金、绿色消费、环境保护技术转移等制度的创新,这种基于环境利益保护与增进为导向的私人利益分配和再分配,在市场机制的自我调整与政府干预良性协调之中,实现个体、团体的私人经济性利益与环境公共利益的资源分配模式合理改良,从而在契合增长基础上,形成"破解生态危机、维护环境公益"的环境共治合力。

第二章　环境保护体制机制变革：
基于协同理论

第一节　变革生发于协同共治中

一、环境保护体制机制的良性运作面临挑战

（一）当前所面临的挑战与困境

以"先污染后治理""边污染边治理"为特征的传统环境治理模式的弊端，早已被人们所认知并试图作出改变。然而时至今日，令人遗憾的是，由于社会经济发展的现实需要和环境管理体制机制的限制，传统的环境治理模式虽有所改革创新，但总体格局尚未发生根本的变化。这主要表现在：

1. 经济与环境的权力权利结构关系定位不清

从环境权力权利的关系角度看，以市场导向的经济问题，大多是围绕法律私权展开相关的制度设计，而环境保护问题更多触及的是环境公共事务，一般需要从公法的角度建构相关法律制度。因此，在环境保护的法律制度设计中，二者时常存在权力权利的冲突问题。由于权力、权利的本质属性不同，法学理论界和实务界在制定环境保护法律制度或在建构市场经济制度时，往往忽视权力、权利二者之间的本质属性

差异,导致在涉及经济发展和环境保护的立法问题时,容易产生制度选择的两难困境。

2. 环境保护体制机制建构中的政府角色定位仍不明确

其所应有的职能及其职权边界还不是十分清晰。现有环境法律制度设计过多倚重政府的保护管控力量,尚未充分发挥市场的调节作用,从而在现有环境法治建设中,一些偏颇的认知,不仅不能充分发挥政府的调节效率,有时甚至可能成为法律实施的羁绊。

3. 传统环境行政模式易导致法律机制运行面临障碍

传统的环境行政决策、实施与执行模式是集中的、单向的,且易导致一些环境法律机制的运行走向误区。公共主体与公众之间缺乏交换意见的程序机制,环境信息、专业知识是自上而下的从行政机关流向公众。从而使环境事务中处于较低位阶的私人、非政府组织的功能可能处于边缘化的地位。

4. 非政府组织(Non-Governmental Organization, NGO)社区、公众等缺乏良好参与渠道

当前的状态下,以社区、公众为代表的社会调节在环境保护法律机制建设中所发挥的作用非常有限,缺乏良好的参与渠道。与此同时,政府、企业、公民个体等各种要素对落实生态文明建设的影响仍不清晰,也缺乏相应的法律协调和保障机制。

综合而言,传统的环境法律治理模式显然没有能够很好或者说尚未充分地贯彻"政府引领—市场驱动—社会支持"的法治内在逻辑思路。走出环境保护的困境,势必需要对传统的环境法律治理模式进行改革,从而推进我国环境保护体制机制变革。

(二)环境保护体制机制变革面临新诉求

在我国全面推进"依法治国、生态文明、五大发展"的时势背景下,要走出当前环境管理所面临的难题,必须实现从环境管理向环境治理的转型。这里的环境治理的转型,绝非简单的"管理到治理"的一个词的改变与区别,而是深入"环境治理体系"层面,贯穿"政府引领—市场驱动—社会支持"的内在逻辑理思路,积极推进环境保护体制机制的创新改革。具体而言,针对影响我国环境保护体制机制变革效果的深层次矛盾和问题,创新并实施健全的中国环境法律体制,使环境法治建设与发展为生态文明建设在我国顺利推进提供有力保障。因此,环境保护体制机制变革必须深入"政府、企业、公众多元环境共治体系"层面,重构结构均衡权力—权利—利益"三维"关系,重塑环境法律共同体调整政府—社会—市场"三元"关系;以大部制改革为核心理顺中央、区域、地方的"三级"关系。

环境问题及环境治理有很强的生态系统性,而且环境问题的复杂性、相关性、公共性等诸多特点,决定了环境问题治理理念的推进,必须充分契合生态的系统性特点。在环境治理的具体方案设计中,充分凸显"体系"的路径依赖,从"体系建构与运行"的视角设计环境治理方案,促使环境保护体制机制变革方案的体系化运行于相应的整体体系中,更有利于彰显环境保护体制机制变革方案体系化的优势。这无疑也正契合了生态系统中环境问题解决的特殊需求,有利于走出当前环境管理所面临的难题与困境,充分把握与实现环境管理到环境治理的转型,实现治理的效果及目标。因此,从"环境治理体系建构与运行"层面,推进环境管理到环境治理转型是优选路径。

环境问题及环境保护体制机制变革涉及多元主体的法律关系。党的十八大以来,中央多次强调要"加快形成党委领导、政府负责、社会协同、公众参与、法治保障的社会管理体制"。中央的决策一方面充分体现法治在环境共治体系建构与运行中的内涵组成,发挥法治保障在环境共治体系建构与运行中的作用;另一方面,这一重大决策也说明党和国家注重通过"顶层设计",强调增强国家与民众的对话,增加社会和公众对立法执法环节参与的重要性,从而使我国社会共治的理论逐渐得到应用。有学者认为,社会共治不同于传统的协商民主,它既强调了党政主导,又强调了社会的参与,其对象是解决社会治理问题,本质是如何解决公权与私权的合作问题。① 事实上,社会共治或者说社会协同治理理论,同样为环境

---

① 参见唐清利:《公权与私权共治的法律机制》,载《中国社会科学》2016 年第 11 期。

保护体制机制变革的改革创新提供了顶层的理论依据。环境法学研究应以社会共治作为重要理论基石,借助法学的规范和实证等研究方法,重点围绕政府、企业、公众多中心环境共治体系建构与运行的必然性、应然性、必要性、实然性、实效性等问题,深化环境保护体制机制变革的创新性研究。

二、基于协同共治的环境保护体制机制变革

(一)协同理论及其对环境法治建设与发展的重要意义

1.协同理论的提出

协同论(synergetics)亦称"协同学"或"协和学",其首创者为联邦德国斯图加特大学教授、著名物理学家哈肯(Hermann Haken)。1971年哈肯首先提出了协同的概念,1976年他又发表了《协同学导论》,进一步系统地论述了协同理论。① 协同论是20世纪70年代以来在多学科研究基础上逐渐形成和发展起来的一门新兴学科,是系统科学的重要分支理论。该理论产生后,学界基于不同的视角,对其研究一直方兴未艾。

20世纪90年代,协同论逐渐演化出一种协同治理的理论。Sirianni(2009)认为协作、协同或合作治理模型不仅强调社会个体、家庭、社区、企业、政府、专家学者、新闻媒体、非政府组织、宗教组织和国际组织等不同环境管理社会行动者(全部或部分之间的纵向、横向协作),各种跨部门、边界的协作,跨层级的协作,不同治理方式之间的协作,同时强调生态环境、政治、经济等不同要素之间的协作。② 狭义的协同治理是指政府、非政府组织、企业、公民个人等子系统应借助系统中诸要素或子系统间非线性的相互协调、共同作用来实现共同治理社会公共事务,最终达到最大限度地维护和增进公共利益的目的。③ 整体性治理则着眼于政府内部机

---

① 参见[德]赫尔曼·哈肯:《协同学:大自然构成的奥秘》,凌复华译,上海译文出版社2005年版。

② 参见王芳:《行动者及其环境行为博弈:城市环境问题形成机制的探讨》,载《上海大学学报(社会科学版)》2006年第6期。

③ 参见田培杰:《协同治理概念考辨》,载《上海大学学报(社会科学版)》2014年第1期。

构和部门的整体性运作,主张管理从分散走向集中、从部分走向整体、从破碎走向整合。跨界治理则主要强调纵横交错、多元互动、网络运行的协同性与合作性管理理念。网络治理引导治理主体之间建立起网络化的关系结构,既有基于纵向关系建立的自上而下的权力层级结构,又有基于横向关系建立的合作伙伴的行动结构的整体性协作。① 詹姆斯·博曼和威廉·雷吉则认为协同治理的基本原则之一是平等。在"合理的多元主义事实"背景之下,每个公民都被赋予了平等的权利,即"每个人都具有参与授权行使权力讨论的能力"。②

弗里曼(Freeman)以行政法律实例作为分析对象,试图确立一种以目标为导向,以公私合作为内容,以主体理性、责任性和正当性为依归的协同治理模式。弗里曼协同治理模式的提出,主要是从行政法学的角度,对传统行政规则的制定、实施和执行及其合法性等问题提出批判之后做出的一种回应。③ 协同治理的关注点在于解决管制问题,贯穿于利害关系人与受影响者参与决定过程的所有阶段,协同治理模式超越传统治理中的公私角色的责任,能够通过行政机关灵活投入多方利害关系人的协商活动,激励进行更广的参与、信息共享与审议。④ Martha Minow 对营利组织和非营利组织在教育、医疗、福利、法律服务以及其他公共服务领域的介入情况进行了研究。她提醒学者们注意的是,整个系统事实上已呈现出各种冲突,包括公共部门与私人部门之间的、宗教与世俗之间的、营利组织与非营利组织之间的冲突等。学者们应该对这些冲突进行分析,而不是对其进行掩盖。⑤

---

① 参见韩兆柱、李亚鹏:《网络化治理理论研究综述》,载《上海行政学院学报》2016 年第 4 期。

② 参见[美]詹姆斯·博曼、威廉·雷吉:《协商民主:论理性与政治》,陈家刚译,中央编译出版社 2006 年版。

③ J. Freeman, Collaborative Governance in the Administrative State, UCLA Law Rreview, 1997,45(1):1 - 99.

④ 参见[美]朱迪·费里曼:《合作治理与新行政法》,罗豪才等译,商务印书馆 2010 年版,第 34～35 页。

⑤ M Minow, *Partners, Not Rivals: Privatization and the Public Good*, Boston: Beacon Press, 2002:171.

公私伙伴关系(public—private partnership)是协同治理的基本要素,也是协同治理区别其他管制行为的重要特征。学者海伦·沙利文和克里斯·斯凯奇研究认为:"公私伙伴关系是一种半自主的组织机制,借助这一机制,政府、私人部门、志愿组织等参与到不同层次公共政策的辩论、协商与制定中来。"德里克·W.布林克霍夫和珍妮弗·M.布林克霍夫认为,相对于政府、市场这样的单一行动者而言,公私伙伴关系在资源动员、复杂社会问题的解决等诸多方面具有比较优势。① 美国哈佛大学教授约翰·D.多纳休和理查德·J.泽克豪泽在《合作——激变时代的合作治理》一书中,运用大量丰富的案例,将一些已经产生重大公共利益的公私合作实例进行正反两个方面的分析研究。他们的研究表明,成功的公私合作治理将为许多公共目标的达成提供一种对实践有效的方法,且是一种合理的、非意识形态方面的方法。合作治理的一种越来越大的作用——同时在很多方面前景看好——无可否认会对公共部门分析能力提出要求,该能力精细、持久且通过政府广泛而深入地分布。②

2. 协同理论对环境法治建设与发展的重要指引意义

为更好拓展我国环境保护体制机制变革的研究思路,不妨引入协同治理理论,将之与现有的环境治理深度融合,重塑环境共治模式的基本框架,厘清其中关键性概念,界定其基本的要素、结构和运行机制,使对环境保护体制机制变革的研究更系统、更有针对性。

环境保护体制机制变革贯穿"政府引领—市场驱动—社会支持"协同共治的路径,因此,环境治理需要:运用基于协同理论的协同共治思维,培育社会权利协商机制对环境共治的支撑力,实现环境共治的基础层面;激发市场和利益协调对环境治理的驱动力,实现环境共治的中通环节;优化政府权力配置,强化对环境共治的正确引导,是实现环境共治的关键点。从法学研究的方法论看,引入协同理论,对于深化环境保护体制机制变革的研究具有十分重要的意义。

---

① 参见田凯、黄金:《国外治理理论研究:进程与争鸣》,载《政治学研究》2015 年第 6 期。
② 参见[美]约翰·D.多纳休、理查德·J.泽克豪泽:《合作:激变时代的合作治理》,徐维译,中国政法大学出版社 2015 年版。

（1）从协同角度推进环境体制改革,有利于打破传统的中央—区域—地方"三级"行政格局分割关系。中央、区域和地方行政机关对应着我国不同的行政治理场域,需要从协同的视角,理顺不同场域之间的关系,加强相互之间的合作共治,提升其环境治理的实效性。

（2）从协同角度审视环境主体制度,有利于厘清和理顺政府—社会—市场"三元"的各自边界关系。在环境法治领域,政府、社会、市场原本对应着不同的环境治理主体。因此,不同主体之间的关系需要进行调整,实现有效合作共治,提升环境治理的系统性。

（3）从协同角度,有利于进一步明确和划清权力—权利—利益"三维"的法理界限。从系统的角度,理顺环境法学的基本法律权益关系,均衡权力—权利—利益"三维"关系,是环境保护体制机制变革的稳健运行的必然要求。只有通过有效的立法和程序机制,协调权力、权利与利益,使三者发挥各自的调整功能,形成一个彼此制衡且相互协同的环境法治建设共同体。

（二）协同理论与环境保护体制机制变革

协同理论的核心内涵主要体现在"协同效应、伺服原理、自组织原理"三个方面核心内容。协同理论与环境保护体制机制的协同共治变革具有高度的契合性。

1.协同效应诉求大量子系统相互作用的整体效应

协同效应是在复杂开放的系统中,大量子系统相互作用而产生的整体效应或集体效应。根据系统功能依存性和逻辑统一性的要求,系统的构成要素和要素的机能、要素的相互联系和作用要服从系统的目的和功能,在整体功能的基础上展开各要素及相互之间的活动,这种活动的总和形成了系统整体的有机行为。因此,在一个系统中,通过系统整体的协同效应,即使每个要素并不都很完整,但它们也可以协调、综合成具有良好功能的系统。[1]

从环境法治建设与发展的角度看,一方面,尽管我国环境保护体制机

---

① 参见汪应洛:《系统工程》(第4版),机械工业出版社2008年版,第6页。

制变革的建设存在这样或者那样的问题,但只要充分认识和把握好环境法治各要素之间的功能依存性和逻辑统一性关系,适时推进法治的改革创新,从而促使法治各要素之间达致良性的协同效应,形成稳定的环境法治秩序。另一方面,环境问题的复杂性决定了环境治理要取得实效,需要从时间维度,解决潜在性、代际性等复杂环境问题;从空间维度,解决环境问题的跨区域性与全球化,实现不同国家、不同主体(部门)间突破界限桎梏,促进协同合作,实现优势互补。与此同时,"环境利益的公共性、环境问题的公害性、环境保护运动的公众性"等特性使环境作为公共产品,必须实现多元主体的合作协同。环境保护体制机制变革需要通过大量子系统的协同作用形成环境治理新的时间、空间和良性的法治秩序。

2. 快变量服从慢变量,序参量支配子系统的伺服原理

伺服原理从系统内部稳定因素和不稳定因素间的相互作用方面描述了系统的自组织的过程。其实质在于规定了临界点上系统的简化原则——"快速衰减组态被迫跟随于缓慢增长的组态",即系统在接近不稳定点或临界点时,系统的动力学和突现结构通常由少数几个集体变量即序参量决定,而系统其他变量的行为则由这些序参量支配或规定。序参量掌握全局,主宰系统演化的整个过程。

运用这一原理,可以分析:在环境共治体系中,政府仍然处于"关键引领"的地位,并发挥着不可替代的主体功能作用。公众、企业是环境共治的利益相关者,具有自身的环境利益诉求,同样是环境共治中异常活跃的力量。但是,公众和企业的诉求只有通过合法的途径反映到国家立法机构或者政府决策机构,才能成为影响国家的环境治理秩序的主体要素。相对于经济等利益取向而言,环境利益是弱势利益,属于协同理论中的"慢变量";相对于其他意识而言,公众的环境保护意识及程度参差不齐,也属于协同理论中的"慢变量"。根据快变量服从慢变量的"伺服原理",在当前生态危机日益逼近的境况下,作为慢变量的环境保护,将支配掌握整个国家治理体系及治理能力现代化全局,主宰系统演化的整个过程。

3. 自组织与自组织原理

自组织相对于他组织而言,自组织概念的提出,说明了子系统不同部

分之间为什么能够很好地适应问题。系统的自组织是指系统在没有外部指令的条件下，其内部子系统之间能够按照某种规则自动形成一定的结构或功能，具有内在性和自生性特点。自组织原理解释了在一定的外部能量流、信息流和物质流输入的条件下，系统会通过大量子系统之间的协同作用而形成新的时间、空间或功能有序结构。

从自组织原理层面看，一方面，当前环境保护的非政府组织的成长历程，其自身就充分体现了"内在性和自生性"特点；另一方面，在多中心环境共治体系的建构与运行中，无论是环境共治体系（总体系）还是四个子系统（以政府权力优化为中心"协作系统"，以企业利益调整为中心"协调系统"，以公众环境权利保障为中心的"协商系统"，以环境司法运作为中心的"矫正系统"），各自运行与彼此之间的相互作用所遵循的就是自组织的运作原理。

运用协同治理理论，推进我国环境保护体制机制变革，实现整个总体系的协同增效（1 + 1 > 2），无疑是多中心环境共治体系建构与运行的目标追求。深入研究协同理论的核心内涵，将之融入环境法治建设发展中，从而为化解复杂环境问题提供有力的理论方法，这无疑也是多中心环境共治体系建构与运行的深层内涵要求，也顺应了当前国家"依法治国、生态文明、五大发展"的时势背景。因此，显然协同理论与多中心环境协同共治体系的建构运行存在高度契合，在推进环境共治及其体系建构与运行中有很大的作用空间。

第二节　权力与权利协同：协同共治变革的基本逻辑

当前，随着生态危机在全球的日益蔓延，大力推进生态文明建设在中国已经不是一个专业或者技术问题，而是上升到政治和社会问题。[1] 在生态治理体制层面，一定程度演绎为"国家、科层制和公众"三种相互交

---

① 参见史颖：《环境危机迫在眉睫》，载《全球财经观察》2005 年第 5 期。

织的基本制度逻辑;①在环境法治层面,一定程度呈现为"国家/政府环境权力—社会环境权力—公众环境权利"的相互对话与协同共治问题。由此,环境保护体制机制变革一定程度所阐释与呈现的也是基于"国家/政府环境权力—社会环境权力—公众环境权利"的运行结构优化问题。或者可以说是"国家/政府环境权力—社会环境权力—公众环境权利"运行结构不当与配置失衡的调整产物。一定程度上,权力权利协同是环境保护体制机制协同共治变革的重要呈现。

一、权力与权利关系的解读

权利经由格劳秀斯将罗马法中的"jus"理解为"道德权利",②到黑格尔将意志与理性等同,将权利归结为自由意志,个人可以具体地通过意志的行动表达自由。在权利观念生成之初是包含"自我行动"以及其所必需的"自我判断"与"力量"要素。所以,霍布斯、普芬道夫和洛克等虽然对自然状态理解不同,却得出同样的结论:在自然状态下任何人都有自我保存的权利,因此也就有为此目的而采取一切手段的权利,并且每个人都是以何种手段对自我保存必需或者正当的裁判者。但是不可否认的是,现代政治与法律很大程度上又是在权力与权利的区分基础上建立起来的。随着社会的发展政府事务日益要求专业化,日趋理性化的政治渐次疏远社会。因此,随着社会变迁,西方思想家们也开始普遍相信当人们从自然状态进入公民社会状态,"出于对死亡与暴力的恐惧"纷纷放弃人人享有的自我保存的执行权,"委托"给一个至上"意志"。权利结构中那种基于人的主体意识,基于人的本性的"行动"和"力量"要素被加以剔除。于是,权利与权力开始有了区分,国家/政府权力和公民权利的区分被认为是常识。

(一)权力与权利关系理论

1.法理学意义上的权力与权利关系

权力与权利的关系问题,是一个十分重要的法哲学课题,国内外学者

---

① 参见杜辉:《论制度逻辑框架下环境治理模式之转换》,载《法商研究》2013 年第 1 期。

② 参见[英]约翰·菲尼斯:《自然法与自然权利》,董娇娇等译,中国政法大学出版社 2005 年版,第 166 页。

均开展了相关的研究。国内法学界对于权力与权利的关系研究,主要围绕权力与权利的来源以及其范围展开,以张文显教授、郭道晖教授、吕世伦教授、李步云教授以及童之伟教授等观点为代表。

张文显教授认为,在权利本位范式中,权力源于权利,权力服务于权利,权力应以权利为界限,权力必须由权利制约。① 郭道晖教授认为,国家权力不再是统治社会的唯一权力了。与之并存的还有人民群众和社会组织的社会权力,有凌驾于国家权力之上的国际政府组织的"超国家权力",以及国际非政府组织的国际社会权力,人类社会出现了权力多元化和社会化的趋向。② 同时,郭道晖教授还从法治国家与法治社会的二元化和权力的多元化、社会化的研究中引申出来"社会权力"的概念。认为社会权力是同国家权力相对应的概念。所谓的社会权力是社会主体依其所拥有的社会资源对国家和社会的影响力、支配力。③

童之伟教授认为,从根本上说,公民权利和国家权力都是社会物质财富直接或间接的转化形式,都是社会整体利益的法律表现,完全是同质的东西。但在现实性上,它们又分别代表着构成社会整体利益的两个不同部分,因而具有不同的甚至是对立的外化形式和角色功能。同时,童之伟教授针对当下主流的权利与权力关系理论,提出了法权中心学说,④认为法权指权利权力统一体并记载对该统一体认识成果的法学范畴,它以法律保护的利益和归属已定之财产为内容,表现为法律权利、自由、法律权力,公共职能、公共机构权威、权限、公私两种性质主体都能享有的特惠和豁免等外在形式。⑤ 法权作为一个反映权利权力统一体的法学范畴,其外延是法律承认和保护的各种"权"(包括自由),其内涵为一定国家或社会的全部合法利益,归根结底是作为各种"权"的物质承担者的全部财产

① 参见张文显:《法哲学范畴研究》(修订版),中国政法大学出版社 2001 年版,第 396 页。
② 参见郭道晖:《权力的多元化与社会化》,载《法学研究》2001 年第 1 期。
③ 参见郭道晖:《认真对待权力》,载《法学》2011 年第 1 期。
④ 参见童之伟:《权利本位说再评议》,载《中国法学》2000 年第 6 期;童之伟:《论法理学的更新》,载《法学研究》1998 年第 6 期。
⑤ 参见童之伟:《中国实践法理学的话语体系构想》,载《法律科学》2019 年第 4 期。

或财富。① 在私法领域,法权的主要形态是权利及以权利为基础的财产;在公法领域,法权的主要形态是权力。法权是社会和国家中法律承认和保护的全部利益,以及作为其物质承担者的全部归属已定之财产,以权利和权力的形式表现于社会生活中。此外,还有学者从历史发展的角度考察了权力与权利的关系。吕世伦教授就认为,权利寓于原始社会后期的简单产品交换之中,而权力则是国家的内容,因此,权利的发生早于权力。市民社会决定国家,相应地,权利决定权力,二者是目的与手段的关系。②

在西方法学界,关于权力与权利关系的论述,各种理论方法层出不穷。关于权力与权利关系理论的研究主要围绕"国家—市民"社会关系而展开,大致可分为两种典型的分析方法:

第一种方法是从国家—市民社会分立的视角,分析看待权力与权利关系。黑格尔和马克思都认为,国家和市民社会的分立是现代性鲜明的政治特征。在一系列相互关联的机制中,国家和市民社会在结构上是互相融合的。黑格尔认为,要使国家和被管辖者免受主管机关及其官吏滥用职权的危害,一方面直接有赖于主管机关及其官吏的等级制和责任心;另一方面又有赖于自治团体、同业公会的权能,因为这种权能可以自然而然地防止官吏在其担负的职权中夹杂主观的任性,并以自下的监督补足自上的监督法从而顾及每一细小行为的缺陷。③ 黑格尔将国家权力和社会权力的分离看作一种矛盾,他试图通过一系列复杂的机构和机制来调解它们之间(国家权力与社会权力之间)的对立。马克思站在特定的历史发展阶段,运用历史唯物主义的思想武器,否定了黑格尔对国家权力和社会权力的分离对立矛盾的"解决方法"。马克思从无产阶级反对资产阶级政权的角度,提出"将市民社会设想为推动历史的真正动力,或者是'真正'的历史斗争上演舞台"。马克思将市民社会与国家之间的权力与权利关系转向了"经济基础与上层建筑"之间的关系模式,从而揭示了权力与权利关系的本质问题。

---

① 参见童之伟:《法权中心主义要点及其法学应用》,载《东方法学》2011 年第 1 期。
② 参见吕世伦、宋光明:《权利与权力关系研究》,载《学习与探索》2007 年第 4 期。
③ [德]黑格尔:《法哲学原理》,范扬、张企泰译,商务印书馆 1961 年版,第 356 页。

第二种分析方法主要以福柯为典型代表,福柯完全摒弃了国家—市民社会的分立方法。福柯声称,权力在所有人类关系中都起作用,因为它渗透于整个社会有机体之中,[①]权力关系深深地根植于社会关系之中,它不是凌驾于社会之上的,人们梦想彻底将其根除的补充结构。[②] 福柯认为政治理论长期以来高估了国家的功能,他将国家看作只是类似于任何其他权力中心的一个权力,这样的国家根本就不是国家。他的历史视野中,几乎没有统治性的国家和政府,只有无穷无尽的规训和治理。对于福柯而言,并不是市民社会已经屈从于日益增长的国家管理,而是不断发展的社会管理经常在国家之外的大量不同层面上起作用,正是这种治理术使得国家得以存续下来。在《规训与惩罚》中,福柯所阐述的规训机制被描绘成在整个社会机体中运作的机制。"全景敞视图式"建筑应该成为一个创造和维系一种独立于权力行使者的权力关系机制。[③] 因此,通过扩展权力概念,福柯已经将国家规训化和社会国家化,事实上,就已经将国家分解成了社会,社会得以被描绘成是由权力和管理建构的。[④]

2. 关于现有研究及观点分析

目前学界关于权力与权利关系理论,在传统主流的权力本位学说基础上,呈现出众说纷纭的格局,最值得关注的是,学者也有对于社会权力(权利)方面的论说。也就是说,传统权力与权利结构也一定程度由"权力—权利"双重结构关系进一步衍生到"国家/政府权力—社会权力—公众权利"的关系。

就权力(权利)理论而言,现有研究主要呈现出两大显著的特征。一是随着多元民主制的产生,出现了权力的多元化和社会化趋势。也就是

---

① ［英］马克·尼奥克里尔斯:《管理市民社会——国家权力理论探讨》,陈小文译,商务印书馆 2008 年版,第 99 页。

② 参见［法］米歇尔·福柯:《自我技术:福柯文选Ⅲ》,汪民安编,北京大学出版社 2015 年版,第 105 ~ 138 页。

③ 参见［法］米歇尔·福柯:《规训与惩罚》,刘北成、杨远婴译,生活·读书·新知三联书店 2012 年版,第 226 页。

④ 参见［英］马克·尼奥克里尔斯:《管理市民社会——国家权力理论探讨》,陈小文译,商务印书馆 2008 年版,第 100 ~ 101 页。

说,权力在以国家为主导的条件下,逐步地分散化和社会化。宪法、法律宣布或默示各政党、工会、各职业团体、妇女组织、老年组织、消费者协会、农业组织,还有各种弱势群体组织、民族自治组织和地方基层机构等形形色色的共同体,都程度不同地拥有原属于国家的某些权力,突破国家独自垄断权力的格局。无疑,民主多元化对于民主制的完善具有重要意义。二是随着"福利国家"制度的纷纷出台,现代国家趋于强化权力的干预功能。为达到"普遍福利"的目的,必须改变 19 世纪的"权利放任主义",需要强化权力对权利的干预。权力借助货币、高额累进税及行政手段,使社会总财富和总收入的分配渐渐地向社会弱势群体倾斜,缩小社会不同人群特别是贫富间的差距。这种权力干预,不是强权的干预。它的目标是要使政治、法律的形式平等权利转化为经济、社会和文化的实质权利。

就权利而言,有两个方面的显著特征值得注意。一是权利主体范围的拓展。这就是全体公民,不问其性别、种族、语言、籍贯、宗教、政治信仰、个人地位及社会地位如何,均有同等的社会身份并在法律上一律平等。二是权利的实际化。霍菲尔德指出,权利是个人针对他人的肯定性的要求权。其宣称的"权利"包括要求、特权或自由、权力以及豁免这四种情形。[1] 随着社会的变迁,权利逐步社会化、具体化、实际化,概括而言,现代权利主要体现在这些方面:政治上的知情权、国家赔偿请求权、反抗权与抵抗暴政权、自由表达权(废除事先审查权)、公民的倡议权和复议权;经济和社会上的生存权、劳动权、劳动者的休息权、环境权;除此以外,还有隐私权、同性恋权、安乐死权等所谓"处于发展中的权利"。

(二)学界关于环境权力与权利的关系探讨

从权力路径分析,"公共权力是实现法益的一个成本,它的价值就在于实现法益总量的最大化和法益配置的最优化"。[2] 显然,生态利益有着

---

[1]　See Wesley Newcomb Hohfeld, *Some Foundation Legal Conceptions as Applied in Judicial Reasoning*, 23 The Yale Law Journal 55 (1913).

[2]　董兴佩:《法益:法律的中心问题》,载《北方法学》2008 年第 3 期。

显著公共利益属性,环境权力为环境公共利益维护而设定,环境权力是实现环境公共利益的重要工具,环境权利保障与生态利益维护有赖于环境权力行使。环境法学界,关于环境权力与环境权利的探索研究一直持续不断,并取得一些学术成果。国内学者普遍认为环境权力和权利是矛盾统一体。

吕忠梅教授认为,环境法就是这样一种要求立法者和法官以重实际、讲实效的务实作风,针对严重的环境问题,根据有关的法律政策,制定适宜的规则或解决方案的法律。在这些规则和方案中,权力与权利不是两种相互对立和分割的,而是相互沟通和统一的,它们共存于可持续发展的目标和任务之下。①

徐祥民教授认为,荀子"分"的方法是解决有限的资源和无限的欲求之间矛盾的有效方法。而适合用来解决环境问题的分配方法则是义务的方法,就是贯穿了义务精神的方法。因此,他得出的结论是:义务本位是解决环境法问题的唯一选择。要想彻底解决环境问题,消除人类给环境带来的压力,避免人类活动对环境造成新的破坏,必须给追逐物质利益的人们规定行为界限,向他们施加其所不乐于接受的限制,让所有的人、所有的组织、所有的国家和民族承担义务,把人、组织、国家和民族利用自然、开发自然的活动限制在自然所能容许的范围之内。②

史玉成教授认为,在环境法的法益结构中,环境权力必不可少。环境权力是为了维护作为环境法整体法益的环境公共利益而设定的,是实现环境公共利益的一个工具。环境权力派生于环境权利,是属于第二性的环境法法益的配置手段。环境权力行使的目的在于维护环境公共利益。从理论上讲,权力主体是作为公共利益代表的政府,其对环境权力的行使源自宪法和法律的授权,具体包括制定环境规范的权力、管理环境公共事

---

①　参见吕忠梅:《环境权力与权利的重构——论民法与环境法的沟通和协调》,载《法律科学》2000 年第 5 期。

②　主张环境法"义务本位"学说的主要为徐祥民先生,参见徐祥民:《从全球视野看环境法的本位》,载《环境资源法论丛》2003 年第 00 期;徐祥民:《极限与分配——再论环境法的本位》,载《中国人口·资源与环境》2003 年第 4 期;徐祥民:《告别传统,厚筑环境义务之堤》,载《郑州大学学报(哲学社会科学版)》2002 年第 2 期。

务的权力、处理环境纠纷的权力、进行环境监督的权力等。①

环境法学界对环境权力和权利关系的分析,基本上借用了法理学的研究成果,这些研究成果对我国环境法学的基本范畴研究,起到了很好的指导性的作用。无疑,从环境法学角度看,环境权力与权利之间的法律关系问题,集中体现在环境与经济发展的问题。环境问题的是经济发展的副产品,从利益角度看,环境与经济正是典型的"公"与"私"关系。在西方以功利主义哲学为指导、以发展为人追求个体性利益之间,存在内在的矛盾冲突,反射到环境与经济之间的关系,即这种冲突交织着环境与经济的"公"与"私"之间的矛盾,因而环境问题在现代性的伟大成就面前,无法避免且变得愈加严峻。

从环境保护体制机制变革角度看,调整"权力—权利"的法律关系才可能建立合理与科学的体制机制。而作为现代社会以来关于法律的经典命题——"法律对权力的制约",在现代法治追求小政府、大社会的塑造中,权力的三要素角度主要是大小角度的权力外部制约。随着西方现代性的发展深入,日益严峻的环境与生态危机促成风险社会概念生成,"限权观"逐渐被"控权观"取代,即从要求小政府向呼唤强政府转变,从限制权力大小向控制权力作用方向转变。为此,中国后现代转型社会因应"权力—权利"关系调整的环境保护体制机制变革,在不断加强与完善法律对权力制约时,必须保证公民合法的环境权益。这种矛盾与冲突的化解,要求环境保护体制机制变革以责任的强化为中心和重点,"权力—权利"调整奠基于责任的刚性规定之上,从而最大可能地促进政府权力向保护与增进公民环境权益的方向运行。

当前,随着生态文明建设大力推进,环境公益诉讼制度机制的日益完善,不可否认的是环境保护组织的功能发挥及建设正日益走向优化与深入。由此,在相应的环境法治建设推进与环境保护体制机制变革中,有必要重新解读环境权力与权利之结构关系,从"国家/政府环境权力—社会

---

① 参见史玉成:《环境利益、环境权利与环境权力的分层建构——基于法益分析方法的思考》,载《法商研究》2013 年第 5 期。

环境权力—公众环境权利"的联动层面,有利于进一步从深层次拓展环境法治建设与环境保护体制机制变革的研究视角。

二、环境权力与权利的联动与因应

(一)国家/政府环境权力—社会环境权力—公民环境权利

20世纪90年代,以张文显、李步云等为代表的法理学主流观点认为:权利和义务是法的核心和实质,是法学的基本范畴。以此为论,该主流法理学说在我国法理学界率先确定了权利义务法学范畴和权利本位法学范式。① 对此,也有学者提出不同见解,如童之伟教授在批判分析权利本位法学范式和权利义务法学法理学的基础上,认为从社会法律生活的观点看,权利义务法理学只能适用于私法,不能适用于公法,应该对传统的法理学进行更新。② 童之伟教授从经验和事实出发,提出了法权中心说,认为权利和权力才是法律世界中最重要、最常见、最基本的法现象,权利和权力的统一体应该成为法理学的核心范畴。③

环境法学的核心范畴是什么? 是环境法学研究中一个十分重要的命题。受到法理学界关于法学核心范畴研究的启发和影响,环境法学界关于环境法学核心范畴问题的探讨和争议可谓众说纷纭。有学者主张"权利本位",也有学者主张"义务本位",还有学者提出了"社会本位"、"生态本位"、"自然本位"、"伦理本位"和"社会责任本位"等学说。④ 也有学者认为,上述学说缺乏对环境法属性和环境治理多元合作治理目标路径的

---

① 参见张文显、姚建宗:《权利时代的理论景象》,载《法制与社会发展》2005年第5期;张文显:《法学基本范畴研究》,中国政法大学出版社1993年版,第13~49页;李步云、杨松才:《权利与义务的辩证统一》,载《广东社会科学》2003年第4期。

② 参见童之伟:《论法理学的更新》,载《法学研究》1998年第6期;童之伟:《再论法理学的更新》,载《法学研究》1999年第2期。

③ 参见童之伟:《公民权利国家权力对立统一关系论纲》,载《中国法学》1995年第6期;童之伟:《论法学的核心范畴和基本范畴》,载《法学》1999年第6期;童之伟:《以"法权"为中心系统解释法现象的构想》,载《现代法学》2000年第2期;童之伟:《法权中心的猜想与证明——兼答刘旺洪教授》,载《中国法学》2001年第6期。

④ 参见王彬辉:《论环境法的逻辑嬗变——从"义务本位"到"权力本位"》,武汉大学2005年博士学位论文。

宏观把握,难以独自成为具有普遍解析力的学科核心范畴,进而提出"环境法的法权结构论",认为我国环境法中有关的环境权利和环境权力规范存在内在张力下的结构失衡和运行冲突。走向多元合作共治,是环境风险时代解决环境问题的根本出路,无论对于政治国家和环境权力,还是对于市民社会的环境权利,环境法都不可能舍此求彼,而必须"两面作战",环境法学理论研究应当具备这种"全景式面向"。①

无疑,不论是从环境法的权利本位说,还是从环境法的义务本位说,抑或是从环境利益本位说等研究视角建构环境法学的基本范畴,都不能忽视环境法治建设与发展中的多元合作共治的发展趋势,不能忽视对环境权力与权利关系变革研究。在当下环境风险时代,环境保护体制机制变革的改革创新必须回应协同共治的发展趋势。环境法学的研究首先应对环境权力与权利关系进行创新性研究,而如何推进权力权利的协同共治应成为环境权力与权利关系变革的基点。

当前生态文明演进中的环境保护体制机制变革,不能忽视市民社会和公众个体的社会环境权力和公众环境权利,环境权力与权利关系变革应该基于协同理念,科学合理地均衡"国家/政府环境权力—社会环境权力—公民环境权利"三者关系,积极协调"国家/政府环境权力、社会环境权力和公众环境权利"的合作共治。杜辉博士认为,"环境治理不仅是一个法律制度问题,一个单向度的权力运行问题,更是一个权力结构和主体结构问题""权威型环境治理中的权力要素阻隔了公众与统一性环境法令之间的交通与改进,进而使环境治理呈现出单极化和部门化的倾向;而合作治理却可以在实体和程序两个维度框定环境治理的决策权归属和运行的应然方向"。②

(二)协同共治:环境保护体制机制变革的逻辑主线

如前讨论的,协同治理理论的兴起,与 20 世纪 90 年代以来"新自由主义"和"新公共管理理论"的发展有着相当密切的关系,将协同治理理

---

① 参见史玉成:《环境法学核心范畴之重构:环境法的法权结构论》,载《中国法学》2016 年第 5 期。

② 杜辉:《环境治理的制度逻辑与模式转变》,重庆大学 2012 年博士学位论文。

论引入环境法学与环境法治建设与发展,有利于从整体角度,系统地分析和解决环境法治建设与发展中的相关体制机制问题。事实上,透过协同治理理论,我们可以发现,不但企业、公众可以分担传统政府的治理角色,而且通过政府、企业和公众的互动,对诸多环境问题的治理产生积极的法律效益。这样的互动,可以具体体现在资讯的流通、彼此行为的互信及其具体环境问题的合作与解决上。环境法治建设与发展中的协同共治理念既是政府环境治理任务更契合服务于企业和公众的必然需要,也是推动国家环境体制机制变革创新的重要因素。

在环境治理中,政府组织如何提供环境公共产品、维护环境公共利益、施行环境法令政策,企业如何加强自律、主动承担社会责任,自主性民间组织如何嵌入环境保护体系并搭建高效的参与性平台,个体选择如何避免"公地悲剧"、集体如何选择才能具有实效等诸多问题,无非是含摄于以"主体—利益"、"事物—归属"和"决策—执行"结构为外部框架,以"权力—权利—利益"为内在意蕴的环境共治的法律制度安排之中。

无论如何,环境保护不可缺少法律。环境共治涉及政府、企业、公众多元主体之间的利益冲突,更是必须置于法律框架之中。从法学的视角对环境共治体系展开研究探讨,是不可缺少也是最为重要的视角。与其他社会事务相异的是,这种法律制度安排除了考虑人际之间的利益诉求和矛盾冲突之外,仍需对人与自然之间的本然关系及其对社会现实投射的或积极或消极的影响投以极大的关注。再者,政府、企业、公众基于不同的认知和诉求各自在不同的道路上最大化自身的利益并使之合理化。这意味着,环境法治建设与发展中的协同共治并非单纯的以权力形式为中心的自上而下的调控和引导关系,它还内在地包含了自下而上的信息反馈、利益主张和平等的协商关系。在建设法治社会的宏大背景下,环境治理的法治转型以及与之相关的法律理念、制度的绿色化为学者、立法者和执法者提出了诸多难题,构成了当下环境保护体制机制变革研究和法治构建理路的核心命题。

三、协同结构转换：从"正三角形"到"倒三角形"

（一）当前的"正三角形"关系

传统上，我国国家/政府环境权力、社会环境权力和公众环境权利关系呈现"正三角形"模型（如图 2 - 1 所示），或者称为"金字塔"环境法律关系结构模型。借助国家/政府环境权力、社会环境权力和公众环境权利三种权力（利）间的合理配置，充分调动与发挥国家/政府环境权力、社会环境权力和公众环境权利的角色功能，推进环境协同共治样态的形成与运行。对于这种环境权力权利关系模型的结构特征，可以从内部和外部两个方面分析其环境法律关系：

1. 基于外部环境法律关系的观察

在环境行政法律关系中，社会组织和公民个体处于行政相对人的地位，是行政机关的管理对象，这两类主体所享有的国家/政府环境权力较少。通常，政府行政机关通过法律授权、委托、交办等方式将个别国家/政府环境权力向社会组织和公民个体转移。不难看到，政府行政机关、社会组织和公民个体，从其享有权力的主体数量和公权力的多少（包括公权力的等级、公权力涉及的管理事项等要素），自上到下呈现一种"正三角形"的结构关系。（见图 2 - 1）

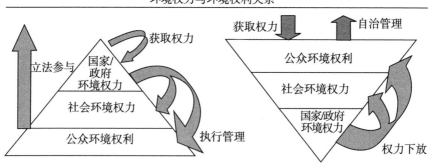

环境权力与环境权利关系

图 2 - 1　环境法律关系结构模型对比

具体而言，在"正三角形"的结构中处于顶端的环境行政机关，尽管行使权力的主体数量相对较少，但却享有绝对的环境行政权力，拥有广泛的环境行政立法权、行政处罚权、行政强制权、行政许可权等。处于中间层级的社会组织，其本身并不具有任何的环境行政管理权限，但是由于社会发展需要，这类主体可以依据法律法规规章的授权和委托，行使一定的社会管理权力。尽管社会组织行使的社会管理的权限范围，需要受到法律法规授权和委托职权的限制，但就行使权力的主体数量而言，仍然比政府行政机关要多得多。公民个体处于"正三角形"结构的最低层级，这类主体数量十分庞大。尽管公民个体享有一定的参与社会、经济、政治等方面的管理权限，但是在行政法律关系中通常还是处于被管理者的地位，各国立法尚未通过法律法规明确规定这类主体的公共管理权限。

2. 基于内部环境法律关系的观察

通过考察现行立法的规定和实际的运作情况可知，我国环境行政权力集中于上级行政机关。行政权过度集中导致上级行政机关负担过重，可能出现实际履职能力不足。与之相反的是，处于基层的行政机关呈现另外一种行政生态，可能出现基层行政机关的权力配置不足。如我国《中华人民共和国地方各级人民代表大会和地方各级人民政府组织法》第59条规定，我国县级以上的地方各级人民政府行使的行政职权达到十项内容，而该法第61条明确规定了乡、民族乡、镇的人民政府行使的行政职权只有七项内容，且两项具体的行政职权内容，即第1款和第7款规定均是"执行上级国家行政机关的决定和命令"和"办理上级人民政府交办的其他事项"。就具体的行政管理领域而言，以我国2014年修改施行的《环境保护法》为例，该法第二章规定了国务院环境保护行政主管部门、省、自治区、直辖市人民政府、县级以上人民政府的环境保护行政主管部门的环境监督管理职责。根据《环境保护法》第15条、第16条、第26条等相关规定，不难看出，上一级环境保护行政主管部门具有明显多于下级环境保护行政主管部门的管理监督权限。值得注意的是，就行政机构内部人员职权配置情况看，一般是高层人员拥有较多的行政决策、行政许可等职权，而真正一线行政执法人员的职权配置不足，导致他们的执法手段和措施不足。因此，政府环境行政机关内部之间的纵向法律关系仍然呈现"正三角形"组织结构关系。

(二)"倒三角形"关系的趋势与发展

随着我国环境法治理念的转型变革,环境法律关系呈现由"正三角形"转向"倒三角形"的发展趋势,实践表明:我国当前环境法律制度在逐步完善、环境法律程序行为得到进一步贯彻以及环境行政组织的法律构架得到创新。所谓的传统的"正三角形"环境管理体制机制的变革,是政府行政执法程序、行政执法规制手段变革的前端,政府进行立法和执法,把环境管制的要求传达给社会组织和公民个体,被管制者依法按照上级的要求,履行相应环境法律义务。这样的法权结构模式继承了传统的行政管理层级和法律责权体系,保证了金字塔顶部高管人员的权威,是一种上层决策、下层执行的管理路径。但是,环境法治的实践表明,传统"正三角形"环境法律运作关系也存在诸多方面的不足,如由于环境行政决策者离现实环境法律问题较远,对环境问题不够敏锐、反应不够迅速,这样的决策过程往往效率低,最后的结果也未必是正向的。

"倒三角形"环境法律关系是环境行政管制为获取、强化执法资源、增强法律实施效力,从而形成的各种管制权力权利形式的连结关系(如图2-1所示)。这种法律结构关系使环境法律规制行为逐渐回归扁平化,政府机关将环境权力下放给社会组织和公民个体,使政府公权力减小至直面社会组织和公民个体的管制距离。其目的在于加快权力与权利的协调机制,防止政府公权力和社会权力、个体权利之间的法律管制关系脱节,避免由于环境问题信息沟通不通畅、传递速度不及时、行政资源利用效率低而导致环境管制需求不能得到最大限度的满足;重点在于打破原有的多层级疆界,将原来面向政府机构内容管控的法权结构转变为面向社会组织和公民个体的"倒三角形"法律结构关系,以现实的环境法律问题为导向。这种基层人员在一线执法,其他环境行政主体为一线基层执法人员提供权力(权利)支持,正是对于现阶段环境治理之道转型发展的一种回应。

在"倒三角形"环境法律结构下,国家/政府权力需要进行大的分解,把管制资源逐步配置到承担管理职能的社会组织或者公民个体等单个行为主体上,并根据法律保留原则和法定原则,保留诸如行政许可、行政处罚、行政强制等核心关键的公共管制权限。而作为承接部分公共管理职能的社会组织和公民个体在获得法律法规授权委托等情形下，拥有合法的职责行使边界，政府公权力、社会权力和个体权利之间可依不同需求整合成整体进行合作，以保证一定的法律实施效力，单个个体还可以自由地对外寻求合作伙伴进行整合。在这样一个结构中，公私合一的法律规制文化，每个人都有其管制目标，这也是"倒三角形"环境法权结构背后诉诸的深刻本质所在。如若对倒三角管理架构的关键点，即赋予社会权力或者公民个体进行进一步阐发，可以发现，赋予社会权力是为了让社会个体履行更多的职责，而权责的分配正是在于组织结构的选择与定位。

第三节　国家/政府环境权力调整：协同共治变革之导引

一、国家/政府环境权力的理论及要素解释

随着环境权理论的提出，以及环境权的核心和基础地位的确立，环境权力（国家/政府环境权力与社会环境权力）在环境法治建设发展中的功能与作用随之也需要进一步加以系统深入认识与激发。环境权力与环境权利作为两翼，在环境法治建设发展中同样不可偏废。一定程度上，环境权力（国家/政府环境权力与社会环境权力）在目前人类社会面临日益复杂化环境问题而急需破解与应对的时势背景下，正进一步受到关注。环境权力的存在，有其必然性、正当性与合法性，现阶段我国的环境立法中也存在大量的环境权力规范。而在我国当前的环境法治建设发展的很多场合，国家/政府环境权力及其职责承担仍占据主导作用，通过"国家/政府干预"，即国家/政府环境权力的介入，既是对于公共环境利益保护的回应，也是公众环境权利保障、环境公平维护的需要。

（一）国家/政府环境权力的新视角

在我国，权力的概念为人所熟知。但是，对于何为权力？从古至今，有很多认识。在汉语中，权力是由"权"和"力"组成的合成词，最早把"权"与"力"联系在一起，在中国典籍上，可追溯于《庄子·天运》一文。

该文宣称"亲权者不能与人柄",即将权力形象化、具象化,又称为权柄,其含义是表示被掌握和操纵的权威势力。权力的概念最先是运用在军事领域,因此,权力也就不可避免地带有了暴力、强力的意味,此后又在此基础上衍生出君权、族权等权力概念。① 对于权力的来源,在古代主要是君权神授理论,皇帝自称为"天子",宣称是奉天之命来统治人世的,人民应该绝对服从,君权具有神圣不可侵犯性。

从法学的角度看,权力被认为是为了保障权利而存在的,其中最有代表性的理论是社会契约论。卢梭、霍布斯等人的社会契约论认为,每个人都是自由而平等的,都拥有自然权利,人们把自己的自由权利让渡给一个共同体即国家,国家通过人们权利的让渡获得权力,国家权力存在的目的是保护公众权利、维护公共秩序。国家是公共权利和公共利益的代表,能够运用每个人赋予的全部力量和手段,建立暴力机器去维护秩序。社会契约理论揭开了权力的本质,指出了权力的来源。虽然该理论也存在局限,但一般认为,权力是以权利为基础和来源的,权利依赖权力,权利制约权力,权力保障权利,权力服务权利。

因应协同共治变革之导引,国家/政府环境权力的调整,即是基于环境法学的"权力—利益"关系的调整。一般地,国家/政府环境权力的法律关系主要包括"横向"与"纵向"配置关系,是政府权力运行自身的必然要求,也是政府效率的根本保障。在生态危机日益逼近的境况下,要化解围绕环境治理与环境法治形成的矛盾与冲突,亟待环境保护体制机制变革强化政府环境责任与义务。优化国家/政府环境权力,重点在于通过"权力—利益"关系的调整,明确政府环境责任与义务的刚性规定,从而最大可能地促进政府权力向保护与增进环境公共利益这一方向运行。

环境保护体制机制变革的主要目标在于构建以政府环境权力优化为中心,通过社会组织、公民个体与政府的"协同"实现多元"共治"的环境治理体系。"协同"是指政府、社会企业以及公民个体之间的"协同",作为环境共治的本旨,是共治体系有效运行的关键。环境协同共治体系中

---

① 参见姜安、赵连章等:《政治学概论》,高等教育出版社 2007 年版,第 134 页。

的"共治",其要旨无疑就是"合作""协同",所以,协同理论是共治体系建立的理论基础和重要的方法论。在个人自由与社会秩序、在民主政府与法治社会、在政府权力与公众权利的关系问题上,需要充分考虑到不同利益主体的需要,才能在环境共治的不同阶段,针对不同层次的利益进行协同治理,处理得当。否则,人们将在"合理性与防止政府专制之间疲于奔命",并必将导致"混沌状态"的发生。而这种"混沌状态"的"有规律的无序"之特征既能破坏政府正常的应然功能,也能最大限度地掩盖这种缺陷。因此,近年来,在欧美各国兴起的"行政不规则"运动,正是从协同理论的角度出发,在既保障公民的人权与自由得以最大限度实现,又保证协同效应所必不可少的外部干预以最小成本实施的前提下,探讨确定政府规制权力的范围和限度。其合理性已越来越为人们所认同。

就协同论的角度而言,政府系统内的不同机构之间,不仅存在权力制衡,还需要良好的协同合作。与此同时,政府系统与公众、企业等外部系统之间,不仅存在监督制衡关系,也存在协同合作关系。据此,在环境共治体系中,以政府权力的优化为中心,建构环境协同系统,以促进环境治理中公众、企业、政府的有效表达和沟通,在民主过程和知识论的双重意义上促进环境公共决策的正当化和理性化。

(二)国家/政府环境权力的要素分析

国家/政府环境权力的法律要素,公权力来源、公权力主体以及权力行使过程是国家/政府环境权力结构中逻辑自洽的三个核心要素。

从权力的来源看,国家/政府环境权力归属于国家权力的范畴,是其中的一项重要权力;社会环境权力归属于社会公共权利,是其中一项重要权力。国家/政府环境权力行使承担的是国家/政府在环境公益保护中的责任及义务,发挥的是国家/政府在环境公益保护中的作用与功能;社会环境权力行使承担的是社会在环境公益保护中的责任及义务,发挥的是社会在环境公益保护中的作用与功能。

传统上,国家/政府环境权力的主体主要是指依法享有环境行政管理权限的政府机关。但是,随着环境协同治理理念的发展以及国家/政府环境权力的政府协同治理系统的建构,意味着政府治理将由传统的单一权力中心的、垂直控制的权威体系,向多中心的、横向协同关系的转变。那么,权力在不同层级和不同主体间的分割与权力结构再造,实际上始终伴随着政府协同治理模式变革的实践过程。复杂的权力关系调整、纵向和横向的分权方式,对于政府协同治理发展空间具有根本性的意义,它在很大程度上影响着政府协同治理目标的选择与发展的进程。

因此,以政府权力优化为中心构建环境治理协同系统,包括国家/政府环境权力的运作机制问题,即政府协同系统的内部和外部运作机制。根据环境法治建设发展实践经验看,这种运作机制具体包括以下方面:其一,建立服务型政府,强调优化配置政府权力塑造环境共治体系的引导力。其二,分析论证如何在中央机关之间、中央政府与地方政府之间,如何在法治化视野下纵向优化配置政府权力,也即如何在政府协同系统内部进行权力的分配与博弈。其三,分析论证如何在政府与企业之间、政府与公众之间,如何在法治化视野下横向优化配置政府权力,也即如何在政府协同系统外部进行权力与权利的调配与分享。

二、国家/政府环境权力调整:"权力—权力"关系的再配置

国家/政府环境权力调整需要从"理念—制度"的维度,对现行环境法律体制机制管理进一步检讨:纵向关系而言,中央难以有效协调和监管地方环境保护行为,央地之间的协调缺失;横向关系而言,地方政府间、地方部门间以及政府与企业、公众之间缺失协同共治机制。无疑,当前的环境管理法律体制机制若要变革,须以国家/政府环境权力调整为核心,促进主体间"权力—权力"关系协同,积极通过环境体制机制的创新变革寻找出路。

(一)内部:权力的分配与调配

在环境法学领域里,关于环境组织体制内部是采取集权抑或分权管理模式?集权抑或分权的程度如何?是环境法学多年来探讨的热点问题。环境监管体制改革的"大部制"改革理念和提法,是环境权力集中配置的典型管理方案改革思路。从环境法治建设与发展的角度,探讨中央和地方之间府际关系,学界重点是围绕环境管制分权的必要性和可行性

及其现实制度设计问题。目前，无论是关于环境集权问题还是环境分权问题，都具有较强的现实意义，对应着我国现行环境管理组织体制机制中存在的诸多方面问题。①

1. 环境监管机关的职责设定须更科学化

环境监管机关的职责设定，目前主要存在以下几点误区：（1）行业管理部门行使监管职权。虽然体制改革要求政企与政事分离，但目前仍有一些部门管理行业的政企与政事并未完全分开。（2）综合决策部门与专业管理部门的职责发生错位。主要体现为综合决策部门行使专业管理职权，专业管理部门行使综合决策职权。（3）政府行使其所属部门的职权。《环境保护法》第15条和第16条关于国家环境质量标准制度的规定，本应是环境保护部门的职能，但与此同时也将之交由政府来做，显然不利于环境保护部门对污染治理的监管。

2. 环境监管机构存在重复与职能交叉

在从"各部门分工管理"向"统一监管和分工负责结合"的管理体制演变过程中，过去因只注重对新机构授权而不注意对原有机构及职能的撤销，从而导致某些环境管理机构重复设置，而这又必然加重职能的交叉和重叠。如生态环境部作为生物多样性公约的国家联络点，设有专门管理办公室，而农业部门也设有相应机构。在环境监测上，环境保护部门建立了四级环境监测网，而农业、水利部门等也建立了自己的环境监测网，而各部门对同一监测对象的监测数据存在相互矛盾。

3. 统一监管部门与分管部门的关系未理顺

因缺乏主管部门如何统一监管、分管部门有哪些相关管理职权、分管部门不履行职责时统管部门如何处置等问题的具体规定，使统管部门的统管缺乏力度，也得不到有关部门的有效配合。而分管部门也认为有关自己职责的规定不明确，认为自己是配角而缺乏积极性，从而导致统一监管部门与分管部门在"各司其职，相互配合"上运行不足。

---

① 参见钭晓东：《论环境监管体制桎梏的破除及其改良路径——〈环境保护法〉修改中的环境监管体制命题探讨》，载《甘肃政法学院学报》2010年第2期。

4.关于环境监管体制的立法体系不完善

这主要表现为：一是缺乏专门"环境管理机构组织法"，①环境管理体制机构的设置及其职责分工的规定散见于各有关法律、法规和规章中；二是环境管理体制立法中，不同部门、级别和层次的立法存在矛盾；三是单行立法对环境管理体制的规定过于简单，且各种立法规定之间缺乏协调和配合。

因此，环境保护法律法规过程中，打破运行中面临的桎梏是环境监管体制变革与完善的根本路径。在理顺与健全管理体制这一敏感的问题时，必须合理调配环境权力关系，科学界定环境权责边界，避免责任推诿局面的形成。避免因缺乏"主管部门如何统一监管、分管部门有哪些相关管理职权、其不履行职责时，统管部门如何处置"等相应具体规定，而导致统管部门统管缺乏力度，分管部门有效配合不够，统一监管与分管部门在"各司其职，相互配合"上存在明显缺陷等问题。无疑，梳理上述这些问题，理顺我国环境法律监管体制，将是推进环境保护体制机制改革完善的重要一环。

(二)外部：权力的博弈与分享

长期以来，我国行政权力的性质定位局限于管制行政关系，使行政相对人因丧失选择自由而表现出行为的唯一性与单向性。同时，行政管制机制也会因其封闭性而难以充分吸纳相对人的信息与意愿，易使环境治理秩序处于不和谐的状态，最终导致管制失衡。

故而在体现环境行政职能的服务性的基础上，建立诱致驱动机制与需求保障制度，提供民主渠道吸引多方参与，正是环境协同治理所追求的效果。以开放性、能动性包容公众、企业等环境主体的参与，通过公开公正的行政程序，使环境治理主体能自由平等地表达意愿，使行政法律关系表现出多方性与互逆性，从而成为推动环境共治秩序的积极力量。

而政府协同治理机制作为一种软性干预或说是一种制度性妥协，它

① 参见王灿发：《论我国环境管理体制立法存在的问题及其完善途径》，载《政法论坛》2003年第4期。

通过诱导性手段,使不同的权利主张在相互对抗中达到一种反思性平衡。在这种民主氛围下,主体之间更多的是信任与合作,它改变了行政"高压"姿态和单方面恣意性,调节了行政主体和相对人权利义务不完全对等的倾斜度,通过营造民主行政的软环境,真正实现"秩序行政"向"服务行政"转型,从而更好地实现环境行政目的。

保障政府环境协同系统运行的体制机制建设,是以促进环境治理中公众、企业、政府的利益有效表达和信息充分沟通为终极目标,在民主过程和知识论的双重意义上促进环境公共决策的正当化和理性化。具体而言,该体制机制包括:建构多元主体参与环境治理的协同伙伴关系网络模型;根据社会转型发展需要,改良实施政府环境保护职能的下放转移机制、政府协同治理的沟通疏导机制、协同利益冲突的法律维权监督机制。具体内容包括四个方面:

其一,以回应公共治理为导向,奉行开放、参与、合作与共赢等法治理念,通过重塑环境法律制度基础、调整环境规制结构,创建环境治理的协同伙伴关系网络模型。

其二,在强调环境框架性立法的使用基础上,运用民主授权的相关理论,采取科学、民主的立法手段,逐步形成政府环境保护职能的下放转移机制。

其三,政府协同系统牵扯的利害关系十分广泛,涉及政治、经济和法律等多个领域,需要根据不同环境规制工具在立法干预强度谱系表上所处的位置,建立环境协同治理的沟通疏导机制。

其四,为全方位回应环境法律规制秩序和各类群体的利益诉求提供可行方案,建构规制协同利益冲突的法律维权监督机制。

三、借力国家/政府环境权力的调整以导引变革

对于环境法治建设与发展而言,国家/政府环境权力调整无疑会成为导引环境保护体制机制变革的一个关键性问题。对此,日本著名环境法学者原田尚彦认为,地方公共团体最适合承担公害行政的第一性责任地位。卡尼尔等认为应将环境非政府组织、社会团体、企业等社会组织纳入

环境治理过程,推动环境规制的变革。罗伯特·B.登哈特指出,政府环境治理的特征是政府角色由控制转变为综合协同。罗伯特认为,在治理这个综合系统中,政府应该扮演三个方面角色:一是政府将在确立各种网络运作的法律规则和政治规则中继续扮演一种综合的角色;二是政府还将扮演一种平衡、协调和促进网络边界之间关系的角色,并且确保每一个部门最终都不会支配其他部门;三是政府应该对网络之间的相互作用进行监控,以确保民主和公平的原则在具体的网络内部及其不同网络之间得以维护。还有学者从环境规制模式变革的角度探讨研究了环境治理中政府角色定位问题。美国环境法学者斯坦佐强调应重塑环境治理模式,放弃传统的命令管制手段,回归到公民社会的自我管制;弗罗林从法律和治理的视角,反思美国的环境规制模式;佛西提出了合作型环境治理,提倡地方政府参与协商并执行环境管制模型;杜兰特、弗罗林等学者认为,在面临传统规制模式的挑战时,在如何建构和选择合适的环境规制模式时,应该更加尊重公众的意见;学者甘宁汉(2009)则认为环境规制的模式的定位,应该是建构一种新型的协同环境治理模式。桑斯坦等将成本收益分析方法看作简单实用的法律规制工具,以更好地评估环境规制措施的后果。奥斯特洛姆等学者研究了许多与集体行动和公共资源有关的合作、多元方法,并考察了这些方法对环境自然资源规制的影响和约束。美国著名的规制理论研究学者史蒂芬·布雷耶教授在谈到规制结构改革问题时,探讨了三种主要类型的结构改革思路,即:重组权威机构和秩序;对行政机关的实体运作进行制约和平衡机制重组;最后是主张设立一些新的机关。①

　　结合我国国情,以国家/政府环境权力调整为中心,导引我国环境行政机构规制结构方面的改革,从横向方面考虑的话,主要体现在大部制改革与跨部门协同合作问题;从纵向方面的改革来看,主要需要优化环境行政机构的垂直监管与加强跨区域协同合作。最后,我国环境行政机关的

① 参见[美]史蒂芬·布雷耶:《规制及其改革》,李洪雷、宋华琳等译,北京大学出版社2008年版,第341页。

规制结构改革,还应该包括精简部门内设机构与适当新设部门内设机构等方面的内容。

(一)大部制改革与加强跨部门协同合作

为了更好执行国家环境保护职能,按照整体的思路格局,把分散于各部门的环境保护工作集中起来,组建综合性的国家环境保护大部委制,成为理论界和实务界研究探讨的重要议题。根据生态环境问题的发展态势及其复杂性程度,西方国家生态环境管理体制已经逐渐从专门的、分部门的管理方式发展为积极的、综合的大部门管理方式,统一管理污染控制、生态保护工作,把环境保护融于社会经济决策中。[1] 综合的大部门管理方式改革,为我国探索大部委制改革提供参考。

为了推进我国环境保护事务的综合管理与协同,我国政府积极推进环境保护大部委制的改革,从 1974 年成立的国务院环境保护领导小组办公室到 1982 年城乡建设环境保护部环境局,再到 1988 年组建国家环境保护局,以及后来 2008 年将国家环境保护总局升格为国家环境保护部,历经 30 多年时间(2018 年国务院组建了生态环境部,不再保留环境保护部)。[2]

从调整我国国家/政府环境权力的视角出发,环境保护大部委制改革无疑是在环境行政机构内部实现了生态国家/政府环境权力的整合与重构,是对生态环境行政权力结构的重组和再造,能够较好地理顺生态环境行政机构内部关系。

在探索环境机构内部的公权力调整过程中,建构跨部门协同机制是大部委制改革的不可缺少的配套制度。环境大部委制改革不仅需要注重政府之间和政府内部机构之间的公权力的调整与合作,还需要让各类非政府环境保护组织参与其中。政府通过政策参与、税收惠免、无偿资助、合同服务等方式来培育非政府环境保护机构,对非政府机构的资源进行

---

[1] 李金龙、胡均民:《西方国家生态环境管理大部委制改革及对我国的启示》,载《中国行政管理》2013 年第 5 期。

[2] 王清军、Tseming Yang:《中国环境管理大部制变革的回顾与反思》,载《武汉理工大学学报(社会科学版)》2010 年第 6 期。

协同和整合。

（二）垂直监管与加强跨区域协同合作

长期以来，我国环境保护体制存在的最大问题是中央与地方的环境监管权责边界不清，地方环境执法不独立。与此同时，地方环境保护部门的人、财、物受制于地方政府，也极大地影响了地方政府环境执法管理的积极性、责任性和创造性。地方保护主义对环境保护部门正常执法造成了很大的干扰。针对此，党的十八大以来，我国努力探索推进环境保护监管体制机制的改革，党的十八届五中全会明确提出了要实行省以下环境保护机构监测监察执法垂直管理制度。

2016年9月22日，中共中央办公厅、国务院办公厅印发《关于省以下环保机构监测监察执法垂直管理制度改革试点工作的指导意见》（以下简称《意见》）。《意见》提出对省级以下环境保护机构监测监察执法实施垂直管理。该文件规定，县级环境保护局调整为市级环境保护局的派出分局，由市级环境保护局直接管理。市级环境保护局实行以省级环境保护厅（局）为主的双重管理，从而将市级环境保护部门的人事权上收到省一级，这在一定程度上隔离了环境保护管理权力与地方利益，有利于打破地方保护，让地方环境保护部门可以更好独立行使职权。

同时，为解决我国日益严重的跨区域、流域性环境问题，《意见》指出，试点省份要积极探索按流域设置环境监管和行政执法机构、跨地区环境保护机构，有序整合不同领域、不同部门、不同层次的监管力量。省级环境保护厅（局）可选择综合能力较强的驻市环境监测机构，承担跨区域、跨流域生态环境质量监测职能。尽管这些督查派出机构属性上为法律法规授权委托的公共事业单位，权力的行使主要依赖于环境保护部门的法定授权，缺乏一定的执法权威，可能会导致实际督查能力不足，但是，随着我国环境保护相关配套的法律、法规、规章的逐步完善，跨区域、跨流域环境保护运作机制必将成为未来我国解决区域性环境问题的趋势之一。如针对京津冀大气污染问题，组建协同联动的京津冀及周边地区大气污染防治协作机制；为解决长三角地区面临着大气污染、水污染等共同的环境问题，形成了长三角环境保护协作机制。

（三）精简内设机构与适当新设内设机构

随着政治、经济、文化以及科技等持续不断的发展,环境法律问题变得越来越复杂。为了应对环境法治实践的需求,必须对我国环境法律机关的组织体制进行创造性的整合变革。从实现协同治理的内部机构设计角度考量,对环境治理内部机构的精简和适当新设部门内设机构成为实现协同治理的目标之一。

为打破传统的科层制权力格局,"精简、弹性、效能的行政组织"成为我国环境行政体制改革的基本发展方向。具体而言,这里包括两个方面的主要改革路径:一方面,需要站在整体性思维的角度,通过精简环境机关内部机构,整合和协同环境行政组织体系,实现监管部门职能的合理配置;另一方面,还需要结合我国的国情,通过有效的立法,适时设立一些新型的治理机构,衔接好机构间职能的沟通和协同关系。

探讨我国环境行政组织体制改革的议题,无论是从内部机构精简的角度,还是从新设环境治理机构的角度,其实都涵盖在近年来理论界和实务界热议的"大部委制"话题之中。对此,学界有许多不同的见解,为推动我国环境组织的"大部委制"提供了许多极具参考价值的观点与学说。

第四节　社会环境权力弘扬:协同共治变革之支撑

一、社会环境权力的理论及要素解释

就社会权力而言,郭道晖先生指出:不拥有国家权力并不意味着它根本没有任何权力,存在区别于国家权力的"第二类权力"——社会权力。[1]也有学者直接称之为公权利,认为是私人在政治生活中享有的权利,表现为私人为了争取、实现和维护自己的利益而参与社会政治过程、以直接或间接方式影响政治决策的权利,故又称参政权。[2] 在政府失灵和市场双

---

[1]　参见郭道晖:《新闻媒体的公权利与社会权力》,载《河北法学》2012 年第 1 期。
[2]　参见马越:《对我国社会转型时期公共权力与私人权利的法理学探究》,载《公安研究》2000 年第 1 期。

重失灵境况下,社会治理中社会权力的作用就特别凸显,通过社会权力能够保障权利,避免权力对权利的侵害。[①] 为此,郭道晖先生认为:社会权力是指在国家与社会二元化格局下,社会主体拥有自己的社会资源和独立的经济、社会地位而形成对国家和社会的影响力、支配力。[②] 甚至公民权利在一定条件下可以转化为社会权力。因此,社会环境权力一定程度也呈现为国家与社会二元化格局下,社会主体对国家和社会生态治理及环境法治建设的影响力、支配力。

(一)社会环境权力的视角

以工业化、信息化、全球化为特征的西方现代社会孕育了"后现代"概念,这一概念形象地表征了现代西方社会发展中的种种问题。"后现代"概念是从"深度→平面、整体→碎片、中心→边缘、宏观→微观"等维度对现代社会否定、批判、解构的思维方式统称。后现代思潮引发人民对"社会转型"的思考。所谓"社会转型"指社会从传统型向现代型的转变,也即现代社会的建构过程,由浅入深表现为五层面:从农业社会到工业社会的工业化;从乡村社会到都市社会的城市化;从封闭社会向开放社会的开放化;从同质社会到异质社会的分殊化;从特殊主义社会到普遍主义社会的平等化。[③]

环境问题归根结底就是社会问题,当代中国所彰显的一系列话语(和谐社会、生态文明、资源节约型与环境友好型社会、风险社会、低碳社会等),在表明人类对生态危机担忧与环境保护问题关注的同时,更是表征国人在"后现代思维"影响下对现代化进程与现代社会转型的反思。追本溯源,当下频发的环境问题与生态危机,现代性难辞其咎;而这也正是后现代思维生成及其倡导者"挑战、批判现代性"的主要原因。同时,在生态文明演进进程中,"生物多样性及生态系统的复杂性、人与自然的和

---

① 参见王宝治:《社会权力概念、属性及其作用的辨证思考——基于国家、社会、个人的三元架构》,载《法制与社会发展》2011 年第 4 期。

② 参见郭道晖:《社会权力与法治社会》,载《中外法学》2002 年第 2 期。转引自郭道晖:《法的时代挑战》,湖南人民出版社 2003 年版,第 218～242 页。

③ 参见钭晓东:《后现代社会转型背景下〈环境保护法〉修改的几个重点领域》,载《绿叶》2011 年第 8 期。

谐共生而非对抗与征服"的特殊语境,更为后现代思维所强调的"非决定论而不是决定论、多样性而非统一性,差异性而费综合性,复杂而非简单"提供了滋养土壤。作为生态文明演进中利益调整的重要规则组成,环境法治建设与发展必须关注与回应当下社会的权利需要,并从中获取力量与生命力。自然,"转型社会建构"与"后现代主义解构"交织下的环境权力"后现代转型"状态,构成了"环境保护体制机制变革改革与制度变革"的基本出发点。

从环境法治建设与发展的视角看,社会环境权力的主体是政府之外的公众或组织。所谓的"社会环境权力"是指公众和社会组织基于"公人"身份,参与环境公共事务,维护环境公益的权利,是对国家/政府环境权力的补充和促进。生态危机的逼近催生了强政府环境责任及义务的呼唤,而与此同时,西方世界涌起的后现代思潮又强烈主张"非中心的公共性、去中心化"的"亚政治"。这种"似是而非"的矛盾,在简单范式的"分权"理论中无从解释,但"权力—权利—利益"的三维联动架构,却可以提供相应思路。"亚政治"要求分享政府权威的呼声,正一定程度促成了"社会权力"的生成。社会环境权力的生成是基于后现代重新对公民资格理论的阐释与发展,以及后现代主体间性理论和新公共哲学思潮。

(二)社会环境权力的要素分析

从法理学的角度分析,社会环境权力的本质属性是什么? 康德等很多学者均认为,对权利做出一个全面的、普遍接受的定义是不可能的,可以不对权利的概念做出界定,而是仅仅指出哪些是权利。[1] 显然,从法理学的角度,很难对社会环境权力做一个明确具体的概念界定,但是,作为一个普遍性的问题和概念,社会环境权力与国家/政府环境权力、环境公民权利同属于环境法学基本范畴,必须认真对待社会环境权力,只有对其内涵加以界定,才能为实际的实在立法奠定真正的基础。

---

① 参见[德]康德:《法的形而上学原理——权利的科学》,沈叔平译,林荣远校,商务印书馆 1991 年版,第 40 页。

在我国,对于权利的概念在政治、经济、法律等不同方面也有不同的认识,即使在环境法律领域中,对于环境权利的定义也是多种多样的。归纳起来,关于环境权利,立足于法理学上将权力与权利截然区分的传统及西方后现代发展而来的有关权利解说,可以涉及资格、利益、主张、力量、自由五要素。任何一个要素都可用来界定权利,例如,以资格来界定权利,权利被认为是"法律关系的主体具有自己这样行为或不这样行为,或要求他人这样行为或不这样行为的能力或资格";以利益说来界定权利,权利被认为是"法律关系主体依法享有的某种权能或利益……"①以力量来界定,环境权利被认为"都伴随着一种不言而喻的资格或权限,对实际上可能侵犯权利的任何人施加强制"。② 由于资格说能够更广泛地包括利益、自由等其他要素,因此,本书从内涵上将社会权力解释为法律上的地位、资格与主张。

社会环境权力应该成为环境权力(权利)体系之中不可或缺的基础,其对环境法律体系的形成以及法律机制的运作起着至关重要的支撑作用。所以,必须超越唯理主义,认识到环境治理的多样性和有限性,关注公民的社会环境权力,强调在环境共治体系中,所有参与者的政治平等,个体间的辩理作为主导性的政治程序,个体理由的公开表达、评估、接受或拒绝,并据此以社会环境权力为中心构建环境协商系统,以促进环境治理中公众、企业、政府的有效表达和沟通,在民主过程和知识论的双重意义上促进环境共治行为的正当化和理性化。

二、社会环境权力弘扬:"权力—权利"关系的再塑造

(一)公共理性视角分析"权力—权利"关系

综合而言,社会环境权力作为一种新兴权利(力),其运行规则主要体现在其与国家/政府环境权力和公众环境权利的关系之中。进而在社会环境权力的运行上,一定程度会呈现三层次结构:独立与自治(社会权

---

① 参见沈宗灵:《权利、义务、权力》,载《法学研究》1998 年第 3 期。
② 参见公丕祥:《权利现象的逻辑》,山东人民出版社 2002 年版,第 53~54 页。

力与国家权力间）；竞争与合作（社会权力之间）；交涉与互动（社会权力与个人权利之间）。① 故而从公共理性的视角看，弘扬社会环境权力就需要围绕不同层次的"权力—权利"关系进行调整，这里包括两方面的问题，一是需要对政府的角色重新定位，将国家/政府环境权力"分权"予社会；二是需要对社会的自主治理予以弘扬，推进社会环境权力的形成与运行，从而呈现达成公众环境权利社会化和国家/政府环境权力社会化的复合样态。

根据环境协同治理理论，政府应该与其他社会组织一样，发挥着重要的治理功能，但政府不能成为全能政府，政府必须进行改革，成为"有效政府"。戴维·奥斯本等指出：政府要在公共管理中扮演催化剂和促进者的角色，是"掌舵"而不是"划桨"政府集中力量"掌舵"。② 因此，政府在环境治理中的角色应该定位为"有效政府"，管好该管的事项，尽量向社会组织放权，有效维护协同共治的格局。

我国生态治理根本上就是要求实现生态治理体系与治理能力的现代化，那么，民众对生态治理的支撑能力就是基础性的治理能力；以提升支撑能力为目标完善治理体系，就是实践努力的首要层面。不过，对建构论的唯理主义而言，社会是具体的整体，普遍而统一的"公共理性"支配着它的发展未来。由此，必然坠入依赖权威管制的传统窠臼，背离治理的基本要求。所以，必须超越唯理主义，认识到理性的多样性和有限性，关注"公共理性"的形成过程，并据此设计人民有序参与的制度，使人民真正成为生态治理的支撑力量源泉。

（二）协商民主视角分析"权力—权力"关系

中国传统哲学建立在"和""中"的思维基础之上，其核心的政治价值观念是"和而不同"，这一观念契合了协商民主之宽容、妥协、多元兼容和互惠双赢等理念，为权利协商在我国的发展提供了较好的文化背景。作

---

① 参见王宝治：《当代中国社会权力问题研究》，中国社会科学出版社 2014 年版，第 162~178 页。

② ［美］戴维·奥斯本：《改革政府：企业家精神如何改革着公共部门》，上海译文出版社 2006 年版。

为一个多阶层、多民族、多党派、多宗教国家,我国正处于社会转型期,协商民主理论应和了我国利益多元化社会的现实。

从我国基层环境管理的实践来看,协商民主制度在环境保护法治领域得到了较为充分的运用,一些地方的环境治理恳谈会、议事会、社区听证会、村民评议会等带有协商性质的基层运行机制,已显示出了较为强大的生命力。当然还值得注意的是,一些地方协商性环境治理实践还存在不少问题,协商性环境治理很大程度上仍然受制于政府权力和既有权威结构的影响,环境治理的制度性问题尚存在较大的不确定性。此外,全球化冲击下,部分地改变了我国社会的特质,也使我国目前的民间环境保护运动一方面呈现嵌入式的特点,独立性和运动的活力不足;另一方面以极端个体主义为特征的环境群体性事件则层出不穷,其积极作用往往同时被强烈的秩序破坏作用抵消。因此,可以借鉴协商民主理论去发展和完善我国环境共治中的权利协商系统,促使公众以理性的精神来参与环境治理。

三、以社会环境权力弘扬为重心支撑变革

(一)以诉求表达机制促进多元主体协同

很大程度上,环境问题就是社会弱势者的问题,从本质上讲,消除贫穷和保护环境二者相互依存、不能割裂。在先天禀赋不足以及后天经济与社会地位的事实性差异之下,这些社会弱势者往往也是环境问题的"被代言者"。社会弱势者面临的贫穷问题往往和环境问题交织在一起。由于社会经济地位低下,对这些环境问题的解决,往往并未考虑他们的实际需要。所以,超越唯理主义的视角必然采用微观分析,从尊重任何公民个体无差别的权利出发,尊重其表达自由。由此公众环境权利的协商是解决公众与政府、公众与企业在环境共治中不协同问题的基本进路。

为此,从批判自笛卡尔始,经由霍布斯、卢梭等构建论的唯理主义出发,理清功利主义将政府直接等同于公共、将公共理性类同于代议制民主的内在理论缺陷,从微观视角重新诠释的"公共理性",指出"公共"的开放内涵、集合意义决定着"公共理性"的新内涵。所以,理想的纯粹的公

共理性，即环境治理中政府决策与市场选择的参照系，但现实的权利协商往往不指向任何既定的结果，或者不产生任何结果。因之，合理形成的法律诉求表达制度约束成为必需。

（二）以执行协同机制促进多元主体协同

环境民主的关键在于建构法律框架下的执行协同机制。执行协同机制，既是体现政府、企业、公民团体法律主体身份平等的需要，也是各方利益能否得到充分表达和尊重，由此达成共识的必然要求。然而，实践中不容忽视的事实是，我国环境法治长期以来主要依赖于行政主导，环境主体资格存在许多方面的不对等性，政府在环境执行机制中拥有优势地位，市场经济的主体地位还未得到充分发挥。针对这些弊端与不足，中央已经做出了明确的顶层改革举措，党的十八届三中全会报告提出，"建立吸引社会资本投入生态环境保护的市场化机制，推行环境污染第三方治理"，这说明市场机制将在我国环境法治领域发挥重要的作用。政府、企业、公民团体经充分协同沟通，使环境政策执行能在"主体间承认的规范性原则和规则的背景下以共识的方式加以解决"①，真正实现法律框架内的环境协同共治。

政府的环境执法行为必须是透过执行协同机制，在多元、多方主体平等、理性的对话参与下，经过充分的信息沟通机制来达成环境执法的共识。换言之，环境协同民主机制运行的成败关键在于政府、企业、社会团体的程序化构想协同机制是否合理、有效，这种合理性、有效性依赖环境协同民主机制的运行得以实现；同时，环境协同民主机制也依赖于这种环境程序机制合理性、有效性而得以存在。协同民主机制是一种政府、企业、社会团体的三方信息沟通机制，环境权利的享有和环境义务的设置也需要这三方以平等主体的身份进行协商，明确各自所应承担的权责，处理好政府和市场的关系，使市场在资源配置中起决定性作用，更好地发挥政府作用，真正使公众参与到环境决策之中。

---

① ［德］哈贝马斯：《在事实与规范之间：关于法律与民主法治国的商谈理论》，童世骏译，生活·读书·新知三联书店 2003 年版，第 131 页。

（三）以环境立法媒介促进多元主体协同

"管理式谈判"是一种典型的管理式谈判中，有关利益集团和行政机关指派自己的代表参加由一位调解人负责的谈判。然后，作为谈判结果的协议将被呈递给有关机关成为提议中的规则并由机关公布于众，同时，机关将根据正常的《行政程序法》的规则制定程序予以办理。但机关在最终规则形成时没有义务接受参与者的妥协。① "管理式谈判"的规制模式为环境利益相关主体参与环境立法提供了一个很好的参与途径。通过"管理式谈判"取得的协商意见，并依据法定程序所确定的环境保护规则，对于利益相关各方主体更具有可接受性。

在环境保护法律规则体系的建构中，还需要充分发挥环境保护社团和环境保护民间组织的作用。作为环境利益相关主体在参与环境立法过程中，一方面，需要通过各种形式并且依据法定的程序参与到行政机关的环境保护立法进程之中；另一方面，环境保护社团和环境保护民间组织还需要制定一些自治性环境保护规则，这些自治性环境规则大多是建立在国家行政权与环境保护组织自治权之间的资源相互转换基础之上。自治性环境保护规则的运用及其解决问题的能力，应以国家环境保护行政权和环境保护组织自治权的相互协同合作为框架。

第五节　公众环境权利彰显：协同共治变革之驱动

在"环境权利—环境权力"的二元框架中，环境权力的行使目的为环境公共利益保护与公众环境权利保障。环境权力不当行使，将侵害环境公共利益和公众环境权利。环境权利的行使目的，在于对抗环境污染与破坏行为，通过"权利制约权力"路径，保证环境权力运行"合目的性"的制度路径，监督与制约国家/政府环境权力的运行，保护环境公共利益，保

---

① 参见[美]欧内斯特·盖尔霍恩、罗纳德·M.利文：《行政法和行政程序概要》，黄列译，中国社会科学出版社1996年版，第209~210页。

障自然资源合理开发利用。

一、公众环境权利的理论及要素解释

(一)公众环境权利的视角

将权利上升到法律层面,当然是社会进步和人类文明的体现,只是它需要不断地剥离权力和符号制造的虚假。① "私权利"意指个人权利,是相对应于"公权力"而言的概念,主要是指能够满足人类价值感情之一切事体。私权利与私人利益存在密不可分的联系,凡权利必为对一定利益(利益资源)之占有、支配关系,民众个人权利如此,公共机关的权利(社会权力)也如此。②

"公众环境权利"是指公民和社会组织基于"私人"身份所享有的环境权利和利益。从环境法治建设与发展的角度看,公众环境权利是传统环境权的一个基本的分支性权利,它表述的是一种以利益占用、支配的法律权益关系,公众环境权利依然围绕环境利益而展开。有些环境法学者甚至这样认为,"环境权的背后,其实是环境利益的力争上游"。③

环境利益是揭示公众环境权利的核心问题。而对于利益,学界有不同的观点,利益被认为存在个人利益、团体利益、公共利益、国家利益、社会利益等多种含义相近或交叉的类型,剔除那种有意无意的做作或虚无,利益无非就是个体利益(私人利益)和公共利益两大类。公共利益在现代性的"原子个体人"假说面前,盛行的是功利主义的解说,即个人利益的叠加。而后现代发展起来政治与法律哲学中,就如奥特弗利德·赫费指出的:公共利益,即所有人的利益,应理解为集体的、不可分割的利益。利益以"满足人类价值感情之一切事体"之意义,构成权力、权利的根本。公众环境权利就是可以直接约束国家/政府环境权力运作的规则,也就是国家/政府环境权力主体要时刻以维护与保障公众环境权利作为自己的

① 参见张之沧:《法权现象批判》,载《南京师大学报(社会科学版)》2012年第4期。
② 参见漆多俊:《论权力》,载《法学研究》2001年第1期。
③ 杜健勋:《从权利到利益:一个环境法基本概念的法律框架》,载《上海交通大学学报(哲学社会科学版)》2012年第4期。

基本考量。毕竟,"环境法最终的课题,是通过居民的参加,提供民主地选择价值的实现与其他的基本人权的调和的法律结构,创造出能够把环境价值也考虑进来的谋求国民最大福利的社会制度"。①

有法谚云:公法维护公共利益,私法维护私人利益。相传罗马著名法学家乌尔比安认为,"公法是关于罗马的国家制度的法,私法是关于个人利益的法"。② 但该"利益说"存在的问题是如何区分公共利益与私人利益。德国著名公法学家纽曼(Neumann)发表《在公私法中关于税捐制度、公益征收之公益的区别》一文,他认为,"公益是一个不确定的多数人的利益",对于公共的概念,纽曼以受益人的多寡的方式决定,只要大多数的不确定利益人存在,即属公益。③ 庞德认为,利益是人类个别的或在集团社会中谋求得到满足的一种欲望或要求。④ 在法治国家,对于人民权利之保障,必须依法为之,故,利益乃由权利所创设,并保障之,人民之私益,亦由人民之权利而生,也必须受到国家之法之承认。⑤ 因此,公众环境权利是由基本权利所创设、由国家立法所承认并保障实施的基本法律权益。

从环境法治建设与发展的角度看,所谓公众环境权利主要表现为私人主体(包括个体或者企业组织等)不受社会和他人干预而自主决定与处理私人事务的自由,故称为自由权、自主权。虽然,因应"公众环境权利诉求—私人利益满足"关系协同要求的环境保护体制机制变革动力,依然来自社会财富平等分配的诉求,但是通过生态补偿、生态基金、绿色消费、环境保护技术转移等制度的创新,这种基于环境利益保护与增进为导向的私人利益分配与再分配,在市场机制的自我调整与政府干预良性协同之中,实现个体、团体的私人经济性利益与环境公共利益的资源分配模式合理改良,从而在契合增长基础上,形成"破解生态危机、维护环境公益"

① [日]原田尚彦:《环境法》,于敏译,法律出版社 1999 年版,第 69 页。

② [日]美浓部达吉:《公法与私法》,黄冯明译,中国政法大学出版社 2003 年版,第 29 页。

③ 参见陈新民:《德国公法学基础理论》(上册),山东人民出版社 2001 年版,第 186 页。

④ 参见[美]庞德:《通过法律的社会控制:法律的任务》,商务印书馆 1984 年版,第 81～82 页。

⑤ 参见陈新民:《德国公法学基础理论》(上册),山东人民出版社 2001 年版,第 201 页。

的环境共治合力。

（二）公众环境权利要素分析

试图解开隐藏在公众环境权利背后的秘密，犹如探寻博登海默所描述的"普洛透斯似的正义之面"。但是，怎样才是享有一项权利？权利的来源是什么？为什么要有权利？这是解释社会环境权力必须回答的问题。对这三个方面问题的回答，米尔恩试图使用资格概念来阐述权利概念。① 因此，揭示社会环境权力的要素问题，需要从公众环境权利的资格来分析。

关于权利的区分，拉斐尔教授认为有两种类型的权利，即行为权和接受权。享有行为权是有资格去做某事或用某种方式去做某事的权利。享有接受权是有资格接受某物或以某种方式受到对待的权利。② 那么，对于公众环境权利而言，环境行为权是指公民与组织在法律框架内，有资格去从事任何与环境保护活动相关的法律行为，如公民享有环境公益的起诉权和环境行政决策的参与权；而公民环境接受权，则是指在环境保护活动中，公民主体有资格享受政府、企业、其他社会组织或者其他公民提供的良好环境权益的权利。

霍菲尔德关于权利概念的分析长期被认为是西方法学的权威学说，他的学术著作《基本法律概念》是法律权利哲学的经典之作，在这部学术著作中，他对权利的分类不仅限于行为权和接收权两方面的分类，而是将权利概念区分为四种互相不同情形，即他宣称："权利"一词包含要求、特权或自由、权力以及豁免四种情形。对于这四种权利情形，霍菲尔德认为："他们都是资格，也就是法律授予这些权利的享有者所拥有的优势。"③后来，霍菲尔德在其所著《司法推理中法律基本概念及其他论文》一书中，利用"权利—义务关系"的分析框架，将法律权利的四种情形区分为八个法律概念之间的复杂关系，即：一是"狭义的权利—义务关系"，

---

① 参见［英］A. J. M. 米尔恩：《人的权利与人的多样性——人权哲学》，夏勇、张志铭译，中国大百科全书出版社 1995 年版，第 89 页。

② 同上书，第 112 页。

③ 同上书，第 118 页。

表述为:我主张,你必须;二是"特权—无—权利关系",表述为:我可以,你不可以;三是"权力—责任关系",表述为:我能够,你必须接受;四是"豁免—无能力关系",表述为:我可以免除,你不能。① 霍菲尔德关于权利的四种分类及其四对关联概念关系的区分,有助于启发我们对公众环境权利要素的分析。

当然,在实践中,公众环境权利的内容是什么还要取决于政府。因此,分析公众环境权利要素,还应该将之与政府国家/政府环境权力联系起来。

二、公众环境权利激励:"权利—利益"关系的再审视

(一)经济利益视角分析"权利—利益"关系

经济利益与环境利益之间的矛盾本质上是主体性与主体间性之间的矛盾,因此,利益协调的基本机制——激励机制必然要求基于协同理论的自组织原理,契合主体的自利本性,在管制与自由之间寻求中间道路。就主体性角度而言,无论个体主体性还是团体主体性,无论出于本能、情感抑或是理性,在人固有的自利倾向之下都能较好地协同好两种冲突的利益。在主体间性之下,由于人皆将他人看成主体,体会到他人的情感、尊重他人的利益追求,企业追求的经济利益与社会公众的环境利益,也并不会有根本性的冲突。然而,主体间性并不排斥主体性,主体性中的"自利"和主体间性中的"利他"必然存在永恒的张力。环境治理的主要机制,从历史角度首先就是环境管制。管制本质上就是对自由的限制,在信息、成本以及被管制的道德情感等因素约束下,这种模式的不足也是显然易见的,环境管制的改革一直是近些年国内外环境治理实践的重心。而管制与自由之间寻求中间道路,无疑就是利益协调。它尊重主体的自由选择,契合协同理论中的自组织原理,同时机制与制度的设计使主体的自由选择符合环境治理的预期。

---

① 参见沈宗灵:《对霍菲尔德法律概念学说的比较研究》,载《中国社会科学》1990 年第 1 期。

经济利益是人类行动的根本原因,以企业利益为中心的经济利益协调是环境问题解决的根本途径。利益指人的各种欲求,也指包含着欲求的各种倾向,以及使各种欲求得以产生的诸多条件。所以,经济利益作包含一切的"事体",就是社会关系的本质。环境共治的协同合作框架运行,其内在驱动力无疑可以认为就是"利益"。

（二）环境利益视角分析"权利—利益"关系

利益指人的各种欲求,也指包含着欲求的各种倾向,以及使各种欲求得以产生的诸多条件。所以,利益作包含一切的"事体",就是社会关系的本质。利益是人类行动的根本原因,以企业利益为中心的利益协调是环境问题解决的根本途径。

企业的生产活动是环境问题的最主要成因,而作为学界共识——"经济利益与环境利益的冲突"就是这种成因的基础性解释,相应地,协同这里的利益冲突也就是环境问题解决的根本途径。因此,利益视角的协同共治环境保护体制机制变革研究,必然以企业利益为中心。

利用环境的行为有其价值的正当性与合理性,同时环境公益与私益并非必然相背离,因此环境法治建设与发展应从积极角度赋予主体权利以调动主动性,而不能仅从消极与应对角度去规定行为人的义务。但目前的实践使理性"经济人"利用环境资源追求利润的合理性不仅未能得到恰当的承认与维护,反而受到抑制,这也就一定程度削弱了主体对环境法治建设与发展的认同感,使自觉守法的意识难以充分弘扬。为此要寻找权利与义务的最佳平衡点,很大程度上有赖于一定的需求诱致机制,以诱致突破"公益与私益必然冲突""公益与私益何者优先""私益合理性应让位于公益的优先与至上性"的思维定式,尽可能使各层次与各主体的利益在平衡中得到实现,并力图弥补个体利益的局限性及个人权利范围的有限性,从而找到公益与私益的最佳结合点。因此需求诱导、利益实现等正激励方式应充分成为政府行政功能发挥的推进器,这也是行政效益与效率给我们提出的要求。

三、激励为核心驱动协同共治变革

施密特·阿斯曼曾将现代行政性质概括为"分配行政"①。所谓分配行政,并不是与"秩序行政"与"给付行政"相并列的第三种行政类型,而是超越建立秩序与提供福利的"二分法",针对整体性行政活动特征的高度概括,分配行政强调行政须将资源或负担实施合理配置与衡平。因此,就环境法治建设与发展的特点而言,其决定了环境法利益配置与衡平机制的多层次性,需要从基本法层面建构一个合理的环境利益配置与衡平机制。但由于存在"环境利益=环境公益、环境公益=国家环境公益"的误区,使我们在"公益维护主体"的确定上存在思维惯性,认为政府是唯一的环境公益代表与维护者,继而形成仅限于政府的"单中心"环境公共行政模式。然而国家公益并非唯一公益(如除国家公益外,还应有区域公益、行业产业公益等),因此公益维护者应"多元",方式应"多样",因此,须对传统的思维惯性作一实质性拓展。首先在环境保护基本法中解决"多中心利益衡平"的观念与体系建构问题,突破环境保护立法与法律制度运行的传统三大"利益中心主义倾向"——"大城市利益中心、国有大中企业中心、政府命令强制中心",围绕环境资源的多元利益格局与环境资源要素市场,变革"命令+控制"单一行政强制机制为兼容强制、指导、经济刺激的复合性调整机制。实现监管主体"多元化",体现"政府+市场+市民社会"三方利益与责任的平衡;实现管理机制"多样化",体现"行政强制+行政指导+经济刺激+公众参与"四途径互动;借助"自上而下的自治化道路"与"自下而上的自主化道路"的共进,"多元化"与"多样化"机制的共存,从实质意义衡平各方面利益。

环境协同共治中的利益协调必须建立于公共性之上,表现于制度层面即政府、企业、公众协同的框架,同时也必须注重道德情感的纽带。并且利益协调的成功运作不可缺少保障其激励机制有效运行的制度安排,包括以"生态红线"为核心的环境质量标准制度,利益协调信息沟通及市

---

① [日]山本隆司:《行政上の主観法と法関係》,有斐阁,2000年,第174、242页。

场信息引导制度,完善环境公益诉讼制度。

（一）利益激励机制运行的制度环境

环境协同共治中的利益协调,必须建立在以情感认同为基础的公共性之上,同时出于理性设计的以"生态红线"为核心的标准化制度,以及与之紧密相关的监督制度、信息沟通制度必不可少。由此,企业的生产活动在对立的经济利益与环境利益冲突面前,基于自由的选择才会倾向于两种利益的"共赢"。公共性基础、标准化制度、监督制度、信息沟通制度,所共同保障与促进的利益协调机制,便是"激励机制"。激励机制,即激励主体为了调动激励客体的积极性,使其达到期望目标而设计的一套理性化的制度。经济学激励理论认为,激励机制包括正激励(奖励)制度和负激励(惩罚)制度,二者构成经济管理目标实现不可或缺的有机统一体。正激励采取"利益诱导",对人符合目标的期望行为进行奖励,以提高人的积极性,促使期望行为更多地出现。负激励则采用"责任惩罚",通过对人的错误动机和行为给予压抑和制止,对违背目标的非期望行为予以惩罚,抑制这种行为发生,从而促使人的行为朝正确的目标方向转移。借用这一激励理论,有学者提出"政府环境保护激励"理论,主要着眼于调动政府积极性,使其主观上有意愿,客观上有能力履行环境职责。[1]

对学界提出的利益协调机制进行的梳理,比较典型的有汤普森(Thompson)关于组织的"三种协调机制"的分析路径:一是用事先制定的规则和标准来控制和协调组织利益关系的标准化机制;二是用权力或权威来协调处理组织中的各种依赖关系的直接监督机制;三是沟通和信任关系的相互调整机制。[2] Van de Ven 等学者概括为利用标准、规则和计划的程序化协调机制和利用人际关系协调、沟通的非程序化协调机制两

---

[1]　参见巩固:《政府激励视角下的〈环境保护法〉修改》,载《法学》2013 年第 1 期。

[2]　参见[美]詹姆斯·汤普森:《行动中的组织:行政理论的社会科学基础》,敬乂嘉译,上海人民出版社 2007 年版。

种基本形式。① Richardson 提出市场交易、合作和指挥三种企业网络的协
同方式。张玉堂强调利益协调的途径主要为利益关系的调整、利益对象
的有效供给、利益观念及行为的调整。区别机制与制度,阐明机制指有机
体的构造、功能及其相互关系和工作原理。而和机制相关的制度是保障
机制按照预期目标运行的规范体系。从而得出:环境协同共治中的利益
协调系统运行,由制度保障的机制,即激励机制。其中,对于企业而言,经
济激励是最主要的方面。但经济激励只是激励功能的一种,不能完全涵
盖所有经济人的环境效益投资行为,结合市场激励机制,财税激励机制等其
他方式,可促使激励功能最大效益的发挥。在节能减排行为中,国家采用综
合激励方式,对用能主体以节能减排为目的的投资行为进行奖励,引导用能
主体的投资行为向节能减排领域倾斜,实现节能减排的预期目标。国家采
用财政奖励、税收减免、市场引导等激励方式,目的是利用经济人理论,充
分发挥政府的导向作用,完成迈向环境友好型的社会产业结构的调整。

(二)以"生态红线"为核心,严格执行环境质量标准

党的十八届三中全会报告《中共中央关于全面深化改革若干重大问
题的决定》,第一次明确提出划定生态红线。生态红线的提出,顺应了我
国深化生态文明建设改革的需要,也为构建我国生态环境安全制度提供
了重要保障。有学者指出,生态红线也即生态保护红线制度,是我国推进
生态文明建设的一项重大制度创新。② 生态红线制度是在生态空间范围
内具有特殊重要生态功能、必须强制性严格保护的区域,是保障和维护国
家生态安全的底线和生命线。

我国 2014 年修订的《环境保护法》第 29 条规定:"国家在重点生态
功能区、生态环境敏感区和脆弱区等区域划定生态保护红线,实行严格保
护。"我国环境保护立法及时地将生态红线制度上升为我国的法律规定,成
为国家建设和落实生态保护红线制度的具体指南。在生态承载力视角下,

---

① See Ven A H V D,Delbecq A L,Koenig R. , *Determinants of Coordination Modes within Organizations*, American Sociological Review,1976,41(2):322–338.

② 参见王争亚:《全面准确把握生态红线内涵》,载《中国环境报》2015 年 9 月 18 日,第 2 版。

生态功能红线的功能主要有两方面：其一是确认并保护实现环境与资源承载能力所需的最小空间；其二是保障生态系统服务功能的持续实现。具体而言，生态功能红线制度体系的基本框架主要包括三个方面，即生态功能红线范围的确定；生态功能红线的管理模式；生态功能红线的保障机制。[①]

2016 年 5 月 30 日，国家发展改革委等 9 部委印发《关于加强资源环境生态红线管控的指导意见》（以下简称《指导意见》），《指导意见》明确提出资源环境生态红线管控制度，该制度指出：划定并严守资源消耗上限、环境质量底线、生态保护红线，强化资源环境生态红线指标约束，将各类经济社会活动限定在红线管控范围以内。严守环境质量底线，以改善环境质量为核心，以保障人民群众身体健康为根本，综合考虑环境质量现状、经济社会发展需要、污染预防和治理技术等因素，与地方限期达标规划充分衔接，分阶段、分区域设置大气、水和土壤环境质量目标，强化区域、行业污染物排放总量控制，严防突发环境事件。环境质量达标地区要努力实现环境质量向更高水平迈进，不达标地区要尽快制定达标规划，实现环境质量达标。

为了进一步落实我国生态红线制度，2017 年 2 月 7 日，中共中央办公厅、国务院办公厅印发了《关于划定并严守生态保护红线的若干意见》，明确提出在 2020 年年底前，全面完成全国生态保护红线划定，勘界定标，基本建立生态保护红线制度。

1. 秉承天人合一理念，生态红线是重要制度创新

综合而言，无疑"推进天人合一理念，以绿色发展理念推进生态文明"等已成全社会共识。而在其中，如何有效应对生态危机，恪守生态红线则是生态文明及法治建设中一个不容忽视的重要议题。可以说生态红线实质是生态安全底线，是另一条国家层面的"生命线"，是在生态功能、环境质量、自然资源利用等方面的管理边界与保有阈值。其目的是建立最为严格的生态保护制度，提出更高监管要求。

---

① 参见陈海嵩：《"生态红线"制度体系建设的路线图》，载《中国人口·资源与环境》2015年第 9 期。

从生态红线的推进进程看,"划定生态保护红线"在十八届三中全会得以提出,"生态红线"于2014年被明确写入新修订的《环境保护法》,"设定并严守资源消耗上限、环境质量底线、生态保护红线"的"底线思维"则于2015年《中共中央国务院关于加快推进生态文明建设的意见》中予以明确,进而"生态功能保障基线、环境质量安全底线、自然资源利用上线"则于2017年为习近平总书记进一步提出①。

2. 恪守三大生态红线,全方位、全地域、全过程开展环境保护

在此之前,我国为保护土地、森林、湿地资源,也分别划定了18亿亩"耕地红线"、37.4亿亩"森林红线"、8亿亩"湿地红线"。在生态文明法治的进一步推进进程中,须将生态红线贯穿至生态文明建设整个过程,其中生态红线又由下述各部分组成而构成系统(见表2-1)。借助生态红线的下述构成系统,力求全方位、全地域、全过程开展与推进生态环境保护及法治建设。

表2-1　生态红线组成系统

		生态服务保障红线
生态红线	生态功能保障基线	生态脆弱区保护红线
		生物多样性保护红线
	环境质量安全底线	水环境质量底线
		大气环境质量底线
		土壤环境质量底线
	自然资源利用上线	能源利用红线
		水资源利用红线
		土地资源利用红线

(三)完善利益协调信息沟通及市场信息引导制度

《奥胡斯公约》认为,确认在环境方面改善获得信息的途径和公众对

---

① 参见中共中央文献研究室:《习近平关于社会主义生态文明建设论述摘编》,中央文献出版社2017年版,第37页。

决策的参与,有助于提高决策的质量和执行,提高公众对环境问题的认识,使公众有机会表明自己的关切,并使公共当局能够对这些关切给予应有的考虑。显然,环境信息公开制度是在指令性控制手段和经济手段之外所采取的一种有效的环境管理制度。

根据《奥胡斯公约》的相关规定,环境信息是指包括环境要素(如空气和大气层、水、土壤、土地、地形和自然景观等)、生物多样性(含转基因生物)的状况和对环境要素可能发生影响的因子(包括行政措施、环境协议、政策、立法、计划和方案等)以及环境决策的成本—效益和其他基于经济学的分析及假设在内的一切信息,这些信息以文本、图像、录音或数据库的形式表现。环境信息公开有利于提高公众的环境意识、加强环境管理的公众参与和监督,促使污染者重视环境保护、加强污染治理,避免政府部门的环境决策失误。[1]

良好的环境信息公开机制能够有效促成利益协调信息沟通,对市场信息起到良好的引导制度。环境信息的公开是环境利益主体有力监督环境影响行为、制止环境违法行为发生的内在要求。究其实质而言,环境问题就是利益问题。人们都有趋利心态,加上环境问题具有很强的负外部性,因而在法律的空白之处,企事业组织损害环境权益的行为时有发生,且多数企事业组织尽力逃避环境保护责任的承担。在规制企事业组织的过程中,一些地方政府为追求片面的地方经济效益,忽视环境保护。因而,必然需要加强对企业事业组织和政府机关的监督,通过信息公开立法加以遏制。阳光是最好的防腐剂,环境信息公开就是"防腐剂",既有利于强化对监管者的监督,防止地方保护主义,也能提高企事业组织和社会公众的环境保护义务感与责任心,减免环境问题的产生,加强环境保护,从而切实保障公众的环境权益。[2]

---

① 参见李富贵、熊兵:《环境信息公开及在中国的实践》,载《中国人口·资源与环境》2005年第4期。

② 参见赵泽洪、翟国然:《我国环境保护中的信息公开机制及其优化》,载《环境保护》2007年第8期。

(四)维护环境公共利益,推进环境公益诉讼制度

自然环境本身就是一种公共物品,维护公民的公众环境权利自然离不开对重大社会公共利益的保护。庞德认为,社会公共利益主要包含下列内容:追求公共安全的利益;追求制度安全的利益;追求社会资源保护的社会利益意即追求社会资源正当使用和永续使用的利益;追求社会进步的社会利益和追求个人生活的社会利益。① 当前,我国的环境问题较为突出。与此同时,公众环境维权意识日益增强,也给我国环境保护法治建设带来许多挑战与机遇。因此,学者们认为,为了积极应对当前环境挑战,环境法治建设与发展需要有所创新,积极探寻保障公众环境权利的新机制。显然,环境公益诉讼,是公众通过合法程序化解重大环境纷争的有效途径,应予大力推进。②

与此同时,建构环境公益诉讼制度和完善相关环境保护司法救济体系,既能彰显公众环境权利,也是维护社会公共权益基本路径。环境公共事务十分复杂,需要以环境行政为主要应对手段,环境公共利益的保护须充分发挥行政权的专业性和司法权的监督作用,同时避免司法权对行政权造成不当干涉。在我国的司法实践中,需要进一步完善环境行政执法,并将环境行政公益诉讼作为环境公益诉讼制度的主要发展方向。③

---

① 参见[美]罗斯科·庞德:《法理学》(第3卷),廖德宇译,法律出版社2007年版,第13～18页。

② 参见别涛:《环境公益诉讼立法的新起点——〈民诉法〉修改之评析与〈环保法〉修改之建议》,载《法学评论》2013年第1期。

③ 参见王明远:《论我国环境公益诉讼的发展方向:基于行政权与司法权关系理论的分析》,载《中国法学》2016年第1期。

第三章　国家/政府环境权力调整：
环境监管体制变革

　　现代治理理论认为,治理反映了人们希望在无须政治强制的条件下达成共识和一致行动的愿望,然而,权力的分配总是存有各种不确定性因素。福山指出,如果不能清楚地区分国家职能范围的最小化和国家政权强度的最大化,"在缩减国家职能范围的进程中,它们一方面削弱国家力量的强度,另一方面又产生出对另一类国家力量的需要,而这些力量过去不是很弱就是并不存在"①。这意味着,现代治理并不是对政治权力的全线削弱与收缩,只是对权力结构的调整,以适应各方力量的此消彼长,并且保证在权力总量上维持不同性质权力的均衡关系。② 因此,生态文明演进中的环境保护体制机制变革,无疑也充分立足与体现于国家/政府环境权力结构的再调整和环境权力总量的重新分配,这实际上也是国家/政府环境权力能力的增进问题。因而在此基础上,实现从"命令

---

　　① ［美］弗朗西斯·福山:《国家构建:21 世纪的国家治理与世界秩序》,黄胜强、许铭原译,中国社会科学出版社 2007 年版,第 15～16 页。

　　② 参见杜健勋:《邻避运动中的法权配置与风险治理研究》,载《法制与社会发展》2014 年第 4 期。

控制"型向"参与回应"型转型,进而推进与深化生态文明演进中的环境保护体制机制变革。

第一节　我国环境监管体制的症疾及面临困局

就国家权力而言,迈克·曼曾将国家权力分为两个层面,并将"国家的基础性权力"列为第二层面的国家权力,认为前一层面的权力是不必与社会协同而自行行使的权力,而第二层面的权力则是国家渗透社会,在其统治疆域内有效施行其政治决策的能力。① 对此,米格代尔也认为"国家基础权力"是国家的社会控制能力,即"包括国家机构和人员的下沉、国家机构配置资源实现特定目的和管理民众日常行为的能力,是国家制定的规则取代公众自己行为倾向或其他组织规定的社会行为的能力"②。

因此,为破除我国环境监管体制机制所处的困局,对国家/政府环境权力中的基础性权力加以明确与区分,也具有重要的理论与现实意义。基础性国家/政府环境权力更能体现国家/政府环境权力的能力与社会认同程度。因为国家环境权力最终合法性的获取,在于其能否反映、维护环境公共利益,能否将公众环境权利诉求输入国家/政府政治体系,并予以环境公共政策化与切实执行,从而积极有效回应社会诉求,保护公众环境权利、调节环境利益冲突、维护环境公共利益与社会秩序,谋求环境公民福祉。

1989年全国人大常委会通过并颁布实施的《中华人民共和国环境保护法》对我国环境监管的组织机构、职权结构及运行方式进行了明确规定,确立了我国环境监管体制的基本模式。依据该法第7条的规定,我国

---

① 参见李强:《国家能力与国家权力的悖论》,载张静主编:《国家与社会》,浙江人民出版社1998年版,第18页。
② [美]乔尔·S.米格代尔:《强社会与弱国家:第三世界的国家社会关系及国家能力》,张长东等译,江苏人民出版社2009年版,第24页。

现行环境监管体制是一种统一集中监管与分级分部门监管相结合的体制。① 具体监管权限划分如下：国务院环境保护主管部门对全国环境保护工作实施统一监管，县级以上地方人民政府环境保护主管部门对本辖区的环境保护工作实施统一监管；县级以上地方政府的土地、林业、矿产、水利、农业等主管部门，依照相关法律规定对自然资源保护实施监管；国家海洋行政主管部门、军队环境保护部门、渔政监督、港务监督以及公安、铁路、民航等部门，依照相关法律规定对环境污染防治实施监管。② 以这种监管体制为框架，我国构建了相应的环境监管制度体系。这种体制及其制度体系总的来说是比较科学的，是与当今世界潮流基本相符的，但是仍然存在一些不足。为了优化政府的公权力，有效发挥政府在环境治理中的主导作用，我国必须针对现行环境监管体制及其制度的不足，进行改革和变革。我国现有环境监管体制及其制度的不足可概括为如下几个方面。

一、部门的分割问题

从横向关系来看，我国现行环境监管体制及其制度具有主管部门统一集中监管与各分管部门分工负责相结合的特点。统一集中监管是指各级政府设立专门的环境监管主管部门对本辖区内的环境保护工作实行统一监管。这个统管部门包括国务院的环境保护行政主管部门和县级以上地方人民政府环境保护行政主管部门。统管部门主要职权是对环境保护工作进行规划、协同，依法提出环境保护法律法规的草案和制定环境保护行政规章，对环境保护法律法规的实施进行监管。各相关部门分工监管是指由相关部门依照法定职权对相关环境保护工作进行监管。各分管部门是依法分管某一类污染源防治或者某一类自然资源保护的监管工作的行政部门，包括国家海洋行政主管部门以及各级土地、林业、农业、矿产、水利等行政主管部门。这种主管部门统一集中监管与各分管部门分工负

① 参见周玉华主编：《环境行政法学》，东北林业大学出版社 2002 年版，第 30 页。
② 蔡守秋：《环境资源法教程》，高等教育出版社 2004 年版，第 162 页。

责相结合的行政监管体制及其制度是由我国环境问题的严重性和综合性以及环境监管的高效性要求所决定的。这种监管体制及其制度既保证了各级人民政府环境保护行政主管部门的主导地位,又重视其他相关部门的分工负责作用,因此比较科学。但是这种环境监管体制及制度是一种按部门分割监管的体制及其制度,存在明显的不足,容易产生监管主体多元、监管职能分散、监管权力交叉重叠的监管问题。产生这种问题的具体原因主要包括如下几方面。

（一）统管部门与分管部门缺乏必要监督和制约

环境保护监管的统管部门与本级人民政府相关分管部门之间不存在行政上的隶属关系,因而也不存在领导与被领导、监督与被监督的关系。统管部门和分管部门在行政法上地位是平等的,都是代表国家行使环境保护行政执法权,各自按照法律、法规规定的权限进行环境监管。统管部门和分管部门都属于环境保护行政执法机关,它们环境保护监管的性质和目标是一致的,只在环境保护监管的分工上有区别,即只是在监管对象和范围方面有所差异。统管部门与分管部门之间缺乏必要的监督和制约,容易导致实践中部门之间出现相互扯皮、推诿等不良现象,会降低环境保护监管的效能。

（二）部门机构设置不合理

环境保护监管部门的机构设置不合理是产生监管问题的重要原因之一,其突出表现是各监管部门机构设置重复。我国环境保护监管体制从各部门分工监管逐步发展为统一监管与分级、分部门监管相结合的一个进步的过程,但在这个变化过程中只注重对新设机构的授权,而忽略了撤销原有机构及其相关职能,因此产生了各部门环境保护监管机构设置重复的现象。

（三）部门职能配置不合理

合理的职能配置应当赋予各监管部门与其监管目标最相符的职能,尤其不能让其承担与其监管目标直接矛盾或者冲突的职能。但是,我国目前还未能做到按照上述原理合理配置环境保护监管部门的职能。环境保护监管部门的职能配置不合理主要体现在以下两个方面:第一,不同环境保护监管部门职能交叉重叠。在各类环境监管职能中，监测、规划等职能的交叉与重叠尤其严重。例如，在监测职能上，水利部的水资源司有监督管理水量、水质状况以及组织审定江河湖库纳污能力的职能，原环境保护部的污染物排放总量控制司和环境监测司等机构有组织实施环境质量监测、污染源监督性监测、环境应急和预警监测等职能。在保护职能上，环境保护部被授权负责自然保护区的统一监管，但实际上却是由原国家林业局在负责，并且林业局还设立了一批濒危动植物保护区。第二，生态保护监管职能与资源开发利用职能冲突。在我国现阶段的环境监管体制下，生态保护职能往往被赋予很多资源开发利用行政主管部门。很明显，在生态保护与资源开发利用之间存在经济利益的冲突。这些资源开发利用行政监管部门承担生态保护职能明显与其行政监管目标相违背，在经济利益的驱使下，这些部门有可能只重视资源开发利用而忽视生态保护。

（四）部门间协同合作机制不完善

环境问题的综合性、复杂性决定环境监管主管部门难以解决所有环境问题，因此需要各相关部门相互配合。我国环境监管权力分散，部门之间环境保护监管机构重叠，环境保护监管权限不清，严重影响了环境保护法律法规的执行。因此需要创设部门间横向协同合作机制和制度来协同各相关部门的关系，使各个环境保护监管部门能步调一致地完成环境保护监管目标。也就是说统管部门与分管部门执法地位平等、部门机构设置不合理、部门职能配置不合理等导致的监管问题在一定程度上可以通过创设部门间横向协同合作机制和制度来缓减和消除。但是，目前我国环境保护监管部门间横向协同合作机制和制度还十分不完善。例如，部门间沟通协同、部门联动协同等机制还不完善，部门联防联控、部门联席会议、部门联络员、重大案件会商督办等制度都还不健全。

二、行政区域分割的问题

从纵向关系来看，我国现行环境监管体制及其制度具有中央统一监管与地方分级监管相结合的特点。我国现行环境保护监管部门，无论是统管部门还是分管部门，均按行政区划设置，在中央人民政府和县级以上地方各级人民政府中都设立环境监管主管部门和土地、矿产、农业等资源保护行政监管分管部门。这一模式既有利于中央宏观调控,又有利于发挥地方政府的积极性。但是这种环境监管体制及其制度是一种按行政区域分割监管的体制及其制度,存在一些不足,容易产生中央环境保护法律法规在地方执行不畅、中央环境保护政令在地方的贯彻渠道不通、地方保护主义盛行等监管问题。按行政区域分割监管造成了许多问题,其中突出问题可归纳为四个:一是难以落实对地方政府及其相关部门的监督责任;二是难以解决地方保护主义对环境监测监察执法的干预;三是难以适应统筹解决跨区域和跨流域环境问题的新要求;四是难以规范和加强地方环境保护机构队伍建设。产生这种问题的具体原因主要包括如下:

(一)上级部门对地方环境部门监管缺乏有效约束

我国现行的环境保护部门,无论是环境保护统管部门还是环境保护分管部门,均按行政区划设置,地方各级人民政府的环境保护统管部门和分管部门都是本级人民政府的工作部门,其财政经费和人事编制均由本级党委和人民政府管理,上级人民政府的对应部门对其财政经费和人事编制均无管理权。正因如此,上级人民政府的对应部门对下级人民政府的环境保护统管部门和分管部门只享有业务上的指导权和监督权,不享有直接命令权和指挥权,对下级人民政府的环境保护监管缺乏有效约束。因此,除非上级人民政府直接就环境保护问题向下级人民政府发布命令和指示,否则各行政区域环境保护部门执法工作的效果完全由该行政区域的地方人民政府决定,上级人民政府的对应部门无法对其施加实质影响。

(二)区域间横向协同合作机制不完善

除了容易产生环境保护领域的地方保护主义现象,地方环境监管实行按行政区划分级分割监管与环境的生态区域整体性特征也不相符。地方环境监管机构设置的行政区域性与环境的生态区域整体性相矛盾,将具有生态区域整体性的环境人为地按行政区域进行割裂使我国的环境保护监管陷入了事倍功半的困境。例如,跨行政区域的江河流域就是典型的具有生态区域整体性的环境,其污染防治的监管如果人为地按行政区域进行割裂,就很难获得理想的效果。大气因为具有流动性等特性,其污染防治的监管也不宜人为地按行政区域进行分割。解决按行政区域分级分割管理造成的监管困境的途径之一就是创设区域间横向协同合作机制和制度,协同各行政区域的关系,使各行政区域能步调一致地完成环境保护监管目标。但是,目前我国环境保护监管区域间横向协同合作机制和制度还十分不完善。例如,区域间沟通协同、区域联动协同等体制还不完善,区域联席会议、区域联防联控等制度都还不健全。

（三）纵向监督机制不完善

从表面上看,目前地方各级人民政府的环境保护监管统管部门和分管部门似乎都受本级人民政府和上级主管部门的双重领导,而实际上只有本级人民政府才对其环境保护部门享有真正的领导权,上级主管部门对其只享有业务上的指导和监督权。这种双重领导体制已成为环境保护国家统一监管的障碍。要消除地方短期利益对环境保护监管造成的不良影响,确保各级地方政府的环境保护部门都严格执行环境保护法律法规,必须建立健全环境保护监管纵向监督机制和制度。

三、部门内部分工合作稍显无序

随着日益多样化的环境问题不断增加,政府环境行政监管事务变得愈加复杂,更迫切需要政府能从协同治理的理论出发,通盘考量环境问题诸多方面的法律治理要素,积极主动行动起来,以便承担更多的环境监管责任。因此,无论是环境监管统管部门还是环境监管分管部门,都需要建立健全内部分工合作机制,根据实际需要合理设置内部机构并对这些内部机构进行合理的职权配置。

但是,由于理论界和实务界向来不太重视部门内分工合作问题,从而导致当前我国环境保护监管部门内部分工合作比较欠缺,部门内部机构设置和职权配置还不够合理,机构间协同合作制度还不够完善。例如,为了实现环境保护和中小企业促进的双赢,需要对大企业和中小企业分别进行环境监管,以减轻环境监管对中小企业生存和发展的不良影响。为了实现对大企业和中小企业分别进行环境保护监管的目标,需要在环境保护部门内部设立专门负责中小企业环境保护监管的工作机构,令人遗憾的是,当前我国环境监管统管部门和分管部门内都没有设立专门负责中小企业环境保护监管工作的机构。

第二节 理论沿革:从综合生态系统
管理到行政组织理论

如何调整国家/政府环境权力以革新我国的环境监管机制呢?熟悉我国环境保护行政监管体制机制的现状和存在的问题,还不足以合理调整国家/政府环境权力以革新我国的环境保护行政监管机制。环境监管体制及其制度变革还需要科学的理论作支撑。政府环境保护监管是自然生态系统管理的重要一环,因此环境监管体制及其制度变革必须有先进的生态系统管理理论指导,如综合态系统管理(Integrated Ecosystem Management,IEM)理论;还须有先进的政府公共事务管理理论指导,如整体政府跨界协同治理理论等。环境监管体制及其制度变革所要重点解决的主要包括政府内部分工与协同、部门划分与职责范围、决策权限与组织边界等问题。而这些问题又关涉行政组织理论的系列研究内容,因此环境监管体制及其制度变革还须有先进的行政组织理论指导。

一、综合生态系统管理理论:从分割到联合

作为一种全新的自然生态系统的管理理念和模式,综合生态系统管理理论已被广泛地运用于各个国家和地区的自然生态系统管理,已成为当今世界环境法治建设与发展的基本理念和方法。

(一)综合生态系统管理的内涵

在综合生态系统管理概念界定方面,理论界和实务界均尚未达成共识。中外许多机构和学者从不同的立场和角度出发,对综合生态系统管理概念进行了界定。例如,美国内政部认为,综合生态系统管理是一个将整个生态环境考虑在内的管理过程,它要求娴熟地运用生态学、社会学和

管理学的原理来管理生态系统,以恢复或保持生态系统的完整性及长期的理想状态,同时,它要求充分考虑人类及他们的社会和经济需求。① 英国生态学家爱德华·马尔特比(Edward Maltby)认为综合生态系统管理是指一种物理、化学和生物过程的控制,即将生物体与其非生命环境及人为活动的调节连接在一起,以创造一个理想的生态系统状态。② 我国环境与资源保护法学著名专家蔡守秋教授认为,综合生态系统管理是管理自然资源和自然环境的一种综合管理战略和方法,它要求综合对待生态系统的各组成成分,综合考虑社会、经济、自然的需要和价值,综合采用多学科的知识和方法,综合运用行政的、市场的和社会的调整机制,来解决资源利用、生态保护和生态系统退化的问题,以达到创造和实现经济的、社会的和环境的多元惠益,实现人与自然的和谐共处。③

(二)综合生态系统管理的特性

综合生态系统管理有区别于传统环境保护的特性,主要包括如下:第一,综合性。生态系统的整体性和系统性特性要求综合生态系统管理具有综合性特征。综合性是综合生态系统管理的首要特征,该特征要求生态系统管理实现管理目标、管理主体以及管理机制、方法和手段的综合。在管理主体方面,要求打破传统的部门分割管理和行政区域分割管理的方式,改为跨部门、跨区域、多元管理主体相互协同和配合的联合管理方式。第二,公益性。维护生态系统结构的完整性和功能的持续性是综合生态系统管理的根本目的和出发点,这也是国家和社会公共利益的需求。公益性要求在综合生态系统管理过程中必须全面、综合考虑长期社会效益和社会各个阶层、各个利益群体的诉求。第三,区域性。尽管综合生态系统管理注重根据生态系统的整体性特性进行综合性管理,但也承认各生态系统的区域差异性。生态系统的结构复杂性和功能多样性特性要求

---

① 参见高晓露、梅宏:《中国海洋环境立法的完善——以综合生态系统管理为视角》,载《中国海商法研究》2013 年第 4 期。
② 参见[英]爱德华·马尔特比等:《生态系统管理——科学与社会问题》,康乐等译,科学出版社 2004 年版,第 7 页。
③ 参见蔡守秋:《环境法调整对象研究》,载周珂主编:《环境法学研究》,中国人民大学出版社 2008 年版,第 36 页。

综合生态系统管理具有一定的区域性,即按照各区域生态系统的结构和功能,有针对性地进行区域性管理。第四,灵活性。生态系统的动态性和生态系统具体形态的多样性要求综合生态系统管理是一种适应性管理,要求管理计划和方式具有一定的灵活性和适应性,能够根据情况的变化相应调整管理策略。

(三)综合生态系统管理的具体方法

综合生态系统管理的上述特征具体体现在其管理机制、方法和手段方面。体现综合生态系统管理上述特征的具体方法主要有如下:第一,跨部门管理的方法。生态系统的多元生态要素、多维生态功能、多样生物组成等决定了生态系统管理必须是多部门共同协管。跨部门管理是维护生态系统良性循环的必然要求,也是整合生态系统保护和生态系统内自然资源利用的必然要求。根据生态系统的上述特征,综合生态系统管理要求采取一体化的方法综合管理自然资源,建立健全生态保护管理的跨部门协同机制和制度,实现各相关部门生态保护管理的良性互动。第二,跨行政区域管理的方法。生态系统结构多样性和功能多元性要求通过跨行政区域管理来保护生态系统。跨行政区域管理是整合生态系统保护和实现区域综合管理的基本方法。例如,大江大河等跨行政区域的流域生态系统就应该采取跨行政区域管理的方法进行流域综合整治。根据生态系统的上述特征,综合生态系统管理要求根据政治体制、区域政府行政能力、历史文化背景、资源习惯利用方式和传统管理模式等多种因素做循序渐进的机制和制度安排,包括法律、法规、规章和政策安排,上一级行政首长领导下的协同机构安排,以及区域政府之间长期或短期的协同和合作机制及制度安排。第三,以自然科学研究成果为指导的方法。现代自然科学研究为生态系统保护奠定了坚实的技术和理论基础,为生态系统管理提供了切实的方法论指导。生态系统管理不同于一般的社会管理活动,其终极目标是为了实现与自然生态规律的协同一致,因此必须以现代自然科学研究成果为指导。实践证明,忽视自然资源的生态价值、不惜一切代价开发利用自然资源的生态管理方式只能带来生态系统严重破坏的后果,而清洁生产、生态功能区划等建立在自然科学研究成果基础之上的现代生态系统管理制度则能实现经济、社会与环境的和谐统一。因此,综合生态系统管理要求以自然科学研究成果为指导进行生态系统管理。

二、整体性政府跨界协同治理理论:从碎片到整合

作为一种全新的公共管理理念和模式,整体性政府跨界协同治理理论已被广泛地运用于各个国家和地区的政府公共事务管理改革,并很快成为当今世界各国政府公共事务管理改革的基本理念和方法。

(一)传统官僚制到整体政府的跨界协同治理

西方公共行政理论和管理模式经历了从传统官僚制→新公共管理→整体政府跨界协同治理的发展变化的历程。在此对下述几种公共行政理论作一析评。

1. 官僚制相关理论评析

20世纪初德国著名社会学家马克斯·韦伯(Max Weber)提出了"官僚制"理论,为传统公共行政理论的确立奠定了坚实的理论基础。"官僚制"理论将政府管理推向了管理主义时代,它不仅被应用于政府部门,其他领域也以它为蓝本设计组织结构。"官僚制"的理性形式和明确的等级分工,为组织的日常运行提供了稳定基础,使置身其中者按照常规办事,提高了日常工作的效率。但是,由于官僚制具有理性形式、不透明性、组织僵化、等级制等特点,致使它在理论和实践中饱受质疑,有的认为官僚制不可避免地与民主制发生冲突,有的认为官僚制奉行的管理主义与政府管理的公共价值产生矛盾,有的认为官僚制导致政府规模过于庞大,浪费过多紧缺资源。

2. 新公共管理相关理论评析

随着对官僚制理论和实践的质疑不断增多,20世纪70年代,一场"重塑政府""再造公共部门"的新公共管理运动在世界范围内掀起。新公共管理运动以公共选择理论和私营企业管理理论为理论依据,以引入市场竞争机制来提高公共部门效率为核心价值追求,主张在政府等公共部门广泛采用私营部门成功的管理方法和竞争机制,重视公共服务的产出,倡导在人事行政环节实行更加灵活和富有成效的管理。英国是这场

运动的先驱和主导力量之一,它以"私有化""分权化""竞争机制""企业精神""非管制化""服务质量"等为主题词,开展了一场规模宏大的新公共管理运动。20世纪70年代初希思政府拉开了英国新公共管理运动的序幕,大力推行机构改革,推广"超级大部",以加强集中管理、减轻财政负担、提高行政效率,并首次明确提出把私营企业的行政管理方法运用到政府机构中以提高行政效率和克服部门间的扯皮现象。20世纪80年代的撒切尔政府和20世纪90年代的梅杰政府都大力推行新公共管理运动,前者进行了一场大规模的"私有化运动",后者在政府部门大力引进企业管理机制。20世纪80年代美国也掀起了"本土化"的新公共管理运动。一方面,学者们赋予其"企业家政府""企业化政府"等本土化名称,并对其进行了系统的理论研究。另一方面,政府推行了被称为"重塑政府"运动的行政改革,以市场化趋向为取向,重新定位政府的功能和权限,推动政府公共服务输出的市场化,注重政府的效率问题,追求时间、人力、资金等方面的投入产出比,努力创造一个少花钱多办事的政府。新公共管理运动为英国、美国、澳大利亚、新西兰等西方国家的政府再造提供了理论模型,但是因为不可避免地存在一些缺陷,致使它在理论和实践中饱受质疑。对新公共管理运动的理论质疑主要围绕管理主义取向有违公共性展开,主要观点有如下:私营部门参与公共产品和服务的供给有可能因为单纯追求利润最大化而忽视公众的真实需求;私营部门进入公共产品和服务的供给领域存在权力寻租的潜在危险;政府追求效率而忽视效益会损害公共产品和服务的水平及质量;把公众当作顾客可能会剥夺公民的参与权;管理主义取向与民主政治的价值相违背;政府作为公共权威部门根本不可能像私营部门那样运转和管理等。历经20多年的新公共管理运动在实践中也暴露出了许多缺陷,其中最大缺陷在于结构性分权改革忽视了部门之间以及上下级政府之间的合作与协同,带来了"碎片化"的制度结构,产生了机构裂化问题。"部门自我中心主义"的极端扩张导致政府在处理社会排斥、犯罪、环境保护、家庭、竞争等跨部门问题时较为迟钝。政府将权力从中央政治和行政层下放给管制机构、公共服务机构或国有企业,导致政治和行政领导丧失了获取信息和调控、干预的途径。

新公共管理运动的另一个较大缺陷是虽然引入市场机制和竞争手段提高了政府行政效率和公共服务质量,但引进新管理模式导致的转化成本难以克服,导致政治性投入持续增长。新公共管理运动还存在企业管理模式与公共组织兼容过程中产生摩擦等的缺陷。

3. 整体政府跨界协同治理相关理论

针对新公共管理运动或管理主义的机构裂化、部门中心主义、公共价值缺失等问题,20世纪90年代以来西方国家又掀起第二轮行政改革的浪潮。与之前的行政改革不同,这轮行政改革的关键词是协同与整合,并且有明显的路径依赖,其是对管理主义缺陷的弥补,是对新历史条件、社会环境变化和公民诉求的响应。与新公共管理运动的管理主义倾向和效率至上观点不同,整体政府跨界协同治理以新涂尔干主义、帕森斯结构功能主义等社会学理论为基础,在治理的口号和"第三条道路"的旗帜下展开,颠覆公共行政的管理主义倾向,引导人们从政治社会学视角重新思考国家与社会的关系。改革依然从盎格鲁-撒克逊国家开始,英国再一次成为改革的先驱。1997年开始执政的布莱尔政府和新工党为英国的政治理念和治理纲领注入了新的血液——"治理"。与管理主义的"竞争型政府"不同,治理理念倡导的政府为"合作政府"或"协同政府"。1999年新工党在《政府现代化白皮书》中提出打造一个更加侧重结果导向和顾客导向、合作有效的信息时代政府。澳大利亚也进行了整体政府跨界协同治理改革,使公共服务机构为了完成共同目标而实行跨部门协同以及为了解决某些特殊问题而组成联合机构。澳大利亚政府为公众提供整体性服务的主要措施是设立"公共服务中心"(centrelink),将联邦、州和地区政府相关部门提供的各种公共服务集结在一个屋檐下,向社会公众提供跨部门和跨行政区域的一站式服务。[1]

(二)整体政府跨界协同治理的基本内涵

整体政府跨界协同治理是一个含义广泛的概念,凡政府组织通过联

---

[1] 参见刘晓娇:《从传统官僚制到整体政府改革——西方政府改革的路径回顾》,载《广东青年干部学院学报》2010年第79期。

合、协调、协同、协作等方式,实现国家政策以及政府管理功能和活动的整合,都属于"整体政府跨界协同"的范畴。整体政府跨界协同治理领域繁杂、范围宽泛、形式多样、主体多元。从内容看,包含中央政府和地方政府之间的"上下合作"、中央或地方同级政府之间的"水平合作"、同一政府不同部门之间的"左右合作"、政府与企业和社会之间的"内外合作"等。从形式看,包括跨界政策议题下多个政府部门之间的合作、同一政策下不同政府之间的合作、同一政策同一政府中不同层级之间的合作、不同政策同一服务提供机制下的政府部门之间的合作、同一政策或不同政策下的政府与企业和社会组织之间的合作等。从主体看,既有各级政府及其所属部门机构,也有私营部门、非营利部门、志愿组织等。从政策领域看,涉及国家治理的方方面面,特别是在应对环境、社会、发展等复杂棘手问题时,需要政府统筹一切可利用的资源和力量。

(三)整体政府跨界协同治理的实践模式

由于跨部门协同的机制和工具以及服务供给的原则、责任和保障措施等方面存在差异,整体政府跨界协同治理的实践模式存在一定的国别差异,出现了"协同治理""整体治理""横向治理""协同治理"等实践模式。

1. 协同治理模式分析

英国整体政府跨界协同治理的实践模式为协同治理。协同治理的特点是,充分利用公共部门和私营部门各自的优势,在不取消部门界限的情况下,以共同目标为指引实现政府跨部门的"上下"、"左右"和"内外"合作。协同治理的主要内容包括:通过设立政策中心、绩效与创新小组、管理与政策研究中心等直属首相办公室或内阁办公室的综合性决策机构以及各种特别委员会,实现决策统一;通过《公共服务协议》在内阁、政府各部门和执行机构之间实现战略方向和组织目标的有机整合;通过框架性文件和独立委员等制度安排实现大范围的组织整合;通过观念更新、合作意识增强、参与机制新设和人员招聘及培训实现全面的文化整合。协同治理改革与以往改革不同,表现在:反对政府退却,主张某种程度的政府回归;提倡多元合作,创建新的组织类型,寻找新的跨组织合作途径,建立新的责任机制和激励机制,提供新的服务供应方式;强调决策统一和目标整合;突出信任,建立新的绩效管理制度,注重公共服务的整体性成果;以公民需求为导向,在协同、整合和责任机制下运用信息网络技术对碎片化的治理层级、治理功能、信息系统进行有机整合,在整体政府的视角下为公民提供无缝隙服务。

2. 整体治理模式分析

澳大利亚整体政府跨界协同治理的实践模式为整体治理。整体治理的特点是,重视实现跨越组织界限的共同目标,反对在组织内孤立作战。整体治理十分重视跨部门协同机制,强调宏观决策协同、中观政策协同和微观政策执行或服务提供的有机整合,在发挥中央政府作用和大部门体制建设方面积累了丰富的经验。1992 年成立由联邦总理、各州州长、地区首长共同组成的政府理事会(Council of Australian Governments, COAG),通过政府间协议制度以及部长委员会和国家评估监管这两个机制推动改革,实现国家治理体系的整体建构和国家改革政策的协同推进。1997 年成立"公共服务中心",成了澳大利亚整体治理的成功典范。为了满足行政改革的要求,适应公共服务需要,2011 年又重新组建了一个综合性部门"人类服务部"(Department of Human Services, DHS),将国家所有公共服务全部汇聚于此,搭建出庞大且内外联结的跨部门治理结构。这种将所有公共服务集中于同一个政府部门的做法,不仅可以减少因结构分散导致的资源浪费和协同成本、贴近公民生活和实际需要、合理整合和配置服务资源,而且还能实现决策与执行的政令统一、加大行政监管力度、提升政府整体治理效力。

3. 横向治理模式分析

加拿大整体政府跨界协同治理的实践模式为横向治理。横向治理的特点是,提倡协同性联邦主义,强调各级政府是相互平等的伙伴。横向治理重点关注联邦政府内的横向性,尤其重视中央机构的作用,利用横向管理和横向治理的方式,针对共同问题寻找集体解决办法,并在行政层面实现更多的合作与和谐。横向治理是内涵丰富的概念,涵盖大量政策开发、服务供应问题以及管理实践的内容,既可以在各级政府之间、一个部门或机构之间、多个部门或机构之间发生,还可以在公共部门、私人部门和志愿部门之间发生。横向治理用协同取代等级性领导,以愿意和共识为基础进行精诚合作——在等级制中通过网络开展合作,依据相互依赖性而不是权力关系进行合作,通过谈判而不是控制进行合作,通过推动而不是管理开展合作。横向治理比较突出的范例是跨部门协同的绩效监督机制和责任机制建设。

4. 协同治理模式分析

美国的私有化和分权化程度一直以来都很高,所以针对因政策不一致和执行机构分散造成的政府机构执行不力、监管吃力等困境,美国整体政府跨界协同治理改革的重点是,在进一步的市场化和民主化进程中强调所有利益相关者均参与决策、执行和监督,在综合复杂性问题上突出跨部门、跨地区、跨领域的协同合作,逐渐形成协同共治的治理模式。协同治理是为了应对自上而下的执行失败以及监管的高成本和政治化而逐渐产生,是解决利益集团多极化、管理主义责任失灵等问题的一种替代方法,是民主制度下的政府管理新范式。美国国家海洋政策的制定与推行集中体现了协同治理的上述特点。2010 年,时任美国总统奥巴马签发行政命令,成立了国家海洋理事会,在全国统一推行国家海洋政策。国家海洋理事会是一个二元首长制的代表制委员会,在总统的直接领导下开展工作,主要履行协同决策和系统执行两项职能,力求在协同治理过程中实现最高层领导的权力平衡,更好地促进跨部门协同。国家海洋协同治理框架不仅包括治理协同委员会、咨询专家委员会、国家信息管理系统平台以及各种伙伴关系,还专门成立了区域规划办公室,负责与政府、企业、社会和专业团体建立广泛的跨界协同网络,从整体协同治理的角度共同解决政府面临的海洋生态建设与保护问题。

(四)整体政府跨界协同治理的评价

作为政府管理碎片化和空心化的根治之道以及社会复杂性问题的应对逻辑,整体政府跨界协同治理改革顺应了经济全球化和政治民主化潮流,认为公共行政的最佳目标不是"小政府"而是"好政府"。整体政府跨界协同治理改革不是要求政府从各领域的全面撤退,而是要求政府选择适当的作用领域,不仅肯定新公共管理改革所倡导的效率价值,也关注民主价值和公共利益,希望通过协同、整合等手段促进公共服务主体之间的协同合作,在广泛应用信息和网络技术的基础上建立起跨组织、跨部门、跨机构的治理结构,最大可能地避免职能交叉或利益冲突,推进政府行政业务及其流程的透明化、整合化,发挥中央政府在整体战略协同中的纽带作用,提高各部门应对复杂问题的综合能力,借助打造合力来实现协同各方的"共赢"。以跨部门协同为核心价值追求的整体政府改革在全世界迅速兴起与发展,已成为现代政府改革的普遍实践。建立并逐渐完善跨部门协同机制是当代政府现代化建设的核心,因为解决社会排外问题、提供一站式服务、保护环境等都需要跨越政府部门的界限进行协同。尽管强调组织整合、跨界合作、网络化运作和多元主体共治是各国的共同举措,但在实际操作过程中不同国家选择不同的具体途径。

三、行政组织理论:从分工无序到合理分工

行政组织理论是行政管理理论的核心内容,是研究行政组织的结构、职能和运转以及行政组织中管理主体的行为以揭示其规律性的逻辑知识体系。行政组织结构理论是行政组织理论的重要组成部分,其发展印证了行政组织理论发展的历史轨迹。行政组织理论的演进与社会存在和行政管理实践的需要密切相关,其发展历史是一个不断扬弃的过程。20世纪以来的行政组织理论可划分为三个发展阶段,即古典理论阶段、人群关系理论阶段和决策理论阶段。第一阶段的时间范围是20世纪的前25年,主要范式为泰勒的科学管理理论和马克斯·韦伯的官僚制理论;第二阶段的时间范围是20世纪的第二个25年,主要范式为巴纳德的组织系统理论;第三阶段的时间范围是20世纪50年代后,主要范式为西蒙的决策理论。[①]每个阶段的行政组织理论和每种具体范式的行政组织理论都既有贡献又有不足。例如,古典组织理论以组织内部的分工和活动安排

---

① 参见叶念:《巴纳德与西蒙的行政组织理论之比较》,载《职工法律天地》2016年第18期。

为主要研究对象,为组织内部的分工合理化和活动安排以及组织内部的制度建设提供了良好的理论指导,但是该理论也存在明显缺陷,那就是把组织和环境割裂开来,把组织看作是一种不受环境影响的封闭系统。我国在进行环境监管体制及其制度变革时应有选择地借鉴这些理论。

（一）泰勒的科学管理理论

美国古典管理学家弗雷德里克·温斯洛·泰勒（Frederick Winslow Taylor）是科学管理的主要倡导人,被誉为"科学管理之父"。泰勒的科学管理理论蕴含着组织理论的早期萌芽,对组织结构理论的发展做出重要贡献。泰勒认为职能分工是科学管理的基本原则之一,主张实行职能制组织机构——不仅单独设置职能管理机构,而且还在职能管理机构内部对各项管理职能进行专业化和标准化的分工,把整个管理职能划分为许多较小的管理职能,使所有的管理人员只承担一至二项管理职能,从而提高组织内部的工作效率。泰勒认为应将管理职能中的计划职能和执行职能明确分开,并进一步强调计划的重要性,认为应设置专门的计划部门。泰勒还对组织机构的管理控制提出了例外要求,认为组织的高级管理人员应把一般的日常事务授权给下级管理人员去处理,自己只保留对例外事务的决定权和监督权。

（二）韦伯的官僚制理论

马克斯·韦伯被管理学界称为"组织理论之父",其对组织理论的主要贡献是提出了以"官僚模型"为主体的"理想的行政组织体系"。韦伯认为组织结构应该是"科层制结构"（也被称为"金字塔式结构"或"官僚式结构"）,官僚组织是最理性的组织模式。韦伯倡导的官僚制是一种纯粹、抽象和标准的组织形态,是一种行政权力依职能和职位进行分工和分层、以规则为管理手段的行政组织体系和管理方式。韦伯的官僚制理论的主要内容可概括为如下三个方面:一是层级制。权力分层,职务分等。在官僚制的组织体系中,行政权力按等级划分,行政部门从上到下形成一个金字塔形的层级结构,行政权力根据工作需要自上而下逐级分解。在这种权力阶梯中,官僚机构的所有岗位严格遵循等级制度原则,官员的职位按等级依次排列,上下级之间的职权关系严格按等级划定。下级必须服从上级，每个官员都受到高一级官员的监督控制；下级也有权向上级投诉或提出异议。二是铁的规则，即按章办事。官僚制组织内部的机构设置、职责权限、人员编制与组织运作等都有严格而具体的规定，形成了一套严格的成文的规章制度体系（法律或行政法规）。在正式制度的约束下，官僚制组织的运行相对固定而有序。每位成员都了解自己所必须履行的岗位职责及组织运作的规范，领导人的一时失误不大可能危害组织的发展，从而保证了官僚制组织的稳定性和工具性。三是工作的专门化与技术化。官僚制组织无论是在任务层次还是在管理层次都有一种高度的专业分工，实行专职专人。整个行政组织的管理工作首先被分成几大块，进而又被科学地划分成若干二级工作单位。分工过程层层进行，直到基本的工作单元高度专业化、精细化为止。组织内部的岗位根据组织本身的需要由相应的专业人才来承担，并靠专业知识进行组织管理。

（三）巴纳德的组织系统理论

巴纳德采用生态方法论和系统方法论来研究组织的运行，把组织视为一种由相互关联的人员组成的"开放系统"，将组织定义为协同系统中人的行为和人的协同关系，认为组织是一个由协同意愿、共同目标和信息交流这三个要素构成的有机整体。在组织研究中，巴纳德将人假设为以人为本的"社会人"，认为组织只是实现团体目标或个人目标的一种手段或方式，仅仅是人们协同合作的一个纽带和媒介。与组织的三要素相对应，巴纳德提出组织中的管理人员应承担三种职能——建立和维持信息交流体系、为促成组织成员协同而提供必要服务和设定组织的目标。巴纳德非常关注正式组织中非正式组织的存在，认为非正式组织具备三项基本功能：一是沟通正式组织不便沟通的意见、分享资料和传递信息；二是通过培养组织成员的服务热诚和对权威的认同感来维持组织团结；三是借助非正式组织的互动关系，避免正式控制过多和过滥，进而维护个人的自尊、人格完整和独立选择力。

（四）西蒙的决策理论

西蒙运用经济学方法论中的个人主义方法论来研究组织行为，从理性系统的视角将组织定义为一群人彼此沟通和彼此关系的模式，认为对组织的科学描述就是要具体分析组织成员个人所做的决定以及他们在做这些决定时所受到的各种因素的影响。研究组织行为的切入点为组织成员个人的决策过程,组织的任何实践活动都包含决策和实施决策两方面,决策是组织所有管理要素中最重要的环节,决策行为是管理的核心。在组织研究中,西蒙将人假设为有限理性的"行政人",认为行政人宁愿"满意"而不愿做出最大限度的追求,满意于从眼前可供选择的办法中选择最佳的办法。西蒙比较关注组织形态的设计,认为应该把组织的整体结构设计成层级结构(一般包括上层组织机构、中层组织结构和基层组织结构三个组织层级);必须注意组织结构纵横两个方面的专业分工,认真设计信息沟通网络。西蒙认为:组织管理人员的职能应该根据等级来进行划分,使得管理人员的职能在层级上更加明确;上层组织机构是非程序化决策层,主要负责整个组织系统的设计工作,为组织确定目标并且监督目标的实施;依据"控制注意力的原则"有效利用组织的"注意力资源",把管理者亲自处理的决策任务限制在一定的范围内;正确处理好集权与分权的关系。

第三节　国外体制及其制度建设之经验

20 世纪中期以来,美国、英国、澳大利亚、俄罗斯、日本等国一直十分重视环境保护行政监管,在环境保护监管体制及其制度建设方面取得了较大的发展。为了推进我国的环境监管体制改革和制度变革,科学合理地调整国家/政府环境权力,我们有必要借鉴国外的环境保护行政监管体制及其制度建设的经验。针对上文所述的我国环境监管体制及其制度的缺陷,在此从减少部门分割、减少区域分割和加强部门内分工合作三个方面分析国外环境监管体制及其制度建设的经验。

一、减少部门分割:美国和新西兰经验

环境保护部门分割是世界各国共同面临的挑战。为了减少部门分

割,许多国家进行了相应的体制及其制度建设,取得了一定的成就。

（一）美国海洋环境监管体制及其制度建设

在横向部门分工方面,美国实施主管部门统一集中监管与各分管部门分工负责相结合的环境保护监管体制及其制度,除了美国环境保护局（U. S. Environmental Protection Agency, EPA）,还有许多联邦政府部门和机构享有环境监管职权,在环境监管方面发挥十分重要的作用。这些部门和机构主要有如下：一是内政部及其所属机构土地管理局、美国渔业和野生动物局和国家公园管理局；二是农业部及其所属机构美国林业局；三是劳工部及其所属机构职业安全与健康局和矿业安全与健康局；四是商务部及其所属机构国家海洋与大气局。美国联邦环境保护局的有效运转离不开同这些部门和机构的协同合作。1997 年美国环境保护局在其年度战略计划中明确指出,必须与近 20 个其他联邦机构通力合作才能保证其工作目标的实现。政府机构间开展环境保护监管合作的一个典型例子是美国环境保护局与美国健康和公共服务部（U. S. Department of Health and Human Services, HHS）下设的国家职业安全与健康协会（National Institute for Occupational Safety and Health, NIOSH）联合对 140家有害废物处理公司中的 29 家所作的临时调查和处理。其中有一家公司被控违反了 395 条联邦标准,实施了 52 项违法行为,美国环境保护局对该公司的违法行为采取了制裁措施,职业安全与健康协会判定该公司缴纳高达 92,220 美元的罚金。慑于政府机构间合作执法行为的高效,企业主们不得不开始关注公众健康、环境安全和环境法律。[①] 为了协同好各相关部门的环境保护行政监管工作,美国十分重视环境保护行政监管的跨部门协同合作体制及其制度的建设,建立了比较完善的环境保护行政监管跨部门协同合作体制及其制度。美国环境保护监管跨部门协同合作体制及其制度建设在海洋环境保护行政监管领域表现得十分突出,因此本书以海洋环境保护行政监管为例分析美国环境保护行政监管的跨部

---

① 参见马英杰、房艳：《美国环境保护管理体制及其对我国的启示》,载《全球科技经济瞭望》2007 年第 8 期。

门协同合作体制及其制度建设。

1. 主要海洋环境行政监管部门及其职能

美国的海洋环境保护行政监管体制实行的是相对集中模式,在联邦层面主要由美国环境保护局、美国国土安全部(U. S. Department of Homeland Security,DHS)、美国海岸警卫队(U. S. Coast Guard,USCG)、美国商务部(U. S. Department of Commerce,USDC)、国家海洋与大气管理局(National Oceanic and Atmospheric Administration,NOAA)等几个部门和机构负责。在此主要分析国家海洋与大气管理局和美国海岸警卫队这两个机构的职能。

(1)国家海洋与大气管理局

国家海洋与大气管理局是隶属于商务部的科技部门,业务主要包括了解和预测气候、天气、海洋和海岸的变化,保护和管理海岸和海洋生态系统和资源。[①] 在国家海洋与大气管理局下又设立了国家海洋渔业局(National Marine Fisheries Service)、国家海洋局(National Ocean Service)等负责海洋环境保护行政监管工作的机构。国家海洋渔业局负责整个国家的海洋渔业资源以及海洋生物栖息地保护的行政监管工作,设有 5 个区域办事处(regional offices)、6 个科学研究中心(science centers)和 20 多个实验室。国家海洋渔业局以可靠的科学和生态系统管理方法(cosystem—based approach to management)为支撑,为美国提供多样的服务,具体包括发展高产和可持续的海洋渔业、保障海产品资源的安全和海洋生态系统的健康、恢复和保护受保护的海洋资源。国家海洋渔业局与地区渔业管理委员会(Regional Fishery Management Councils)合作,评估和预测渔业资源的存量状况,设定捕捞限额,确保海洋渔业活动符合渔业法规的规定,减少混获(bycatch)的发生。国家海洋局主要作用是解决沿海地区的生态威胁,促进环境和经济的健康发展。具体任务可以细分为如下:提供环境监测与评估服务,确保沿岸民众的生活质量,例如,应对和

---

① 参见 NOAA 网,http://www. noaa. gov/our—mission—and—vision,最后访问日期:2016 年 10 月 13 日。

恢复溢油、船舶搁浅、飓风和海洋废弃物等对海岸带造成的影响，提供世界级的科学服务，支持沿海社区的健康发展，使发展经济与海洋生态系统保护相协同，同时提升沿岸社区的抗灾救灾能力；为海上航行保驾护航。国家海洋局通过自己的监测体系获取大量的海洋数据，这些数据数量庞大，涉及海洋的方方面面，正是因为有了这些数据，其他部门进行海洋环境保护决策时才能更加科学。

（2）美国海岸警卫队

美国海岸警卫队是美国成立最早的海洋警察，也是美国唯一的海洋综合监管机构和综合执法机构。在美国五大武装力量中，美国海岸警卫队是唯一一支拥有行政执法权的队伍，也是唯一一支不受美国国防部（U. S. Department of Defense, DoD）节制的队伍。美国海岸警卫队的历史渊源和隶属关系比较复杂，"9·11事件"以后，隶属于交通部的海岸警卫队划归新设的国土安全部。美国海岸警卫队规模庞大，装备精良，海上执法人员具有较高的专业素质，几乎可以承担所有的海洋任务，在海上的机动性和执法能力都很强大。基于上述原因，美国海岸警卫队成为美国海洋环境保护最重要的力量。目前美国海岸警卫队拥有50,000多名工作人员，并拥有200多架飞机和500多艘各类舰艇，目前美国海岸警卫队承担着包括海事安全、海洋治安以及海洋监管等一系列任务。其中海事安全任务主要表现为，颁布措施，以改善航运安全；污染防治；进行船员培训与认证，以及制定和实施船舶建造标准及国内航运和航行规则。为确保合规性，审核并批准船舶建造计划，修理和改造，检查船只、海上移动式钻井和海上设施的安全。作为全国游艇航行安全协调员，海岸警卫队负责减少生命及人身伤害、财产损失，以及与此活动相关的环境损害等损失；海洋治安的任务则是扮演海洋警察的角色，在美国海域内登临民用船只进行检查、搜索、查询、逮捕等活动。与海洋环境保护最为密切的是海岸警卫队的海洋监管任务，海岸警卫队执行大量的港口和航道的监管任务，努力提供一个安全、高效的通航水路系统，以支持国内商业、国际贸易、国防军事海运的需求。与此同时，与其他联邦和州政府机构协同，实施海洋资源管理和保护制度，以保护鱼类和其他海洋生物资源的良性发展,防止海洋环境被破坏。

2. 主要协同机构及其职能

由于美国采取半集中监管模式,构建了多个海洋事务协同机构其中最重要、级别最高的是国家海洋委员会(National Ocean Council)。在此对国家海洋委员会的职能及机构设置进行分析:第一,国家海洋委员会及其职能。为了践行海洋综合管理,提升海洋管理在整个国家管理中的地位,2004 年 12 月 17 日小布什签署第 13366 号总统令(Executive Order),决定新设海洋政策委员会(Committee on Ocean Policy)。作为环境质量委员会(Council on Environmental Quality,CEQ)的组成部分,海洋政策委员会全面负责美国海洋政策的实施,协同各涉海部门和机构的监管行动,就海水污染、过量捕捞等问题向联邦政府提出意见和建议。2010 年墨西哥湾深水地平线石油泄漏事故(Deepwater Horizon Oil Spill)发生后,奥巴马签署第 13547 号总统令——《海洋、我们的海岸和大湖区的管理》(Stewardship of the Ocean,Our Coasts,and the Great Lakes),决定对海洋政策委员会进行整合,设立全新的国家海洋委员会。新设的国家海洋委员会是一个综合协同机构,与联邦其他内阁机构级别相同,受总统办公室直接管理。由科技办公室主任(Director of the Office of Science and Technology Policy)和环境质量委员会主席担任国家海洋委员会的联合主席,其他组成人员包括国务卿、国防部、内政部、农业部、健康和公共服务部、商业部、劳动部、交通部、能源部和国土安全部的部长、总检察长(Attorney General)、环境保护局长、管理和预算办公室主任、担任国家海洋和大气管理局局长的商务部副部长、国家航空航天管理局局长(Administrator of National Aeronautics and Space Administration,NASA)、国家情报总监(Director of National Intelligence)、国家科学基金会主任(Director of the National Science Foundation,NSF)、参谋长联席会议的主席(Chairman of the Joint Chiefs of Staff)、国家安全顾问(National Security Advisor)、总统国土安全和反恐事务助理、总统国内政策事务助理、总统能源和气候变化事务助理、总统经济政策事务助理以及委员会联合主席选定的其他人员。海洋委员会的主要职责是制定全国海洋战略行动计划,贯彻美国《国家海洋政策》,并对总统反馈具体实践中的困境,协同联邦政府各个部门之间涉海事务,组织洋域规划,同时也负责国际海洋问题的协同。

3. 国家海洋委员会下设机构及其职能运行

该委员会下设大洋资源监管部门间政策委员会和督导委员会等进行日常事务的办理。督导委员会主要作用是确保海洋委员会内部优先领域的整合与协同,包括设立国家科技情报政策办公室等。大洋资源管理部门间政策委员会重点是确保跨部门执行国家政策和国家的优先目标,并确定或批准其他海洋委员会成员优先考虑的事务。海洋科学与技术政策委员会主要是为了国家政策或者国家优先目标中的科学技术事项能够很好地得到执行。治理协同委员会主要包括沿海的 18 个州、地方和美国各地的部落代表作为对跨辖区的海洋政策问题的协同机构,这些成员在国家,地方和部落的政策问题有着丰富的经验,一般任期 2 年。海洋研究咨询小组的设立是为了给海洋委员会提供独立的建议和指导,成员包含美国国家科学院院士、州政府,学术界和海洋产业代表等。

(二)新西兰环境监管体制及其制度构建

在新西兰,解决部门分割问题的经验主要是政府部门合理分工和权责明确,并形成以资源环境保护为核心的综合治理格局,使经济发展与环境资源保护真正统一起来。

1. 变革之前的体制及其制度

20 世纪 80 年代中期以前,新西兰的环境资源保护部门分割现象非常严重,环境资源保护职权分散于多个政府部门和机构,且各部门和机构既有环境资源开发利用职权也有环境资源保护职责,导致环境资源保护在实践中让位于经济发展。就联邦政府而言,有 3 类部门和机构享有环境资源保护和管理方面职权:一是享有环境资源保护和管理政策制定职权的咨询委员会和行政机构,包括环境委员会(Environmental Committee)、自然资源保护委员会(Conservation Committee)、新西兰野生生物局(New Zealand Wildlife Service)、国家公园局(New Zealand National Park Service)、新西兰历史遗址信托基金会(New Zealand

Historic Places Trust）和伊丽莎白二世女王国家信托基金会（Queen Elizabeth II National Trust）等；二是享有发展经济和协同环境资源保护和管理职权的特定政府部门和机构，包括新西兰林业局（New Zealand Forest Service）、土地和调查部（Department of Lands and Survey）、公共工程与发展部（Ministry of Works and Development）、卫生部（Ministry of Health）、国家水土保护局（National Water and Soil Conservation Authority）等；三是享有自然资源保护管理职权的政府部门和机构，包括农业和渔业部（Ministry of Agriculture and Fisheries）等。

2. 体制改革和制度变革

从 20 世纪 80 年代中期开始，新西兰以可持续发展为原则进行环境监管体制改革和制度变革，将各级政府部门及机构的环境监管职权都进行重新分工整合，构建分工合理的综合化（integrated）环境监管体制及其制度，为政府进行经济发展决策时充分考量环境资源成本提供制度保障。一方面，中央政府重新整合各部门和机构的环境监管职权，将此前分散的环境监管职权整合到 3 个新设的政府部门和机构——资源保护部（Department of Conservation，DOC）、环境部（Ministry for the Environment，MFE）和议会环境专员（Parliamentary Commissioner for the Environment，PCE）。[①] 资源保护部统一保护和管理新西兰的自然遗产和历史遗产，原来由土地和调查部、新西兰林业局、新西兰野生生物局等部门和机构分别保护和管理的资源都统一归属资源保护部管辖。资源保护部的具体职权为：鼓励新西兰人参与资源保护和走出去享受土地保护活动；保护新西兰的本土植物、动物和栖息地；照看保护地上的遗迹、徒步旅行小屋和露营地；为保护地的游客提供信息和管理游客预订；与企业、社区团体（community groups）、国际流域倡议组织（International Watersheds Initiative，IWI）和其他组织合作以帮助他们参与资源保护；协同和培训资源保护志愿者；管理狩猎者、捕捞者和想在保护地里开展业务的公司（如

---

① 参见罗文君：《新西兰环境管理体制转型研究与启示》，载《湖北第二师范学院学报》2015 年第 6 期。

皮划艇旅游团)的许可证和执照;维护和恢复一些新西兰历史区域和历史建筑,提高资源保护的效益。环境部的职权为:制定环境管理制度(包括环境法律、法规和国家标准);通过国家政策声明和战略指明国家环境保护方向;提供最佳环境保护实践方面的指导和培训;提供环境健康方面的信息。议会环境专员的职权为独立调查政府的环境事务,通过众议院议长(Speaker of the House)和议会办公人员委员会(Officers of Parliament Committee)向议会报告工作。另一方面,尽可能地剥离政府的市场职能,将一些可以商业化的职能分离出去交给土地公司(Landcorp)、新西兰林业公司(New Zealand Forestry Corporation)、新西兰工程和发展公司(Works and Development Services Corporation New Zealand)等新设的公共事业公司来进行市场化运作,例如将新西兰林业局的林业采伐职权及相关土地交给了新西兰林业公司。这样有效避免了政府部门和机构同时行使发展经济和保护环境这两项相互矛盾的职权。资源保护部在经济发展过程中起着对资源保护把关的作用,任何资源开发利用活动都需要取得资源保护部的许可证,这就有效避免了经济发展部门自己审批资源开发利用许可导致的环境资源保护部门约束软弱的局面。

二、减少区域分割:美国和法国经验

环境保护区域分割也是世界各国共同面临的挑战。对空气、水等自然环境要素来说,由于具有流动性这一自然特性,实行以行政区域为边界的环境保护行政监管显然不合理,所以要建设环境保护行政监管的跨行政区域协同合作体制及制度。为了减少区域分割,许多国家进行了相应的体制及制度建设,取得了一些值得我国借鉴的成就。

(一)美国大气污染防治监管体制及制度之构建

美国在环境与资源保护行政监管跨行政区域协同合作体制及制度建设方面取得了不错的进展,其中大气污染防治行政监管跨行政区域协同合作体制及制度建设取得的成就更是值得我国借鉴。因此,本书以美国大气污染防治行政监管跨行政区域协同合作体制及制度建设为例,研究美国环境与资源保护行政监管跨行政区域协同合作体制及制度建设。美国大气污染防治行政监管跨行政区域协同合作包括州内、州际两个层次。① 现从州内和州际两个层次分别进行分析。

1. 州内跨行政区域协同合作体制及制度

美国州内大气污染防治行政监管跨行政区域协同合作体制及制度建设以加州南海岸大气质量管理区（South Coast Air Quality Management District, SCAQMD）的建设为典范。本书以加州南海岸大气质量管理区为例分析美国州内大气污染防治行政监管跨行政区域协同合作体制及制度建设。第一，机构设置。为了管理南加州的大气质量和控制南加州的大气污染，1969 年加州政府设立了南海岸大气限域（South Coast Air Basin, SCAB）。南海岸大气限域的范围包括橙县（Orange County）的全部以及洛杉矶县（Los Angeles County）、河边县（Riverside County）和圣贝纳迪诺县（San Bernarclino County）的非沙漠地区，总面积 2589 平方公里，人口 1500 万。最初南海岸大气限域设有 4 个管理机构，每个县 1 个，1977 年将这 4 个管理机构合并为一个管理机构——南海岸大气质量管理区。南海岸大气质量管理区根据实际需要设立了 9 个行政机构，分别为理事会（governing board），执行办公室（Executive Office），法务部（Legal department），科技发展办公室（Science and Technology Advancement Office），工程和许可办公室（Engineering & Permitting Office），合规和执法办公室（Compliance & Enforcement Office），规划、规则制定和区域污染源办公室（Planning, Rule Development & Area Sources Office），立法、公共事务和媒体办公室（Legislative, Public Affairs & Media Office）和行政管理办公室（Administrative Office）。理事会是其中最重要的行政机构，由 13 位委员组成，其中 3 位委员由州选官员任命，其余 10 位委员由各县和部分规模较大的城市选举产生。3 位州选官员任命的委员分别由加州的州长、州议会议长和州参议院规则委员会任命。10 位选举的委员中，4 位委员分别由 4 个县的监察委员会（Boards of Supervisors）选出县监察员（county supervisors），6 位委员分别由相关城市的市选举委员会（city selection committees）选出市政委员（City Council members）。第二，职能配置。南海岸大气质量管理区负责管控固定的大气污染源的排放，汽车、轮船、飞机等流动的大气污染源的排放由美国环境保护局、加利福尼亚大气资源委员会（California Air Resources Board）等州和联邦机构直接管控。南海岸大气质量管理区通过制定和实施大气质量管理计划（Air Quality Management Plan）、制定和实施规则、发放许可证、定期检查等具体手段来管控固定的大气污染源的排放。南海岸大气质量管理区与参与大气质量规划实施的政府机构及相关部门协同，将研究出的政策向美国环境保护局和州政府提出，以便制定出使整个国家受益的大气环境政策。理事会主要负责通过能够在该区域内促进大气清洁的政策和法规。理事会一般在每个月的第 1 个星期五召开例会，讨论通过预算、立法、人事等方面的重大决策。执行办公室主要负责管理管理区以及制定和实施实现大气质量标准的战略，将目标和目的转化为规划和可强制执行的法规。科技发展办公室主要负责管理区的大气质量监测和分析以及低（零）排放技术和清洁燃料技术的开发和推广工作。规划、规则制定和区域污染源办公室的职能主要包括负责管理区的大气质量规划工作，就区域污染源管控规则的制定和修改向理事会提出建议，编制区域污染源清单并实施与区域污染源有关的许可和合规活动。规划、规则制定和区域污染源办公室每 3 年编制 1 次大气质量管理计划，确定改善大气质量的目标和措施。工程和许可办公室主要负责管理区的许可制度，包括相关许可证的发放和管理。企事业单位领取许可证时需要交费，另外每年还要交年费。合规和执法办公室主要职能为确保管理区许可证设定的条件、地方大气质量规则和法规以及州和联邦的大气质量指令得到遵守，对企事业单位的环境保护计划和措施的执行情况进行监察，对违规者给予处罚。① 总之，南海岸大气质量管理区建设的经验可概括为：以大气限域

---

① 参见美国南海岸大气质量管理区网站，http://www.aqmd.gov/home，最后访问日期：2016 年 10 月 13 日。

这一自然地理区域为单元进行行政监管,并根据实际需要设置行政管理机构和配置行政管理职能。

2. 州际跨行政区域协同合作体制及制度

美国大气污染防治行政监管州际跨行政区域协同合作体制及其制度建设最成功的范例为臭氧传输委员会(Ozone Transport Commission,OTC)的建设。臭氧传输委员会作为一个跨行政区划的组织,其成功经验值得我国在构建环境与资源保护行政监管跨行政区域协同合作体制及制度时进行借鉴。第一,机构设置。为了加强美国东北部地区和大西洋中部地区相关各州在减少大气污染方面的协同,1990年依据《清洁空气法》(Clean Air Act)成立了州际组织臭氧传输委员会。臭氧传输委员会的成员州(特区)包括康涅狄格州、特拉华州、哥伦比亚特区、缅因州、马里兰州、马萨诸塞州、新罕布什尔州、新泽西州、纽约州、宾夕法尼亚州、罗得岛州、佛蒙特州和维吉尼亚州。臭氧传输委员会的组成成员有一定的限制,只能由联邦和相关州(特区)政府的环境保护行政主管机构的官员担任,且其中必须有美国环境保护局的官员。这样可以迫使联邦政府和州政府能在一起讨论问题。地方政府通过臭氧传输委员会向美国环境保护局提建议时,美国环境保护局可以赞成也可以驳回该提议。但是,一旦驳回了臭氧传输委员会的建议,美国环境保护局必须给出理由,并给出可以达到相同目的供选择的其他方案。臭氧传输委员会以污染源类别和机构功能为依据组建了3个常设委员会,分别为固定和区域污染源委员会(Stationary and Area Source Committee)、移动污染源委员会(Mobile Source Committee)和建模委员会(Modeling Committee)。第二,职权配置。臭氧传输委员会最初的职权是帮助地方政府达到联邦政府对对流层臭氧浓度的要求,后来发展到防治氮氧化物的扩散。现在臭氧传输委员会的职能主要包括就臭氧传输问题向美国环境保护局提出意见和建议,制定和实施解决地面臭氧问题的区域方案。臭氧传输委员会基本任务是将相关各州(特区)聚集在一起以协同它们的大气污染削减行动,主要手段和方法包括为相关各州(特区)提供大气污染评估、技术支持以及合作协同它们的大气污染减排战略的论坛。固定和区域污染源委员会主要聚焦于所有非移动源的排放。移动污染源委员会主要聚焦于所有与交通运输相关的污染源的排放。建模委员会主要致力于以地方、州和联邦的减排行动为依据分析现有和将来的排放和环境空气质量状况。第三,运作程序和制度。臭氧传输委员会没有规则制定权(rulemaking authority),但它可以通过设计模型规则和计划(model rules and programs)来协同各成员州(特区)的大气污染削减行动。臭氧传输委员会工作程序设计出的模型规则和计划,各成员州必须按照符合本州要求的规则通过程序来采用。成员州(特区)通过臭氧传输委员会的 3 个常务委员会来合作设计模式规则和计划。首先臭氧传输委员会和其成员州(特区)对达到特定标准所需的减排作出估计,然后臭氧传输委员会的固定和区域污染源委员会和移动污染源委员会利用州规则、州理念、现有州实施计划(State Implementation Plans,SIPs)、美国环境保护局资源和对裁减加利福尼亚州等边沿州的仔细审查,编制一个潜在的挥发性有机化合物和氮氧化物规则的清单。臭氧传输委员会通过三个常设委员会的例行会议定期与利益相关者分享信息。作为工作产出,臭氧传输委员会的常设委员会为制定州规则和开发必要的技术支持信息编制建议书,并提交各成员州的大气主管(air directors)审核。州大气主管将其审核意见反馈给臭氧传输委员会的常设委员会。潜在的模型规则之清单,被整理好以后,要求各成员州的委员签署,以谅解备忘录方式,就哪些规则将被制定为供各成员州考虑通过的模型规则达成一致。这种工作程序每年启动两次,分别在臭氧传输委员会的年会和秋季会议上启动。然后模型规则被送到各成员州评议。同时,为了使将受新规则影响的各方知晓,众多的利益相关者程序(stakeholder processes)被启动。最后臭氧传输委员会的成员州以模型规则为模板启动各自的规则制定过程。各成员州可以根据需要来适当满足自己的特定情况,对模型规则模板进行更改。①

(二)法国水资源监管体制及制度构建

法国在环境与资源保护行政监管跨行政区域协同合作体制及制度建

---

① 参见美国臭氧传输委员会网站,http://www.otcair.org/index.asp,最后访问日期:2016年10月18日。

设方面也取得了一定的进展,其中在水污染防治行政监管跨行政区域协同合作体制及制度建设取得的成就尤为显著。因此,以法国水资源保护行政监管跨行政区域协同合作体制及制度建设为例,研究法国环境与资源保护行政监管跨行政区域协同合作体制及制度建设。法国水资源保护行政监管跨行政区域协同合作可分为国家、流域和支流域三个层次。①可从三个层次分别进行分析。

1. 国家层次的体制及制度建设

法国的国家级水资源保护行政监管机构主要包括国家水务委员会、环境部和部际水资源管理委员会。国家水务委员会在全国水资源保护政策的制定以及法律法规文本的起草中发挥着举足轻重的作用。环境部作为全国水资源保护的主管部门,负责协同和监督各相关部门的水资源保护工作,制定国家水资源保护政策、法规和标准并监督执行,参与流域水资源保护规划的制定。部际水资源管理委员会是一个水资源保护行政监管的部际联席会议,由环境部、交通部、农业部、卫生部等有关部门组成,没有常设机构,不定期召开会议,主要职责为制定江河治理的大政方针和协同各有关部门的关系等。为了减轻行政区域分割对水资源保护行政监管的不良影响,法国环境部在有关地区设立了派出机构——地区环境办公室,在该地区执行国家的有关法规和欧共体的有关指导原则,与流域水资源管理局合作制定水资源开发和管理计划,提出有关水资源保护的建议。法国环境部总共设立了22个地区环境办公室,其中6个设在流域水管局总部所在地。设在流域水管局总部所在地的地区环境办公室,负责全流域的环境执法,并与流域水管局平行开展工作。②

2. 流域层次的体制及制度建设

法国将全国按水系划分为6大流域,并在各流域设置了统一负责全流域水资源保护监管工作的机构——流域管理委员会和流域水资源管理局。流域管理委员会扮演着流域"议会"的角色,也称流域"水议会",是

---

① 参见张联等:《法国水资源环境管理体制》,载《世界环境》2000年第3期。
② 参见刘仲桂:《德国、法国、荷兰水资源保护与管理概况》,载《人民珠江》2002年第3期。

流域水资源保护的最高决策机构。流域管理委员会的所有成员都由选举产生,主要包括用水户代表、流域内知名人士和各类专家代表、流域内各级行政区(大区、省和市镇)的地方行政当局代表和中央政府水资源保护部门的代表。流域管理委员会的主要职责为:制定流域水资源开发和管理总体规划;确定流域水资源平衡、水量、水质管理的基本方针;指导和审议流域水管局确定取水和排污收费的比率和基准;审查流域水管局的5年计划及投资资助方案;指导私有或公有污水处理厂的有效运转。流域水管局是流域管理委员会的办事机构和执行机构,在流域内必须执行流域管理委员会的指令。流域水管局的水资源工程和财务计划如不能获得流域管理委员会的批准,将不能付诸实施。如果流域管理委员会对流域水管局的水政策和流域规划提出了质询意见和决定,那么流域水管局董事会应将该意见和决定通告水管局,由水管局局长负责实施。流域水管局是一个独立于地区和其他行政辖区的流域性公共管理机构,负责流域水资源的统一管理,在管理权限和财务方面完全自治。流域水管局对流域水资源实行不分区的统一管理,负责流域内收取水费和排污费,制定流域水资源开发利用总体规划,对流域内水资源的开发利用及保护治理单位给予财政支持,资助水利研究项目,收集与发布水信息,提供技术咨询。流域管理委员会和流域水资源管理局都参与流域水资源开发和管理总体规划的起草,都受环境部的监督和管理。

3. 支流域层次的体制及制度建设

与流域层次相似,法国在支流域层次也设置了地区水务委员会、地区水董事会、流域水管局地区代表团等统一负责地区水资源保护的机构。地区水务委员会、地区水董事会、流域水管局地区代表团等机构是水资源保护的地区咨询和协同机构。

三、加强部门内分工合作:美国经验

除了部门分割和行政区域分割,世界各国的环境保护工作还共同面临着一个挑战,那就是环境监管部门内部分工合作不合理,特别是环境保护行政主管部门内部分工合作不合理。为了加强部门内部的分工合作,许多国家进行了相应的体制及制度建设,美国就是其典型代表。美国加强部门内分工合作的体制及制度建设的基本特点是,根据实际需要科学合理地进行机构设置、职能配置和制度构建。这一点从美国联邦环境保护行政主管部门美国环境保护局的机构设置和职权配置就可见一斑。1970 年 12 月 4 日美国环境保护局发布了关于美国环境保护局初始机构的第 1110.2 号令(EPA Order 1110.2),规定美国环境保护局设置 1 个局长办公室(Office of the Administrator, AO)和 5 个总部办公室(Headquarters Office)。同时,为了应对环境保护行政区域分割问题,该令还规定美国环境保护局在全国设立 10 个地区办公室(Regional Offices)。并且美国环境保护局的这种机构设置并非一成不变,而是根据现实需要不断进行改革。如今美国环境保护局的总部办公室已由最初的 5 个变为 12 个,具体为行政和资源管理办公室(Office of Administration and Resources Management)、大气和辐射办公室(Office of Air and Radiation)、化学品安全和污染防治办公室(Office of Chemical Safety and Pollution Prevention)、首席财务官办公室(Office of the Chief Financial Officer)、执法和合规保证办公室(Office of Enforcement and Compliance Assurance)、环境信息办公室(Office of Environmental Information)、总法律顾问办公室(Office of General Counsel)、监察长办公室(Office of Inspector General)、国际和部落事务办公室(Office of International and Tribal Affairs)、土地和应急管理办公室(Office of Land and Emergency Management)、研究和发展办公室(Office of Research and Development)和水办公室(Office of Water)。美国根据实际需要加强环境保护行政监管部门内部的分工合作体制及制度建设的另一个典型实例是,构建相对独立的小企业环境监管体制。现以美国小企业环境保护监管体制及制度建设为例,分析美国加强环境保护部门内部分工合作体制及制度建设的经验。

(一)小企业环境监管体制及制度形成原因

20 世纪中期环境问题已成为工业发达国家的一种严重社会公害。严酷的现实使美国等工业发达国家认识到,环境问题已成为同政治、经济密切相关的重大社会问题,要应对环境问题的挑战,必须将环境监管作为国家重要职能,建立和强化国家环境监管专门机构,加强国家对环境保护的监管。很快,美国将此认识付诸实践,建立起了统一、协同、高效的联邦环境监管体制及制度。迅速建立起较科学完善的环境监管体制及制度,为高效的环境监管和执法提供了组织保障和制度保障。同时美国联邦还进行了严格的环境保护立法,颁布实施了大量十分严格的环境保护法律法规和标准。严格的环境保护立法和高效的环境保护执法很快取得了积极效果,美国的环境问题迅速得到了有效遏制。但是,这种严格高效的环境监管也带来了负面影响,给企业带来了巨大的环境合规成本,特别是给小企业带来了与其规模和资金承受能力不相称的环境保护合规成本。[①] 自20世纪80年代初开始,美国理论界和实务界都十分关注环境监管对不同规模之企业的影响。经大量的理论和实证研究,各界普遍认为,环境监管立法和执法不考虑企业规模,采用同一套环境监管体制及其制度对大企业和小企业进行同等的环境监管,对小企业造成了与其规模和资金承受能力不相称的不良影响,对小企业的生存和发展造成了较大的危害。[②] 因此,各界一致认为,应该进行环境监管体制改革和制度变革,设立专门的小企业环境监管机构,并赋予这些机构为小企业提供环境保护援助和环境保护服务的职能。[③] 1978年10月24日卡特总统签署了第95届国会第507号公法(Public Law 95 - 507)、《小企业法》(Small Business Act),要求每个联邦机构都建立一个"小企业和弱势企业利用办公室"(Office of Small and Disadvantaged Business Utilization,

---

①　Randy A. Becker, Cynthia Morgan, Carl Pasurka Jr., Ronald J. Shadbegian, *Do Environmental Regulations Disproportionately Affect Small Business? Evidence from the Pollution Abatement Costs and Expenditures Survey*, Journal of Environmental Economics and Management, 2013 (66): p. 523 - 538.

②　Haitao Yin, Howard Kunreuther, Matthew White, Last revised on May 8, 2012, "Do Environmental Regulations Cause Firms to Exit The Market? Evidence from Underground Storage Tank (UST) Regulations", Retrieved August 12, 2015, from http://papers. ssrn. com/sol3/results. cfm?RequestTimeout = 50000000.

③　Daniel J. Fiorino, *The New Environmental Regulation*, London: The MIT Press, 2006: p. 207 - 212.

OSDBU),并规定该办公室依法直接向所在的联邦机构的领导报告工作。《1980 年监管弹性法》(Regulatory Flexibility Act of 1980)、《1996 年小企业监管执法公平法》(Small Business Regulatory Enforcement Fairness Act of 1996)等法律文件也要求各联邦机构设立专门的小企业监管机构和制定专门的小企业监管制度。根据这些法律规定,美国环境保护局和相关联邦机构设立了专门负责小企业环境监管的机构,并明确赋予这些机构小企业环境监管职权,其中美国环境保护局设立了小企业项目办公室(Office of Small Business Programs, OSBP),美国交通部(US Department of Transportation, DOT)、美国内务部(U. S. Department of the Interior, DOI)、美国农业部(U. S. Department of Agriculture, USDA)、美国劳动部(U. S. Department of Labor, DOL)、美国能源部(U. S. Department of Energy, DOE)、美国商业部(Department of Commerce, DOC)等相关联邦机构设立小企业和弱势企业利用办公室。同时,美国环境保护局和其他相关的联邦机构都制定和实施了小企业环境保护资金援助制度等一系列专门的小企业环境保护监管制度。

(二)小企业环境监管体制及制度建设

美国根据需要构建相对独立的小企业环境监管体制及制度,主要体现在美国联邦环境保护主管机构美国环境保护局的小企业环境监管体制及制度的建设。美国环境保护局不仅设立了专门负责小企业环境监管的机构并明确赋予这些机构小企业环境监管职权,而且还制定实施了专门的中小企业环境保护监管制度。本书以美国环境保护局的小企业环境监管机构及其职权为考察对象分析美国加强部门内分工合作的体制及制度建设。

1. 小企业项目办公室及其职权

美国环境保护局在局长办公室内设立了小企业项目办公室(Office of Small Business Programs, OSBP),专门负责小企业环境监管,倡导和推进小企业、社会经济方面弱势的企业(Socio—economically Disadvantaged Businesses)和少数民族学术机构(Minority Academic Institutions, MAI)的业务、监管和环境合规事项。小企业项目办公室被授予了如下主要职责:

开发激励和改善小企业、少数民族企业(Minority Business Enterprises, MBE)和妇女企业(Women's Business Enterprises,WBE)参与美国环境保护局全部采购流程的项目;增加少数民族学术机构参与联邦项目的机会;增加和鼓励弱势企业利用和参与通过联邦环境保护局援助协议资助的采购。

2. 小企业项目办公室工作组及其职权

在小企业项目办公室内又进一步设立了四个工作组(Teams)。这四个工作组分别负责如下四个项目中的一项:第一,少数民族学术机构项目;第二,石棉与小企业监督专员(Asbestos and Small Business Ombudsman,ASBO)项目;第三,弱势企业项目;第四,在美国环境保护局采购中为小企业争取权益(Advocacy for Small Businesses in EPA Procurement)项目。① 这四个工作组的职能如下:

(1)少数民族学术机构项目工作组及其职权。为了增加少数民族学术机构参与联邦项目的机会设立了美国环境保护局少数学术机构项目。增加参与联邦项目将会通过促进教师队伍发展、增强机构能力和充分发展作为美国整个国家之构成的多样化人才库,增强这些学院(schools)和美国整个国家的实力。成功完成这些关键目标将会帮助美国经济繁荣和保持美国在全球市场的竞争力。为了保持强劲,包括少数学术机构在内的所有美国国家学校必须充分发展。美国教育部(U. S. Department of Education)指定的少数民族学术机构包括富有历史渊源的黑人院校(Black Colleges and Universities, HBCUs)、拉美裔服务机构(Hispanic Serving Institutions, HSIs)、部落院校(Tribal Colleges and Universities, TCUs)以及亚裔美国人、原住民美国人和太平洋岛民服务机构(Asian American Native American Pacific Islanders Serving Institutions, AANAPISIs)。然而,在美国历史上没有给予这些机构获得利润丰厚的联邦合作伙伴的机会,使其最大的学术机构提高机构能力和竞争优势。少

---

① EPA, Last updated on August 11, 2015, "About the Office of Small Business Programs (OSBP)", Retrieved August 12, 2015, from http://www2. epa. gov/aboutepa/about—office—small—business—programs—osbp.

数民族学术机构项目工作组的具体职能包括数据测量（data measurement）、策略规划和政策评估（strategic planning and policy review）和实施（implementation）。①

（2）石棉和小企业监察专员工作组及其职权。石棉和小企业监察专员作为小企业接触美国环境保护局的渠道，承担促进小企业界与美国环境保护局之间沟通的职责。石棉和小企业监察专员的任务为，通过代表小企业界和与小企业界协同来支持小企业的环境合规绩效（environmental and compliance performance）并降低小企业的监管负担（regulatory burden）——包括合规成本和对企业经营的不利影响。石棉和小企业监察员工作组的职能为倡导小企业问题以及为了帮助小企业界而与州小企业环境援助项目（Small Business Environmental Assistance Programs，SBEAPs）、小企业行业协会（small business trade associations）、美国环境保护局总部办公室和地区办公室、美国小企业局以及其他联邦机构进行伙伴合作。这些合作伙伴关系能为美国环境保护局提供帮助小企业实现其环境绩效目标所需的信息和视角。石棉和小企业监察专员项目是一个综合性项目，通过该项目能在全国范围内为代表小企业利益的教育和宣传提供网络、资源、工具和论坛。小企业监察专员还负责提供四项特定服务。第一，充当美国环境保护局和小企业界之间的联络员。这项特定服务的具体内容为：担任小企业和美国环境保护局之间的联络员以促进争议的解决；主持与美国环境保护局副局长和高级管理人员举行的小企业行业协会会议；担任《2002 年小企业文书工作减轻法》（Small Business Paperwork Relief Act of 2002，SBPRA）的美国环境保护局联络点；代表美国环境保护局局长率先回应公民依据《石棉危害紧急情况反应法》（Asbestos Hazard Emergency Response Act）提起的投诉。第二，在美国环境保护局规则制定过程中倡导小企业权益。这项特定服务的具体内容为：在环境监管和实施过程中加深美国环境保护局工作人员

---

① EPA, Last updated on January 28, 2014, "Minority Academic Institutions Program", Retrieved August 12, 2015, from http://www. epa. gov/osbp/mai_program. htm.

对小企业之关注和影响的理解；在美国环境保护局监管活动中代表小企业的观点；为了支持经《小企业监管执法公平法》修正的《监管弹性法》，对影响小企业的法规的制定和实施进行跟踪。第三，向小企业提供技术援助。这项特定服务的具体内容为：通过免费热线来回答技术和监管方面的问题；保存和分发美国环境保护局的出版物；开发合规援助工具；通过小企业环境主页提供对技术援助的直接访问。第四，支持小企业环境援助项目国家网。这项特定服务的具体内容为：充当庞大的小企业环境援助项目国家网的聚焦点并为该国家网提供多层次的支持和协同；支持全国年会；通过小企业环境主页和相关活动为小企业环境援助项目国家网提供支持。①

（3）弱势企业项目工组及其职权。弱势企业项目是一项旨在增加和鼓励弱势企业利用和参与由美国环境保护局援助协议所资助之采购的宣传性、教育性和目标性的项目。小企业项目办公室的采购机会支持工作组（Procurement Opportunities Support Team）为弱势企业项目制定政策和提供程序指导。弱势企业项目的要求适用于所有依据美国环境保护局资助（grants）、合作协议（cooperative agreements）和机构间协议（interagency agreements）进行的设备、物资、建设和服务的采购。弱势企业项目被授予了如下四项具体职能：一是制定和监控弱势企业项目的政策和程序；二是向内部和外部的弱势企业项目利益相关者提供宣传和培训；三是向少数民族企业和妇女企业提供技术援助和程序援助（programmatic assistance）；四是收集、整理和分析关于少数民族企业和妇女企业依据美国环境保护局财政援助协议（包括机构间协议）利用美国环境保护局采购的数据。美国环境保护局财政援助协议的接受者（recipients）须依据财政援助协议寻找小企业、少数民族企业和妇女企业来满足他们的采购需要，并鼓励他们利用小企业、少数民族企业和妇女企业来满足他们的采购需要。对财政援助协议的接受者的以上约束和鼓励通过财政援助协议所

---

① EPA, Last updated on July 15, 2015, "Asbestos and Small Business Ombudsman", Retrieved August 12, 2015, from http://www.epa.gov/sbo/index.htm.

包含的条款和条件来实现。弱势企业项目通过弱势企业认证、公平份额目标、少数民族企业/妇女企业报告、六个诚信方面的努力、合同管理要求、弱势企业协调员等主要功能组件来实现其职能和目标。①

（4）在美国环保局采购中为小企业争取权益工作组及其职权。在美国环境保护局采购中为小企业争取权益工作组也被称为小企业项目办公室直属工作组（OSBP Direct Team）。该工作组与采购管理部门办公室主任、行政管理和资源管理办公室主任以及美国环境保护局高级官员合作，开发项目来刺激和提高小企业、少数业务和妇女企业参与整个美国环境保护局采购过程。该工作组主要承担如下八项具体职能：一是制定影响社会经济企业的政策和程序；二是为小企业、小弱企业、8(a)小企业②、女性拥有的小企业、伤残老兵拥有的小企业和历史上未充分利用之企业区中的小企业设定和监控直接采购目标和分包目标；三是编辑、收集和聚集社会经济项目方面的统计数据；四是审查和批准分包计划；五是审查和批准分包申请；六是参加宣传活动；七是向小企业提供技术和管理援助；八是向美国环境保护局的各项目办和地区办公室提供培训援助和技术援助。美国环境保护局的地区小企业协调员是实现该工作组职能和目标的一种重要功能组件。③

---

① EPA, Last updated on June 17,2015, "DBE Program Team", Retrieved August 13,2015, from http://www. epa. gov/osbp/dbe_team. htm.

② 为了帮助弱小企业在市场中竞争，美国小企业局设立了"8(a)企业发展项目"。有资格参加8(a)企业发展项目的企业即为8(a)小企业。See SBA, "About the 8(a) Business Development Program", Retrieved August 14,2015, from https://www. sba. gov/content/about - 8a-business-development-program.

③ EPA, Last updated on November 6,2014, "OSBP Direct Team", Retrieved August 13, 2015,from http://www. epa. gov/osbp/direct_team. htm.

第四章 社会环境权力弘扬：公众
参与机制的保障

　　社会权力是介于国家权力和个人权利之间的一种权力形态,①因此,它有其独特的运行规则。郭道晖先生曾指出:作为相对独立于国家的社会主体,以其所拥有的社会资源对社会与国家(政府)产生的影响力、支配力,就是社会权力。② 社会权力是在国家与社会二元格局下,社会主体拥有自己的社会资源和独立的经济、社会地位而形成对国家和社会的影响力、支配力。"社会自治与国家/政府权力相应而生,是国家权力向社会的拓展"③,社会权力能力逐渐增强。相对应地,随着生态文明演进中的环境法治建设的民主化、法治化与多元化发展,社会环境权力的运行与功能发挥,也正逐渐成为环境权力与环境权利关系结构变革的一个重要方向。社会环境权力及其能力增强是环境法治建设走向协同共治的基础,环境权力的多

　　① 参见鲁鹏宇:《德国公权理论评介》,载《法制与社会发展》2010年第5期。
　　② 参见郭道晖:《社会权力:法治新模式与新动力》,载《学习与探索》2009年第5期。
　　③ 徐靖:《论法律视域下社会公权力的内涵、构成及价值》,载《中国法学》2014年第1期。

元,有利于促进环境利益诉求的多元表达与环境利益保护的多元实现。

第一节 社会环境权力弘扬必须复兴公民资格理论

20世纪80年代后,以德国公法学者哈特穆特·鲍尔为代表的诸多学者开始关注行政法律关系的"多边性格",德国公法学界开始破除公益"一统天下"的格局。哈特穆特·鲍尔通过还原行政法律关系的本来面目,①清晰展现自由主义国家、分配行政与个人利益的牵连关系。德国公法学者沃尔夫(H. J. Wolff)也强调,作为整体的国家/政府权力机关须充分考量并调和社会生活中多样的利益冲突。② 但是并不是所有水平关系中的个体利益均能完全转化为垂直关系中的公益,公法对原始的个体利益冲突的垂直转化功能有其局限性,因此,国家/政府权力介入无法解决所有的利益纷争与衡平。为此,施密特·阿斯曼进一步指出,国家/政府权力系统及社会权力系统亦有保持空间的必要,无须完整重现与全面掌控社会生活,个人、组织乃至国家应保有"完全归属于自己的空间"。③ 也正伴随着这一国家与社会治理情势的变化与发展,相对应地在环境法治领域,环保社会组织近年来也越来越成为环境治理中的一支重要力量,彰显其在环境法治中的重要角色与功能。随着生态文明建设的日益推进,政府职能在生态文明演进进程中不断予以调适,这需要充分明确与强调参加环境公共事务的权利并不是个体环境权利的简单集合,需要充分展现其中的集体性。如环保社会组织对"政府环境监管的监督",一定程度可以说是参加环境公共事务的社会环境权力的呈现。也正基于国家/政府环境权力委托于社会组织的这一"分权"过程,回应了国家/政府环境权力行政、命令行政转向合作环境行政、参与环境行政的现代环境行政转

---

① 参见[日]人見剛.ドイツ行政法学における法関係論の展開と現状,东京都立大学法学会雑誌,1991年(32),121页。

② 参见[日]山本隆司:《行政上の主観法と法関係》,有斐閣2000年版,第174、242页。

③ 参见[日]山本隆司:《行政上の主観法と法関係》,有斐閣2000年版,第243~244页。

型需求。而社会环境权力的扩大，一定程度也利于避免国家/政府环境权力独语的现象与境况发生。当然，社会环境权力如何真正彰显其功能，既需要国家和政府"自上而下"的培育，也需要社会"自下而上"的涵养。

一、从环境权中析出其"公"属性

（一）相关关于环境权的界说

权利与义务是法律的基本构成要素，这在环境法治建设与发展中也不例外。自 20 世纪 80 年代以来，学者们便对环境法治建设与发展中的权利——环境权进行了许多论述，提出了四种代表性的观点：

1. 公民基本人权说

如莫纪宏教授认为，公民环境权是公民享有的在不被污染和破坏的环境中生存及利用环境资源的权利。[①] 首先，环境权作为一项人权已为一系列国际法文件所肯定。其次，环境权作为一项基本人权，其核心是生存权。环境是公民作为生物个体生存的基本物质条件和空间场所的提供者，是人类生存的必要条件，保护环境的目的在于保证人类的生存繁衍。最后，公民环境权具有作为人权的本质属性——整体性与个体性的统一、长远利益和眼前利益的统一、权利与义务的对应性以及权利实现方式的多元性。

2. 环境私权说

从此层面看，如马晶教授认为对环境利益的享有权和对环境要素的所有权是不同的。环境利益指各种环境要素构成的环境系统对人的财产及健康、安全乃至精神愉悦所能提供的最低保证，它包括的利益兼有财产价值和精神价值，而对这种利益的享有构成环境权的主要内容。对环境要素不宜主张公众环境权利与环境利益不失为一种私的利益是两个问题。因为，第一环境质量关乎每一个生存其间的个人利益，尽管从环境加害者的角度，其所侵害的是不特定的社会公众，是一种可能具有广泛主体的利益，但从受害者地位出发，却是其每一个人的利益受损；第二尽管根

---

① 参见莫纪宏：《现代宪法的逻辑基础》，法律出版社 2002 年版，第 355 页。

据"公共信托"理论,强调国家对环境问题的干预,但每一个体的诉权基础同样是不应忽略的。因此,环境权只有首先作为一种私的权利或民事权利,环境法才真正回复到以人为本的特点。这与环境法的初衷是一致的,即保障当代人的健康。①

3. 环境公益权说

朱谦教授认为这种公益权的内容包括三个方面,即公众知情权、环境决策参与权以及公众诉权。公众的环境知情权是公众实施其他环境权的基础和前提,只有公众获得了有关环境方面的情报资料,才能积极有效地行使环境参与权。同样地,在环境影响评价过程中,随着公众知情权的实现,公众有权参与到环境决策之中,公众的环境决策参与权作为环境权的重要内容,它的行使或者说权利设置的目的,并非只是为了某一具体公众的个人利益的维护,而是为维护和实现社会或人类的公共利益。同样地,在公民的诉权设置上,也依然显示出环境权的公益性。公众诉讼与一般侵权诉讼不同,一般的环境侵权诉讼是公民、法人等主体自身的利益受到他人侵害而提起的自益性诉讼,公众诉讼在性质上属于公益诉讼。因此,公众的环境权与国家环境行政权都是为了维护公共环境利益,公益性是其显著的特征。②

4. 人类环境权说

从此层面看,如徐祥民教授认为人类的环境不是可分的,这种环境所带来的利益也是不可分的。人类的环境权是不可分的环境利益,是关于人类的整体环境的权利。权利客体的不可分割的特性决定了权利永恒的共同性即人类作为一个整体共同享有的权利。环境权是属于全人类的,这种权利的内容是自得。所谓自得就是自己满足自己的需要,而不是等待别的什么主体来提供方便,也不需要排除来自其他主体的妨碍。环境权作为一种新型人权,它的逻辑就是《人类环境宣言》所遵循的权利就是义务。环境权,在它诞生的那一天就注定了其主要不是靠"主张""请求"

---

① 参见马晶:《论环境权的确立与拓展》,载《法学》2001 年第 4 期。
② 参见朱谦:《论环境权的法律属性》,载《中国法学》2001 年第 3 期。

权利来实现,而是靠环境义务的履行来实现,靠义务主体对义务的主动履行来实现。在自得权和自负义务的关系中,义务总是具有决定意义,而权利的作用反倒显得无足轻重。总之,环境权是一种自得权,它产生于环境危机时代,是以自负义务的履行为实现手段的保护和维护适宜人类生存繁衍的自然环境的人类权利。[1]

综合而言,学界对环境权的理论争议主要在三个方面。

(1)对环境权的概念之争。如蔡守秋教授认为,环境权有狭义和广义两者之分。狭义环境权一般指公民的环境权即公民有享受良好适宜的自然环境的权利。广义环境权泛指一切法律关系的主体(包括自然人、法人、特殊法人——国家)在其生存的自然环境方面所享有的权利及承担的义务,即国家、机关、团体和厂矿等企事业单位及公民都有使用、享受其生存的自然环境条件的权利,也都有保护自然环境,防止环境污染的义务。环境权包括享有环境的权利及保护环境的义务两个方面。[2] 环境权的主体为全体人民,它不仅包括公民、法人及其他组织、国家乃至全人类,还包括尚未出生的后代人。吕忠梅教授认为,环境权就是公民环境权概念,是公民享有的在不被污染和破坏的环境中生存及利用环境资源的权利。[3] 周训芳教授认为,在英文中,环境权常被表述为"citizens's environmental rights",这说明,实际上环境权是一种全人类的环境公益,在国内法上,是全体国民的环境权,即公民环境权;在国际法上,是全体人类的环境权,即人类环境权。[4]

(2)对环境权的性质之争。在环境权的性质上,主要有以下几种观点:第一,环境权是一种基本人权。[5] 1972年联合国人类环境会议通过的《人类环境宣言》指出:"人类有权在一种能够过着尊严的和福利的生活

---

[1]　参见徐祥民:《环境权论——从人权发展的历史分期谈起》,载《中国环境资源法学研讨会中国海洋大学法学院论文集》。

[2]　参见蔡守秋:《环境权初探》,载《法学研究资料》1982年第2期。

[3]　参见吕忠梅:《再论公民环境权》,载《法学研究》2000年第6期。

[4]　参见周训芳:《环境权论》,法律出版社2003年版,第153页。

[5]　参见王明远:《略论环境侵权救济法律制度的基本内容和结构——从环境权的视角分析》,载《重庆环境科学》2001年第2期。

环境中,享有自由、平等和充足的生活条件的基本权利,并且负有保证和改善这一代和世世代代的环境的庄严责任。"据此很多学者认为,环境权是一种人权。第二,环境权具有公权和私权的双重属性。在中国传统法理学中,权利具有当然的"私"属性。鉴于转型社会,权利意识的张扬以及对政府时而怠于保护权利之状况,学界不少提出或采纳西方学者对权利含有力量的解释。在环境法学界,相应地存在环境权归属的"公"与"私"、性质的"权力"说与"权利"之纷争。例如,王明远教授认为,环境权作为现代社会的一种新型权利,具有公权和私权的双重属性。其中的通风权、采光权等,加害人和受害人容易确定,"私权性"最强,同时受公法(如建筑法、城市规划法等)和私法的保护;清洁空气权,加害人和受害人往往均难以确定,"公权性"最强,仅受环境法等公法的保护;至于环境权中的其他"亚权利",如清洁水权、宁静权、安稳权等,则介于以上两种类型之间,兼有公权和私权的性质。① 第三,环境权是一种共享性、连带性权利。余俊教授等学者认为,环境权是一种连带性权利,既有个人权利的特点,又有社会权利的特点。自然人作为环境人权的主体,不能仅指单纯的个人,而是包括"人类"、"民族"、"少数民族"和"土著民"这些集体中的人。自然人从全球整体上讲是人类。②

(3)对环境权的内容之争。在环境权利的内容上,吕忠梅教授认为,环境权是由多项子权利组成的内容丰富的权利系统,至少应包括四个方面的内容即环境使用权、知情权、参与权与请求权。③ 吴贵国教授认为,环境权的内容包括程序性权利和实体性权利,其中程序性权利是指环境知情权、环境立法参与权、环境行政执法参与权、环境诉讼参与权等;实体性权利除了包括生态性权利(生命权、健康权、日照权、通风权、安宁权、清洁空气权、清洁水权、观赏权等)和经济性权利(环境资源权、环境使用权、环境处理权等)以外,还应包括精神性权利(指环境人格权)。吴卫星

---

① 参见王明远:《论环境权诉讼——通过私人诉讼维护环境公益》,载《比较法研究》2008年第3期
② 参见余俊:《环境权的文化之维》,法律出版社2010年版,第168~169页。
③ 参见吕忠梅:《再论公民环境权》,载《法学研究》2000年第6期。

教授则将公民环境权分为五类：环境知情权、环境立法参与权、环境行政执法参与权、环境诉讼参与权、公众直接或间接进行环境保护投资或者以自己的消费决策和消费偏好来影响和改变生产者的决策的权利。[1] 其还认为，环境权应当具有可诉性，环境权的司法救济路径既包括国内法的救济途径，也包括国际法的救济途径；环境权既可以通过公民权利和政治权利的司法保障机制间接获得救济（间接救济模式），也可以直接援引环境权而予以救济（直接救济模式）。[2] 李艳芳教授则认为，公民环境权应包含以下三个内容：公民在良好、适宜、卫生、安静的环境中生活的权利；参与国家环境管理的权利；环境自救权。还有学者从环境利益的保护角度出发，将日照权、眺望权、等与我们的生活密切相关的、私权性质较强的权利称为环境私权；而将清洁水权、清洁空气权、享有自然权、历史性环境权等"公共性""公益性"较高、公权性质较强的权利，称为环境公权。[3]

（二）关于现有相关环境权观点的评析

我国学界对环境权的争议由来已久，不可否认，任何一种观点都有其合理之处，但无疑有待继续探讨的地方。

1. 关于公民基本人权说。批评者认为公民环境权不是一项人权，保护环境只需扩大传统的人格权和财产权的保护以及更新侵权理论，就足以弥补传统的缺陷，不必要再确立一项模糊不清的环境权。也有认为公民环境权是其他人权的基础，不是一项独立的人权。还有学者认为将环境权解释为公民基本人权，缺少利益的视角。而即使从利益视角，又有学者主张公民的环境利益是国家环境行政产生的一种"反射性利益"，它不具有法律上的权利的属性，不能成为一项法律权利。针对这些批评，吕忠梅教授反驳说，关于法律上的利益和反射性利益的划分，是建立在公私利益的严格区分与对立之上的。现代国家中的公共利益，最终就是私人利益的集合。环境权是一项基本人权已由系列国家文件所确定。环境权作

---

[1]　参见吴卫星：《环境权概念之研究》，中国法学会环境资源研究会 2002 年年会论文。

[2]　参见吴卫星：《环境权可司法性的法理与实证》，载《法律科学（西北政法学院学报）》2007 年第 6 期。

[3]　参见[日]富井利安、伊藤护也、片冈直树：《环境法的新展开》，日本法律文化社 1995 年版。

为一项基本人权,也是具体确定的:它的主体包括当代人和后代人;它的对象是人类环境整体;它的实施方式是多种多样的;它是权利与义务的统一;它的正当性来自环境保护对于人类生存和发展的需要。①

2. 关于环境私权说。批评者认为,从环境权的公共属性以及其对经济活动耗费的资源的一定消解性来看,都决定了环境权应是一个社会本位的权利,而不是个体本位的权利。再者,环境权强调以人为本,并不能得出环境权就是个体性私权的结论。②

3. 对于环境公益权说。因为其主要将环境权界定为程序性权利,学界批评不多,大体认为仅仅将环境权限于程序性权利,范围太过狭窄。

4. 对于人类环境权说。学者们基本同意环境利益就是全人类共同的利益。但是,持此观点的论者主张人类环境权是自得权,因而既是权利,也是义务,环境法主要靠义务的履行来实现其目的。

不难发现,学者们对环境权理解的分歧其实就是一个,即环境权到底是一种集体性权利,还是一种个体性权利。主张个体性权利者,又分为两种观点:一种认为是独立的法律权利类型;另一种认为是民事权利。反对环境权的论者,尽管有人自始至终坚持环境权概念根本不成立,但更多的其实是在阐明环境权不成为环境法上的权利而是一种民事权利。所以,无论是环境权的倡导者还是反对论者,争执的问题基本是相同的。而主张环境权是集体性权利者,其基本理由就是依据环境的共同性而得出的环境利益的公益性,申言之,就是因为环境利益是一种公共利益;主张环境权是个体性权利者,也不直接反对环境利益的公共性,但却认为公共性的环境利益同时也是一种个体性利益。吕忠梅教授试图以功利主义的原理来证明她的观点,马晶教授作为环境私权的支持者,区分环境要素和环境利益,认为前者是公共性的利益,而后者则可成立私的民事权利。因此,厘清公共利益和个体利益之间的关系,就成为解决环境权争议的关键。

---

① 参见吕忠梅:《再论公民环境权》,载《法学研究》2000年第6期。
② 参见王蓉:《环境法总论——社会法与公法共治》,法律出版社2010年版,第67~68页。

　　法律追求"公共"利益而不是任何特定私人的利益是其本身固有的特点。无论在哪个国度，也无论何种理论学说，概不例外。但如我国台湾地区学者陈锐雄指出的："何谓公共利益，因非常抽象，可能人言人殊。"①功利主义将公共利益简单表述为个人利益的叠加。因此，作为具体法治的追求目标，对公共利益保护的实质就是谋求个人的利益与幸福，法律为实现个人利益之和的最大化而存在。功利主义的解释立于"公共由个体构成"的普遍性原则，体现了民主、强调个体的尊严与权利，深深地影响着其后的理论研究与实践。如日本学术界的通行观点认为，公共利益就是个人利益之集合，它是调整人权相互冲突的实质性公平原理。公共利益可分为自由国家的公共利益与社会国家的公共利益，前者指从尊重个人平等的立场，公平地分配和保障人权的原理，后者指以限制经济活动和财产权为内容的权利分配原理。② 德国学者 Leuthold 在《公共利益与行政法的公共诉讼》一文中指出：公共利益是一个相关空间内关系大多数人的利益。相关空间以地域为划分标准，且多以国家之（政治、行政）组织为单位，地区内大多数人的利益就是公共利益，反之，居于少数人的利益，就是个别利益。Neumann 则认为，公共利益是一个不确定多数人的利益，这个不确定的多数受益人就是公共的含义。③ 这种以人数多寡界定公共利益的观点，也与功利主义密不可分。功利主义坚持个人的独立，认为每个人的得失均衡都同等重要，个人的得失均衡作为确定个人利益的办法同样适用对公共利益的考虑。在得失均衡发生冲突即一些人的所得正是另一些人的所失时，如测算得出的是肯定的均衡，那种社会制度就是合理的，因为它实现了公共利益——个人利益之和的相对最大化。而主要因为这点，自由主义对功利主义展开激烈的批评。奥特弗利德·赫费指出，公共利益即所有人的利益，应是集体的、不可分割的。在社会制度运用强制权力给一些人带来失，给另一些人带来更大的得时，强制权力相当于被

---

　　① 转引自陈新民：《德国公法学基础理论》（上），山东人民出版社 2001 年版，第 182 页。
　　② 参见韩大元：《宪法文本中"公共利益"的规范分析》，载《法学论坛》2005 年第 1 期。
　　③ 参见陈新民：《德国公法学基础理论》（上），山东人民出版社 2001 年版，第 184 ~ 186 页。

那些获利的人们强加在失利的人们头上,社会制度也成了强权。① 不过,在强制权力为每个个别被强制者带来的利多于弊时是合理的,这个准则赫费将之称为"分配性利益",而不是集体性利益(公共利益)。至于公共利益究竟是什么,赫费没有直接回答。在罗尔斯的论述中,"分配性利益"即分配正义的原则。他认为,秩序良好的社会不是私人性社会,因为这种社会中的公民们确实有共同的终极目的。共同的终极目的与其他假设一起,为秩序良好社会的善提供了基础。而这种秩序良好社会的善体现在两个方面:首先,在个体的意义上对个人来说是一种善;其次,共享的终极目的是一种需要许多人合作才能达到的目的,其所实现的善都是社会性的。罗尔斯强调的秩序良好的社会,有三个方面的意思:第一,在该社会里,每一个人都接受并知道所有其他人也会接受并认可的正义原则;第二,其基本结构——主要政治制度和社会制度以及它们如何一起构成一个合作系统的方式乃是大家都知道或有充分理由相信能满足那些正义原则的;第三,公民们都具有一种正常有效的正义感,即是说都具有一种能使他们理解并运用的正义感,而且在绝大多数情况下他们都能在其条件的要求下按照这些原则来行动。② 可见,自由主义的公共利益含义(公共或社会善)指公民们共同的终极目的。公共利益应建立在分配正义(分配性利益)也即秩序良好社会的基础之上,只有如此才能使分配性利益蕴含公共利益。所以,赫费说:"哪里不仅蕴含集体性利益,而且包含了分配性利益,哪里就不再需要合法化。"③社群主义的观点在此与自由主义正好相反,他们认为:个人的善势必与社群的善结合在一起,真正的善就是个人的善与社群的善有机结合,个人在实现私人利益时,同时也实现了社群的公共利益。只有达到公共的善,那么个人利益之中就会包含公共利益;同时公共利益也会蕴含个人利益。社群主义的公共利益也是人

① 参见[德]奥特弗利德·赫费:《政治的正义性:法和国家的批判哲学之基础》,庞学铨等译,上海世纪出版集团 2005 年版,第 48 页。
② 参见[美]约翰·罗尔斯:《政治自由主义》,万俊人译,译林出版社 2000 年版,第 214 ~ 216 页。
③ [德]奥特弗利德·赫费:《政治的正义性:法和国家的批判哲学之基础》,庞学铨等译,上海世纪出版集团 2005 年版,第 49 页。

们的共同目的,但是这种共同目的规定了社群的生活方式,而社群的生活方式决定了公众关于善的概念,并使公众倾向于共同的善。①

　　显然,公共利益或个体利益就是价值的概念。人们或出于简便、或出于误解,常将公共利益直接表述为某些物品或物品的提供,如说公共卫生或公共产品是公共利益。事实上,"利益"是特定的(精神或物质的)客体对主体具有的意义,并且为主体自己承认的存在价值。② 所以,公共利益本身是一个具有社会性的、共同的价值判断。实践中某种物品的存在及其运动过程,如符合主体共同的价值判断,即认为会使人们生存得更好,也就是实现或促进了公共利益,如一部"良法"的制定与实施、公共广场对所有人的开放使用。拉德布鲁赫认为,在整个经验世界的领域中,只存在三种具有绝对真理性的事物,根据它们的基础可以区分三种价值:个体价值、集体价值和作品价值。对于个人主义观来说,作品价值和集体价值服务于个人价值。文化只是个人发展的工具,国家和法律是给个人提供保护和援助的机构。对于超个人主义观来说,个人价值和作品价值服务于集体价值,伦理和文化服务于国家和法律。对于超人格观来说,个人价值和集体价值服务于作品价值,伦理像法律和国家一样服务于文化。当人们一会儿认为个体人格、一会儿认为集体人格、一会儿又认为作品文化是个人和集体生活的终极目的的时候,它只是强调了封闭循环中的一节,而不是强调循环的断裂。这三种可能的法律观和国家观就来自于对不可分割的整体间不同元素的关注。③ 这也就是说,当人们依据公共利益和个体利益的区分来界定环境权的"公"或"私"性质时,其实并非彼此截然对立。个体的价值判断当然不同于社会性的共同价值判断,公共判断与个体自主之间的张力是永远存在的。但是,社会性的共同价值判断也不可能是空穴来风,更绝对不可能是某个"权威人物"或某个利益集团"设定"的,个体的价值判断必然是社会性的共同价值判断的基础。并且,我们必须区分利益和利益的客体。环境利益的客体就是环境,环境具有事

---

① 参见俞可平:《社群主义》,中国社会科学出版社 2005 年版,第 127~128 页。
② 胡锦光、王锴:《论公共利益概念的界定》,载《法学论坛》2005 年第 1 期。
③ 参见[德] G. 拉德布鲁赫:《法哲学》,王朴译,法律出版社 2005 年版,第 53~58 页。

实层面的共同性,是价值层面的环境利益公共性的基础,但是,却也不能将事实混同于价值。所以,我们既不能简单地从环境的共同性得出环境利益的公共性,也不能以环境利益的公共性为由,而否认个体价值判断的自主性。当然,我们也应看到,在环境污染日益严峻的现实面前,我国几乎所有的普通公众都认可优良环境品质对于每个人的重要性。于是,在环境问题领域,公共判断和个体自主之间的间隙缩小到不能再小。建立在环境利益公共性之上的集体性的环境权和个体性的环境权之间,在价值层面呈现趋同化。

二、环境权的“公”属性:过程与效果

不过,环境权的集体性和个体性之间的“同构”关系,并不意味着这里的集体性权利就是个体性权利的集合。集体性环境权的基础是环境利益的共同性,利益(价值)对于权利既构成其内容也是其正当性的依据。申言之,集体性环境权就是环境法律规范正当性的依据,或者说环境义务正当性的依据。集体性环境权为法律强制少数者的服从提供了合法基础,任何个体公民都可以通过制度性的措施(如提起诉讼)发起这种强制,但是即使是个体没有主张权利,也不影响集体性权利的存在及其实现方式。当然,环境权的个体性质,并不能认为它就是纯粹的民事权利。那种认为环境权是私的民事权利的观点,显然没有理解公共利益和个体利益之间的辩证关系。马晶教授区分环境要素和环境利益,将环境私权建立在后者之上,是稍显独断的。尽管环境的公共性并不能完全等同于环境要素的公共性,但环境利益无法脱离环境要素而存在。当我们使用环境利益术语时,就明确将民事权利所指向的那种经济性利益或精神性利益排除在外,尽管诸如土地等环境要素之上也可以设立私的财产权。总之,从利益角度(也即价值层面),环境权首先就是表现为集体性的,它以个体性为事实基础,但并非个体的集合。集体性的环境权的正当性并不因个别个体的反对而丧失,也不因个别个体的消极而失去行使和实现的保障。这种集体性的权利为政府的环境执法提供了法律的理论依据,并课加政府环境执法的义务与责任。不过,政府并不“必然”代表公共,任

何个人也不能以公共之名而行压制与强迫他人之实。所以,尽管集体性环境权的保障与实现需要政府的积极作为,也需要个体的努力,但政府的作为和个体的努力都必须置于公共的框架之下,环境权的"公"属性才是从此角度被突出。这种"公"属性,体现在环境权的实现过程中,我们也可以称为过程维度的"公"属性。我们在权力—权利的两法之中,从社会民众的角度,也可以将这里的具有"公"属性的环境权称为个体的"社会环境权力"。

另外,从以上论述可以看出,在以往的理论中,环境权都是以一种特殊概念的形式出现,也就是说对于环境权的争论一直围绕着其特殊性的证成而展开。正是基于环境问题的"公地悲剧"隐喻、环境治理难题的"搭便车"诠释,使自 19 世纪中叶出现环境政策以来,不少学者就对"借助主张个体性、'利己性'的私权利来解决环境问题、实现环境公益维护"想法在根本上持怀疑态度。而相对的,当学者们或是站在环境权的公私属性交叉角度或是立足于环境利益的外溢性角度,提出"现代环境法治建设与发展中的环境侵权向环境损害变革"的主张时,则又会遭遇以个体人、可分的个体利益为基点的传统法理论抵制,同时在实际中也面临"惰诉"难题解决的问题。上述对环境权的不同认识也都建立在这种怀疑的基础上:传统私权利已经不能应对解决现代环境问题的需要,环境危机的加剧需要一种新的权利主张来奠定环境法治建设与发展的基础,这种权利在主体、范围、内容等各方面都与公民现有私权利不同。学者或站在环境权的公私属性交叉角度、或立足于环境利益的外溢性,主张现代法制中的环境侵权向环境损害变革,但这种变革不仅遭遇以个体人、可分的个体利益为基点的传统法理论抵制,而且在实际中也难以解决"惰诉"的难题。如果从权利—利益—权力三者关系的角度来讲,环境权争议的最根本问题在于,环境权利的目的是维护环境公共利益、预防和减少对环境本身造成的损害抑或是维护私人利益,对环境污染或破坏行为造成的人身和财产损害进行救济,还是两者兼有之。所以,尽管环境权的确不可能是私的民事权利,但基于环境要素的私的民事权利对环境保护——环境法治建设与发展的目的实现是助益的。公众环境权利承继了传统法理的遗传基因,通过创新环境法治建设与发展的市场调整制度,建立完善的激励机制,能够完全与权力、社会权力互相配合,实现对环境问题的解决。这也就是说,基于这些民事权利的保障而进行的实践,在效果维度却有益于对环境法治建设与发展目的的实现。个体人基于财产权、人身权等,出于利己的目的,就环境污染与破坏提出诉求,直接保护的就是个体的财产权或人身权,但却直接实现了对环境保护的效果。这种和环境相关的私权利,我们也可称它为"公众环境权利",正在效果维度体现出环境权的"公"属性。

当然,我们也必须看到,在经验的范畴,任何可称得上公共利益的物品,它的效用的外溢性、使用与消费的共同性和非排他性,必然使得个体也同时平等地受益。公共利益相对于个体利益,具有整体性、不可分性。而个体利益,无论如何都是可分配的利益。区分公共利益与私人利益,并不是要通过比较优劣而确定一个序列,而是说明两者处于不同的层面、不同的系统中。私人利益是一块可以划分为若干小块的"蛋糕",可能按各种规则与方式分配;公共利益则是另一块蛋糕,所有人都对它享有完全非排他性的利益,但在具体与抽象意义上都不可能分辨谁享有"蛋糕"的哪部分。广义范围内的和平与发展,环境保护就是典型例证;而任何形式的利益分配,如市场交易、福利救济,则是反面的例子。所以,即使是人们基于"公众环境权利"的实践,在效果上有利于环境保护,这种作用范围也是以可分的个体利益为界限的。工厂对水流的污染造成居民的财产和健康受损失,对这种损失的填补最多能起到阻止再次污染的效果,却无法作用于对生态环境的恢复。"公众环境权利"的实践对环境保护的效果和"社会环境权力"是不可同日而语的,尽管我们不放弃任何一种可能保护的手段,因而"公众环境权利"必须纳入环境法的体系,但是很清楚,首要和重要的手段还是充分弘扬"社会环境权力"。

三、"公"的环境权与公民资格理论

(一)社会环境权力的基本特点

社会环境权力或者说"公"的环境权,并不能和实体意义上的环境

权,无论是集体的还是个体的相等同,而只是保障与实现这种实体意义上的环境权的工具或手段。但是,社会环境权力也不是纯粹的程序性权利。我们看到,社会环境权力和政府权力具有同质性,都是工具性的。但是,在政府与社会二元论的框架之中,社会环境权力毕竟就是社会为了维护自身的利益而行使的,因而有着一定程度的实体性质。由此,我们可以清晰地归纳出社会环境权力的基本特点:

1. 社会环境权力是一种利他性权利,核心是选择

我国学者在相类似的意义上将之称为"公民的国家/政府环境权力",它和政府的国家/政府环境权力相并列,是一种意志权力,而不是意志权利。[①] 将公众及组织等享有的社会环境权力,理解为意志权力是有道理的,因此不是利益而是基于"利他性"基础上的"选择"是其核心。不过,公众及组织等主体享有的社会环境权力,并非经由民主政治的"授权"而产生,而是基于"利他性"基础、基于社会由公众及组织等主体组成的事实,因而和政府的国家/政府环境权力还是存在根本区别的。政府的国家/政府环境权力,源于社会的"授权",但这里的社会是价值层面的。政府的国家/政府环境权力所代表的公意并非所有个体的意志,而是具有独立价值的社会意志。

2. 社会环境权力是国家/政府环境权力的有效补充和监督

在政治哲学中,人们笃信政府建立在"社会契约"之上,精致的民主政治保证了政府代表公共的合法性。因而,诸如环境保护这种典型公共物品,也就当然属于政府作用的领域。然而,任何类型的民主政治都不可能和现实个体的意志完全协同。政府代表的公共,对个体而言完全有可能构成压制的力量。价值与事实之间的差异,在此不可忽视。再者,现代政府经济学的基本公设,就是政府经济人的地位,因而在"社会契约"的理想中,仅仅作为工具的政府,事实上也是有着其自身利益的,它完全可能背离社会的公意。在我国环境保护领域,社会公众的环境保护意识逐年高涨,对环境保护的呼声一浪高过一浪,多年来学者们殚精竭虑的主要

---

① 参见王蓉:《环境法总论——社会法与公法共治》,法律出版社 2010 年版,第 134 页。

问题就是如何督促政府积极履行环境保护职责。① 所以,社会环境权力的存在不仅是环境法治建设发展以人为本的体现,更是对政府权力在环境保护领域的有效补充和监督。

3. 社会环境权力在目的层面兼具实体性

社会环境权力是环境权保障与实现过程中必须具有的权利。但它不是纯粹的程序性权利,而是具有实体性内容的。公众个体行使社会环境权力与公众环境权利,既是出于"利己性"的个体利益保护,也是出于"利他性"的环境公益整体保护。环境利益具有公共性,它使每个个体平等地受益。虽然这种利益并不可分,但个体无疑可基于这种实体性利益而提出诉求。如果一种公共利益,任何人都不能对其受到的损害寻求救济,则其就不再具有公共性。

4. 社会环境权力是一种不自足的权利

自足的权利意味着权利的行使即实现,通俗地讲,就是凭权利主体的一己之力,或者他的个体意志便能满足权利的目的。我们承认环境权的存在意义,并且以社会环境权力作为它实现的手段,但是如果允许个体以维护集体性环境权为名,而径自改变法律关系,其所产生的法律后果必然损害法的秩序与安宁价值,也与环境权的集体性原理根本背离。所以,个体有权就环境污染与破坏以及损害集体性的环境权的行为提出诉求,并不意味着个体的行为就具有"当然"的合法性和正当性。个体行使社会环境权力的行为,如制度内的行为,包括提起公益诉讼、检举、陈情等,明显是因为制度才使其拥有合法性和正当性;制度外的行动,如环境运动,显然是因为"运动"——社会集体行动而获得合法性与正当性的。

(二)社会环境权力开创的新公共性

社会环境权力基于"利他性"而生发,其明显不同于我们在一般意义上所理解的法律权利。通常我们理解的法律权利,其以个体主义价

---

① 如学者提出要构建包括"正激励"和"负激励"的激励制度,其中的"负激励"即"责任",意味着制裁;而"正激励"则是具有利益诱导性质的"正激励",如奖励、鼓励等。参见巩固:《政府激励视角下的〈环境保护法〉修改》,载《法学》2013 年第 1 期。

值为基础,以可分利益为内容,权利本身就意味着正当。而社会环境权力则以"利他性"价值为基础,在社会化的过程中获得它的正当性。当然社会环境权力也不是义务,义务意味着应当与约束;社会环境权力本质上是自由,可以行使也可放弃。社会环境权力以"利他性"价值为基础,也须在社会化的过程中获得它的正当性。社会环境权力不是义务,义务意味着应当与约束;社会环境权力本质上是自由,可以行使也可放弃。社会环境权力构成政府权力的有效补充和监督,所以它必须相对于政府权力具有独立性,是基于"公人"身份,集中于环境法治建设中的环境公共事务参与,是维护环境公益的公共性权力。社会环境权力不是私权利,其基于"利他性"行使呈现的社会化过程,正是一种新的公共性的形成。

一般认为,"公共"是相对于"私人"或"个别"而存在的领域。但两者的界分标准具有公认的模糊性、复杂性,致使"公共"一词的含义犹如"普洛透斯"的脸,不同情境下使用意义迥异。Jeff Weintraub 将之归纳为四个方面:第一,自由经济模式下,"公"与"私"的区分主要对应为国家与经济;第二,民主共和观念所指的"公共领域"意味着政治社会与公民资格;第三,文化与社会历史的方法中,"公共领域"被视为非固定化的社会关系,区别于社会结构与亲情和家庭生活的私人领域;第四,女权运动者们倾向于将"公"与"私"的关系设想为家庭与强大的政治经济秩序之间的区别。① 乔治·弗雷德里克森指出:"公共"的古典含义首先来自希腊语"pubes"或者"maturity"(成熟),意思是一个人的身体、情感或智力已经成熟,能从只关心自我的利益发展到超越自我,能够理解他人的利益。它意味着一个人业已进入成年,能够理解自我与他人之间的关系。"公共"(主要指 common)的第二个词源是希腊语"koinon"。而"koinon"一词又源于希腊语中的另外一个词"kom—ois",意思是关心。成熟和超越自我看待问题的观念似乎暗示着"公共"既可以指一件事情,如公共决策,也

---

① See J. Weintraub, "The Theory and Politics of the Public/Private Distinction", in J. Weintraub and K. Kumar (eds.), *Public and Thought and Practice*, Chicago: University of Chocago Press. 1997, p. 7.

可以用来指一种能力,如能够发挥公共作用、能够与他人相处、能够理解个人行为对他人产生的后果。把"共同"和"关心"这两个词与"成熟"加在一起使"公共"意味着一个人不仅能与他人合作共事,而且能够为他人着想。①

根据学者的论述,尽管"公共"的含义依然是模糊的,但我们可清晰看到,"公共"的含义至少有着理性与情感两方面,并且两方面密不可分。一方面,公共意味着由理性的法律联结而成的共同体,恰如 A. J. M. 米尔恩所说的,"一个人只有对其伙伴成员给其应给,得其应得,才能成为一个共同成员。在没有成员就没有共同体的意义上,一个共同体是由其成员组成的;既然作为一个成员的特别之处是享有权利,那么没有权利就没有共同体……一个成员要求别的成员尊重自己作为一名成员的权利,他也就使自己承认并且在任何被要求的时候尽可能履行与其成员的权利相关的义务。这一受约束的义务出自实践理性原则"②。另一方面,公共意味着情感的共同体。恰如齐格蒙特·鲍曼在《共同体》一书的"序曲"所说:词都有其含义,然而有些词还是一种"感觉","共同体"就是其中之一。"共同体"给人的感觉总是不错的,"有一个共同体""置身于共同体中"总是好事。之所以如此,是因为这个词所表达出来的含义都预示着快乐,而且这种快乐通常是我们想要去经历和体验的,如果没有则感到遗憾。作为一种感觉,首先,共同体是一个"温馨"的地方,一个温暖而又舒适的场所。它就像是一个可以遮风避雨的家;又像是一个在严寒季节能够暖和我们身子的壁炉。可是,在它的外面,却四处潜伏着种种危险;当我们出门时,要打量着我们正在交谈的对象和与我们搭讪的人,我们时时刻刻都处于警惕和紧张之中。其次,在共同体中,我们能够互相依靠对方。③

---

① 参见[美]H. 乔治·弗雷德里克森:《公共行政的精神》,张成福等译,中国人民大学出版社 2003 年版,第 19 页。

② [英]A. J. M. 米尔恩:《人的权利与人的多样性——人权哲学》,夏勇、张志铭译,中国大百科全书出版社 1995 年版,第 145 页。

③ 参见[英]齐格蒙特·鲍曼:《共同体》,欧阳景根译,江苏人民出版社 2003 年版,"序曲"第 1 页。

　　所以，在政府代表的以理性为基础的公共性之外，必然存在另类的公共性。哈贝马斯在《公共领域的结构转变》中描绘了早期资本主义公共领域的兴起，认为18世纪文学俱乐部、报纸与政治刊物、政治辩论与政治参与制度，提供了一个介于国家和私领域之间的可供人们进行自由而理性探究和讨论的领域。日本学者则明确指出环境运动开创了"新公共性"，这种"新公共性"与英语中的"public"相近，意味着对所有人开放。①然而，公共性或"新公共性"必定都只是价值的存在，在事实层面构成"公共"的就是差异化的个人。所以，社会环境权力就是环境保护领域的现实人的法学表达。这种权利本身是原始的，未加任何修饰的，权利行动很大程度上就是由激情所促进的。但是，社会环境权力的行使却必然是公开化、社会化的。尤其是制度外的环境运动，它就是一种旨在针对现有体制僵化的集体行为，以反判制度理性为思想基础，呈现出的一种"新公共性"。

　　（三）新公共性基本元素：以社会性参与为核心的公民资格

　　公民资格（citizenship）②的术语源于古希腊，亚里士多德说："我们所要说明的公民应该符合严格而全称的名义，最好是根据这个标准给它下一个定义，全称的公民是'凡得参加司法事务和治权机构的人们'。"③个体公民既是统治者也是被统治者，而参与是"绝大多数个人可以追求的人类共同生活的最高形式"，其本身可视为共享利益，具有内在价值。与之相对地，古希腊人把私人领域视为"贫乏"（private一词的希腊词根就是privation贫乏），不认为其中有什么价值，那些从事家庭职业而不能参与政治生活的人是"极不完整和发育不全的存在者"。将公民资格限于政治参与，"公共性"即一种开放的、公共的而非私人的个人的状况，主张公民自我治理，同时坚持只有自由人才是具有讨论公共利益能力的人，才适合成为公民，因此除了拥有财产的成年男性之外，所有需要依赖他人生存

---

　　①　参见[日]长谷川公一：《NPO与新的公共性》，载[日]佐佐木毅、[韩]金泰昌主编：《中间团体开创的公共性》，王伟译，人民出版社2009年版，第12页。

　　②　"citizenship"既译作公民、公民资格、公民身份，也译作公民权。

　　③　[古希腊]亚里士多德：《政治学》，吴寿彭译，商务印书馆1981年版，第68～69页。

的人,如奴隶、女人、小孩、受薪阶级,都不能成为公民。按雅典古法,凡有家神者方能为公民。所以,亚里士多德又说:"真正公民人数当时甚少。"①然而,随着罗马对外征服,"事实上,在罗马人民已经增长到这样的程度,以至于难以为批准法律把他们召集到一起的情况下,以同元老们商议取代同人民商议,被认为是适当的。"②于是,从古希腊到罗马的发展过程中,公民之间并不是直接互动,而是透过"事物"(things)作为中介,人们为了拥有事物而采取行动,这才和他人接触产生关系。因此公民指依法律自由行动且受法律保障的人,换句话说,公民是指个人在一个法律社群中所占的地位,是一种法律身份而不再是政治身份。③ 当然,罗马公民资格也不纯粹是私法身份,罗马法区分人民与平民,"平民不同于人民,犹如属于不同的种,事实上,人民的名称用来指全体市民,包括贵族和元老。然而,平民的名称用来指不包括贵族和元老的其他市民"。这也就是说,所有罗马人(奴隶除外)都是市民,享有市民权,但平民、贵族和元老却迥然有别。

中世纪城市兴起之时的公民资格,本质上只是封建等级制对古罗马平等公民资格的分化与异变,还是个排斥外邦人和奴隶的概念,但公民分化国王与封建领主以及有产的"市民",分化后的公民各自适用属于他们自己的法律。到近代民族国家出现,情况开始有了改变。国王与领主之间建立起主从关系,君权得到强化,中央权力加强。国家建立起常备军、中央性司法机构,一个较城市更大的统一共同体形成。让·博丹认为:现在构成国家的 Civis,可以有不同的法律、语言、习俗、宗教和种族,他们居住在城市或乡村,但他们有一个或更多的统治者主权,服从同样的法律和习俗。他还区分公民与市民:"当一个家父离开他主持的家和其他家父联合,以便讨论那些关系共同利益的事情时,他停止了作为领主和主人,而变了一个平等的人与其他人联系。他撇开了其私人的关切而

① [法]古郎士:《希腊罗马古代社会研究》,李玄伯译,中国政法大学出版社 2005 年版,第194 页。
② [古罗马]优士丁尼:《法学阶梯》,徐国栋译,中国政法大学出版社 1999 年版,第 17 页。
③ 参见林火旺:《正义与公民》,吉林出版集团有限责任公司 2008 年版,第 148 页。

参与公共事务。在这样做时,他变成了一个公民,而公民可以定义为依附他人之权威的臣民。"①把公民仅与国家主权、公共事务联系,回溯了古希腊公民观,而"公民—臣民"发展了古罗马的"消极公民"形象,并将之普遍化。

公民资格发展到现代,这种普遍性与代议制民主、法治等社会治理机制结合,奠定了现代社会法律的"私人"的或"消极"的公民资格观的基础。马歇尔(T. H. Marshall)在1949年发表的《公民资格与社会阶层》中,充分阐述这种公民资格观。他认为公民资格的本质就是保证人人都能作为完整的和平等的社会成员受到对待。而要确保这种成员资格感,就要把日益增长的公民资格权赋予人们。援用历史的、发展的观点,他把公民资格区分为三个独立组成部分或要素:18世纪产生的公民权利(civil right)、19世纪兴起的政治权利(political right)和20世纪得到确立的社会权利(social right)。其中,公民权利由个人自由所必需的各种权利组成,与其有最直接关系的是法律规定(rule of law)和法院体系(system of court)。政治权利是由参与行使政治权力的权利所组成,与民主制度有关。社会权利,由享有社会一般生活水准的该社会传统权利构成,保障机制是各种社会服务和教育体系。② 简言之,马歇尔主张的公民资格不是参与或责任,而是权利,美国最高法院曾经称之为"拥有权利的权利",它对国家主权当局相当于施加了某些限制,格里斯夫斯说,"最好将公民资格权利称之为国家对其成员应尽的责任"。③ 以法律地位定义公民、公民身份的重点是权利保障而非统治,构成被学者称为自由主义公民资格观的基本要素。自由主义当然也不反对公共参与,马歇尔认为,尽管政治权力具有修改社会不平等结构的更大潜力,但"就政府的专有功能而言",它们需要"经验、组织和观念的改革",这一切都需要时间去逐步发展,因此政治权利的直接影响一直小于政治权利给人

---

① 转引自徐国栋:《论市民——兼论公民》,载《政治与法律》2002年第4期。

② See T. H. Marshall, *Citizenship and Social Class*,1950,p. 72. 转引自[奥]巴巴利特:《公民资格》,谈谷铮译,台北,桂冠图书股份有限公司1991年版,第7页。

③ [奥]巴巴利特:《公民资格》,谈谷铮译,台北,桂冠图书股份有限公司1991年版,第25页。

们的印象。①

　　然而,在自由主义"消极公民"之下,政治生活贫乏却使"公共性"的本来寓意逐渐丧失而沦为政府的同义词,由此建构的社会已越来越走向"公民资格"追求平等的反面。因此,被称为共和主义的公民资格理论主张回复亚里士多德的"公民自我治理",突出公民政治参与的"内在价值",关注公民责任、公民德行。如美国学者登哈特夫妇将亚里士多德强调政治参与的公民资格称为一种"高度"公民资格,而将权力等级分配仅专注于权利拥有的公民资格称为"低度"的公民资格,"无论发生哪一种情况,在现代美国社会中,低度的公民资格已经占据了支配地位——尽管它也许并不排斥'参与的政治'或'高度的公民资格',却必定要排斥其不利条件"。但是,既然"这些低度的公民资格理论已经变成自我实现的,为什么当代理论不将重心放在公民的参与上? 或者说把重心放在开发普通个体所必需的具有政治相关性的品质上"②? 因此,他们认为,一个复兴的公民资格概念的内涵可以包括:关心共同利益,社区整体的福利,一个人所拥有的尊重他人权利的意愿,对不同宗教信仰、政治信仰和社会信仰的容忍,承认社区的决策重于一个人的私人偏好,以及承认个人有责任保护公众和公众服务。③ 而雷恩(Eran)等将公民参与扩展至政治参与之外的一切公共参与,主张参与是公民资格行为的核心内容,体现在三个领域:一是治理(governance),即国家层面;二是参与社区生活(local lives),即社会层面;三是工作参与(workplace),即组织层面。对公民参与国家的治理,雷恩等认为其包括对外协助国防保卫、对内维护公正的治理以及参与裁处违法行为。另外,公民也参与修改法律使其回应新的要求,并形成对共同利益的理解(共识)。总之,这里的公民资格指为治理与行政过程贡献个人的精力与时间,如进行信息沟通与意见交换、参与通常问题的讨

---

　　① See T. H. Marshall, *Citizenship and Social Class*, 1950, p. 95. 转引自[奥]巴巴利特:《公民资格》,谈谷铮译,台北,桂冠图书股份有限公司 1991 年版,第 67 页。

　　② [美]珍妮特·V. 登哈特、罗伯特·B. 登哈特:《新公共服务:服务,而不是掌舵》,丁煌译,中国人民大学出版社 2004 年版,第 47 页。

　　③ 参见[美]珍妮特·V. 登哈特、罗伯特·B. 登哈特:《新公共服务:服务,而不是掌舵》,丁煌译,中国人民大学出版社 2004 年版,第 27 页。

论并依法进行表决，等等诸如此类的事情。至于公民参与社区生活，在本质和内容上与参与国家治理并无大的区别。与全国性的"参与"相比，社区公民资格是非正式的参与，但因社区与公民个人的更贴近感，这种参与更容易获得成功。第三方面是工作参与，更多的这种参与导致更高的工作满意度与更好的工作表现，更低的不满反抗情绪以及更少旷、怠工行为。①

　　显然，公民资格的发展过程中，尽管"公民—公共—参与"的基本含义未发生实质性的改变，但是，总体上却呈现出清晰可见的主线：即从广泛的公共参与—制度内的法律参与—广泛的社会性参与。这一过程也就是日益突破以理性为基础的制度框架，而凸显现实人的社会化过程。恰如恩斯·伊辛等总结的，1990 年后随着公民资格理论再成各学科研究热点，不仅公民的权利义务被重新定义，而且就连成为一个公民意味着什么以及什么样的个体和群体能够拥有这些权利和义务也成为探讨的问题。② 一系列政治和社会斗争都纷纷在其提出的权利要求中表达对于承认和再分配、对于扩展公民权内涵的争取。许多学者基于认同和区分基础上的研究与探讨，提出了各种各样的公民权概念。如性别公民权、生态公民权、移民公民权、分殊公民权（differentiated citizenship）、多文化公民权（multicultural citizenship）、世界公民权以及原住民公民权，等等。形形色色的"公民权"，虽然还是含有消极法律权利的意思，但它不是等待制度内的许诺和保障，而是在社会运动中人们自主地去争取。换言之，"公民权"更多地体现为"力量"而不是"利益"。各种在"公民权"之名下的社会运动，或者说各种"公民权"概念的形成过程，就是一种新的公共性建构过程。

---

① Eran Vigoda—Gadot and Robert T. Golembiewski : "Citizenship Behavior and the New Managerialism: A Theoretical Framework and Challenge for Governance." In *Citizenship and Management in Public Administration*, ed. Eran Vigoda—Gadot and Aaron Cohen, Edward Elgar Cheltenham, UK · Northampton, MA, USA, 2004, p. 13 - 15.
② ［英］恩靳·伊辛、布雷恩·特纳主编：《公民权研究手册》，王小章译，浙江人民出版社 2007 年版，第 2 页。

第二节　走向具体的生活世界:社会环境权力的生成

一、现代法律权利的困惑与消解

(一)后现代理论对现代主体性的解构

不管人们是否承认,后现代思潮正在悄然地改变我们的思想和意识、文化与制度。20世纪60年代遍及西方的社会政治运动、新思潮和文化反叛,把矛头直指"二战"后那种众口一词歌颂的"富裕社会"中令人窒息的文化氛围。激进主义对现代社会结构、社会实践、文化及思维模式提出了普遍性的怀疑。尽管那个时代的激进的政治运动最终烟消云散,未能如许多人当初所设想的一样继续掀起革命的巨澜,但是,发生于20世纪70年代和80年代的一系列社会经济变迁却表明,与先前社会的决裂确实已经发生。媒体、电脑及新技术的爆炸、资本主义的重新调整、政治的激烈变动、新的文化形式以及新的时空经验形式等,让人们感觉到文化和社会已经发生了剧烈的变化。因而,尽管尚不能清晰描绘"后现代"世界的所有特征,但我们无疑深深感觉到"现代"社会组织模式的瓦解,一些新的思想与意识、思维方式正在形成,并影响着我们经济与政治的实践,以及更具体的生活过程。

按马克斯·韦伯等思想家的阐释,现代性是一个历史断代术语,指紧随"中世纪"或封建主义时代而来的时代。然而,各种被笼统归并为后现代理论的论者所使用的"后现代",除彼得·德鲁克、勃纳德·卢森堡等少数人将其指称一个和现代性不同的新时代外,汤因比、米尔斯、贝尔、博德里拉、福柯、利奥塔、哈贝马斯、罗蒂等绝大多数人均采取一种超越历史时间框架的策略,强调后现代与现代性的决裂,强调非连续性、多元、差异、断裂和偶然。如福柯在《何为启蒙》中,明确将现代性和后现代都当作一种态度,而不是历史时期。[1] 利奥塔则试图用"重写现代性"来替换

---

[1]　参见杜小真编选:《福柯集》,上海远东出版社2003年版,第533~536页。

"后"这个时间性前缀。[①] 所以，为了论证的形式逻辑严谨，这里采纳道格拉斯·凯尔纳和斯蒂文·贝斯特的做法，区分后现代性、后现代主义和后现代理论。"后现代性"指历史时期意义上、继现代性之后的"假想"时代；"后现代主义"指社会文化领域内那些有别于现代主义运动、文本和实践的现象或作品；"后现代理论"则指对诸如再现、真理、理性、体系、基础、确定性、一致性以及主体、意义和因果关系等现代性核心概念，进行消解和解构的理论与观念。

众所周知，整个近现代西方哲学史在一定意义上就是主体性哲学在其力所能及的领域，如形而上学、自然哲学、伦理学、政治学等领域，不断取代传统哲学的发展史。随着笛卡尔一声"我思故我在"，开启了对传统哲学的一次空前大逆转：不仅作为思维主体的"自我"的存在来自绝对的自给予性，来自作为思维主体的"我"的自确证性，而且上帝的存在的证明或逻辑根据也来自作为思维主体的"思"；既然从作为思维主体的自我的存在能够推演出上帝的存在，那人们就可以由此出发从上帝的"善"推断出物体或物质世界的存在，并且可以由此出发从上帝的"善"推断出只要人们遵循"正确的道路"，就完全有能力获得外部世界的"清楚明白"的"科学知识"，获得自然界的知识，就可以掌握"物理学"和其他具体科学。笛卡尔彻底颠倒了传统哲学在"人—物""人—神"之间的关系，培根则在经验主义哲学谱系中将主体的理性能力推至极致，强调只要掌握包括"心"和"手"的"新工具"，遵循他的经验归纳法，人们就可以认识事物的"潜在结构""形式"、本质或规律，掌握自然的"奥秘"，"解释自然"和"命令自然"。康德虽然深受休谟的影响，但在他看来，休谟提出人类能否获得普遍必然性知识，充其量只是一个事实问题。因而，对于他来说，问题不是先天综合判断是否可能，而是何以可能。在此，康德将主体性哲学提升到了先验主义高度，在他的先验哲学框架内再次实施了一次"哥白尼式的变革"。而黑格尔将笛卡尔的三种实体（人的存在、物质世界的存在、

---

① 参见［法］利奥塔：《后现代性与公正游戏——利奥塔访谈、书信录》，谈瀛洲译，上海人民出版社1997年版，第154页。

上帝的存在),统摄为主体。实体同时即主体,"一切问题的关键在于,不仅把真实的东西或真理理解和表述为实体,而且理解和表述为主体"①。主体性原则无疑在哲学的全部领域获得了一种绝对的垄断地位,发展到它的顶峰。

任何一种理论或学说,一旦走向"绝对""绝顶",也就是到了它的黄昏。19世纪末20世纪初,主体性哲学的主导地位或支配地位便遭到了多方面的强有力的挑战。从哲学的语言论开始,包括分析哲学(如维特根斯坦)、现象学和存在主义、意志主义和生命哲学,以及弗洛伊德主义,不仅涉及西方马克思主义(如法兰克福学派),而且涉及结构主义和后结构主义。在理性主义—人本主义范围,德国唯心主义的阵营中的叔本华认为自我只是意愿的主体,是认知主体的对象,因而世界只是作为意志和表象的世界。区别意志与行动,认为所有自然力中,积极的推动力就是意志。出于悲观主义,认为作为意志和表象的世界是不可知的。由此,质疑了主体哲学的自我统一性,以及普遍性与确定性。在经验主义—科学主义谱系中,功利主义和实证主义均对之进行批判性修正。

然而,真正从外部视角给予现代哲学的主体性以基础性攻击,是从语言哲学的转向开始的。被称为"分析哲学之父"的弗雷格认为,数学和逻辑的紧密结合为哲学提供了起点。深受弗雷格的影响,维特根斯坦指出哲学不是一个主体问题或实体问题,它要解决的是如何表达和描述世界的问题,从而归根结底是一个在可言说和不可言说之间划界的问题。"一个人对于不能谈的事情就应当保持沉默。"②既然哲学只是语言使用活动构成的"语言游戏",哲学的本质就应该在"游戏"中理解游戏。这种将主体性从"我思"向"我在"的现实视角转换,同样体现在理性主义—人本主义的哲学谱系之中,胡塞尔一方面清洗了笛卡尔主体性哲学的心理主义,将思维主体演变为"先验主体",另一方面却指出:"无论如何,在我之内,在我的先验地还原了的纯粹的意识生活领域之内,我所经验到的这个世

① [德]黑格尔:《精神现象学》(上卷),贺麟、王玖兴译,商务印书馆1987年版,第10页。
② [奥]维特根斯坦:《逻辑哲学论》,郭英译,商务印书馆1985年版,第97页。

界连同他人在内,按照经验的意义,可以说,并不是我个人综合的产物,而只是一个外在于我的世界,一个交互主体性的世界,是为每个人在此存在着的世界,是每个人都能理解其客观对象的世界。"①海德格尔的"此在"(主体),尽管依然是一种思维主体,但"此在"是受动性的,并且其内在结构是一种非理性的"现身"或"情绪"。萨特将笛卡尔的"思"认为是"反思前的我思",因而意识出于存在,"意识没有实体性,它只就自己显现而言才存在,在这种意义上,它是纯粹的'显像'"②。从而自我确证是"他我"对自我的"注视"的根源性,是自我的一种"为他者存在"的身份。弗洛伊德更为彻底,认为理性思维主体、自我意识都是次要的、从属或第二性的东西,无意识系统才是人的生物本能、欲望的储藏库,是人的心理结构的核心,是真正的"精神实质",是"意识的"的原始阶段。③ 他强调是人的无意识的"生命冲动"或性本能——"利比多",构成人的全部行为和心理活动的"内驱力"。

不难发现,理性主义—人本主义强调的是现实中的人,试图将哲学将语言返回现实,关注的是语言的所指。这其实依然和笛卡尔一样试图寻找人的本质、人的本源,因而还是一种理性主义的理性。后现代理论在此明显有了新的超越,通常认为后现代理论主要是结构主义和后结构主义。当然结构主义与海德格尔、弗洛伊德并没有两样,也是强调无意识对于作为意识或自我意识的自我的原始性、基础性或决定性,但无意识不再是海德格尔的"现身"或"情绪",也不是弗洛伊德的"利比多",而是一种恒定不变的语言结构或符号系统。尼采的"上帝之死",在他看来,就是说上帝出于爱和同情造成了人的病根、怯懦、造成了人的"侏儒道德"或"奴隶道德",使整个人类堕落成"末人","比猿猴还像猿猴",充其量是"一种植物与鬼怪之矛盾的混合体"。"上帝是人类的作品",上帝的存在是人心

---

① [德]埃德蒙德·胡塞尔:《笛卡尔式的沉思》,张廷国译,中国城市出版社 2002 年版,第125 页。

② [法]让·保罗·萨特:《存在与虚无》,生活·读书·新知三联书店 2007 年版,第 15 页。

③ 参见[奥]弗洛伊德:《梦的解析》,赖其万、符传孝译,作家出版社 1986 年版,第 493 页。

灵中的概念性存在,从而尼采在这里所说的上帝观念从本质上讲就是作为思维主体的自我创造的关于思维主体的自我的观念,也就是人的观念,而所谓"上帝之死"也就自然具有了"人之死"或先前形成的"人的观念"的死亡的意涵。① 正是从尼采这里,开始了对理性主体的直接攻击,不再将主体指向现实中的人,而试图说明人的本质。相反,开始直接批判和解构、否定理性主体本身。

不过,尼采的"人之死"之后,悲剧不再是生命的镇静剂,相反是生命的兴奋剂。悲剧之所以能够给人以"个体毁灭"的快感,是因为"体现了那似乎隐藏在个体化原理背后的万能的意志,那在现象彼岸的历万劫而长存的永恒生命",是因为它是"个人的解体及其同原始存在的合为一体"②。人之死亡,即主体性之死亡,作为无主体的主体,就是永恒的生命和权力意志。从而,直接粉碎了近现代主体性哲学的基础——"中心主义"和"还原主义","处处是中心",即"无中心"。福柯看到了尼采并未真正离开形而上学阵地,他其实是在用一种形而上学反对另一种形而上学。所以,福柯将"人之死"理解为"范式的转换"——从"主体范式"向"语言范式"或"结构范式"的转换。他由此认为,"人"是18世纪康德哲学中存在的概念,在康德哲学中人是知识的可能性和人的有限性紧密结合的知识、自由、语言和历史的源头的基础。从而,人作为主体之死,就是大写的人之死,是范式的转换。他不仅极力昭示人的非理性,而且还极力昭示人的有限性和非本源性。

(二)后现代思潮揭示现代法律权利的结构性危机

诚然,大多数后现代理论家并未直接涉及权利话语。但权利本身就蕴含在主体意义之内,主体意识正以权利为基本内容。费希特说得很明了,"如果确实存在着人,就必定存在着许多人","一个有限理性的存在者不把自身设定为能与其他有限理性的存在者处于一种确定的、人们称

---

① 参见段德智:《主体生成论——对"主体死亡论"之超越》,人民出版社2009年版,第28页。

② [德]尼采:《悲剧的诞生》,李长俊译,湖南人民出版社1986年版,第69、128页。

之为法权的关系中,就不能假定在自身之外还有其他有限理性的存在者。"①所以,后现代理论废黜了主体,也就抛弃了权利,法律构建和社会整合也就不再可能。如在福柯看来,有着选择自由的人选择的绝不是"权利",而是"权力",选择的绝非正义,而是统治。任何普遍立法名义下的权利或正义都是掩饰压迫和非正义。"现代的个人是一个在'科学—规诫'之母体中被积极构筑的存在物,一个通过整套的力量与躯体技术精心组织起来的道德、法律、心理、医学和性的存在物。"②福柯拒斥那种将良心、自我反省与自由联系在一起的启蒙模式,认为自我知识只是权力借以将社会控制内化的策略与结果。因此,"我们必须摒弃构作性主体(constituent subject),并废除主体本身"③。人既不受外在的法律与制度约束,也不受内在的伦理和道德自律,世界剩下的就唯有一个个孤零的欲望单子。

但福柯的解构无疑正揭示了现代法律权利的深层危机:权力对权利的结构性侵蚀。结构主义者认为,人类认识的目的不是揭示认识对象具体的变化发展过程,而是揭示隐藏在事物和现象背后作为本质的结构,它扎根于人类无意识的心灵之中,一经形成就永恒不变。以批判结构主义而形成的后现代理论,正是抓住结构主义的这种语言唯心主义倾向展开攻击,强调能指的基础性,以此来表明语言的动态生成性和意义的不稳定性。用德里达的话说:"意义的意义是能指对所指的无限暗示和不确定指示,它的力量在于一种纯粹的、无限的不确定性,这种不确定性时刻不息地赋予所指以意义,它总是一次又一次地进行着指示和区分。"④哲学思潮的变迁,促使我们毫不迟疑地将注意力转移到权利本身,关注权利的生成以及权利与权力的话语演变过程。根据缪勒对印度古代语言"Mar"和"Clax"的语义发生学考察,主体意识形成有三个中心范畴:行动在先、活

① [德]费希特:《自然法权基础》,谢地坤、程志民译,商务印书馆2006年版,第42页。

② Foucault,Michel(1979)*Discipline and Punish*,New York:Vintage Books,p.217.

③ Foucault,Michel(1980)*Power/Knowledge*,New York:Pantheon Books,p.117.

④ Derrida,Jacques(1973):*Speech and Phenomena*,*and Other Essays on Husserl's Theory of Signs*,Evanston:Northwestern university Press,p.58.

动意识在先、社会意识或群体意识在先。① 既如此,权利观念生成之初也就必然首先包含"自我行动"以及其所必需的"自我判断"与"力量"要素。所以,霍布斯、普芬道夫和洛克等虽然对自然状态理解不同,却得出同样的结论:在自然状态下任何人都有自我保存的权利,因此也就有为此目的而采取一切手段的权利,并且每个人都是以何种手段对自我保存必需或者正当的裁判者。当然,对于群体意识占支配地位的原始人类,霍布斯说的"人对人就像狼对狼一样"更多可能发生在氏族与氏族之间。这也就是说,包含"自我行动"、"自我判断"与"力量"要素的权利,应该就源于群体意识或团体主体性,至少也应该是这种群体意识或团体主体性占支配地位。

所以,随着奴隶制国家出现并发展到近现代民族国家,个体主体意识由萌生到张扬,权利的"自我行动"、"自我判断"和"力量"要素也就逐渐不再具有必要性。于是,权利哲学出现权利与权利救济的分离、权利与权力的区别。权力被认为既意味着身体的力量,又意味着法定的判断权力。国家既是最伟大的人类力量,又是最高的人类权威。力量与权威必然结合,垄断着对权利的救济。而力量和权利有一个共同点,那就是它们都只有与"活动"相对照、相联系才能得到理解:力量是能够做的事情,权利是可以做的事情。② 由此,权利的初始结构被权力侵蚀了。权利的"自我行动"、"自我判断"和"力量"要素,在权利与权力话语的区分之下,"自我行动"成为权力(法律)规定下的行动,"自我判断"成为请求权力的法定判断,"力量"则彻底"委付"给了权力。

法律的逻辑就在于,通过公开限定每一个人自由行为的边界来保障或实现个人的利益。权利结构犹如蜂巢,个人犹如幼虫,法律限定的自由构成空间,以合乎普遍理性的意志为出发点(原点),法律保障的利益为横轴,法律规定的行为自由为纵轴。③ 自由的保障,即自由限制。恰如菲

---

① 参见段德智:《主体生成论——对"主体死亡论"之超越》,人民出版社 2009 年版,第 71 页。

② 参见[英]霍布斯:《利维坦》,黎思复、黎廷弼译,商务印书馆 1997 年版,第 12 页。

③ 参见韩崇华:《权利结构与权利空间》,载《山东法学》1996 年第 3 期。

尼斯注意到的，现代法律文献对权利规定有两个特征：第一，每个文献都可能运用两种表达形式："人人都有权……"或者"无论何人都不应该被……"第二，所有宣称"权利和自由的行使"应该说都是"受到限制的"。在某些文献中（如《欧洲保护人权及基本自由公约》），限制具体化和权利具体化甚至紧密结合。① 而霍布斯相信权威的至高无上，来自个人自然权利的某种超常扩展，"即使进入政治社会以后，人们仍然保有自我保存的自然权利"，这种将自我保存权利绝对化的过程，无疑正奠定了近现代法治国家的理想模型。随着现代社会交往和利益冲突的更频繁化，相应地使法律创制越来越缜密化、权利保障越来越普遍化，这种"蜂巢"势必越来越具体，"法无禁止即为自由"的适用空间势必越来越狭小。

　　早在18世纪，柏克在就意识到这种"虚幻的人权"，"倘若每个人并不具有对于何者有利于他的自我保全和幸福作出判断的权利，自我保全和追求幸福的权利就会变得微不足道"②。而当代法学家桑斯坦对20世纪六七十年代美国为保护环境与公众健康而掀起的"权利革命"——国会和总统创设诸如对清洁空气和清洁水的权利等一系列与美国制宪时期获得承认的权利大相径庭的法定权利，竟然干脆说："当一项规制方案试图减少众人所面临的风险时，认为该方案正在创设永远不能让步的个人权利，是愚不可及的。"③显然，因为权利的蜂巢式结构决定了权利唯有依赖权力的保护，所以主体的能动性消逝了，权利的进步功能、自由的解放功能丧失了。生活在现代法律大厦下的人们，犹如尼采所说的，上帝出于爱和同情造成了人的"侏儒道德"或"奴隶道德"，使整个人类堕落成"末人"，"比猿猴还像猿猴"，于是追求"价值重估"的人类杀死了上帝。上帝死了，人也就死了。

---

　　① 　参见[英]约翰·菲尼斯：《自然法与自然权利》，董娇娇、杨奕、梁晓晖译，中国政法大学出版社2005年版，第212页。

　　② 　[美]列奥·施特劳斯：《自然权利与历史》，彭刚译，生活·读书·新知三联书店2003年版，第304页。

　　③ 　[美]凯斯·R.桑斯坦：《权利革命之后》，钟瑞华译，中国人民大学出版社2008年版，第102页。

二、法律逻辑主义缝隙中生长的社会环境权力

(一)以现实人为基点重构法律主体理论

当然,绝大多数后现代理论家并不是语言唯心主义者,他们并没有将任何事物都还原为话语或文本。但毫无疑问,正是话语理论使纷繁复杂、充满矛盾与冲突的各种后现代思想均得以"理论成立",并在同现代性"决裂"的姿态中清晰显示出"从主体向现实人'还原'"的思维走向。如福柯宣称:在 18 世纪末以前,并不存在人。① 之所以如此,在福柯看来是因为自康德哲学始才开始集中于人的"现象界",集中于"人能知道什么""人应当做什么""人希望做什么",从而把人的知识可能性和人的有限性紧密结合。② 显然,福柯的"人之死",就是作为知识、自由、语言和历史的基础和本源的"大写主体之死",是主体性哲学从"能指"转向"所指",即关注"训诫与强制"下受动主体的生成过程。基于此种立场,福柯得以认为法律的进步神话破灭了,"法律帝国崩溃了"。利奥塔反对那种认为文本与话语优先于经验、感官及图像的文本主义,主张为"眼睛辩护",从而与德勒兹和加塔利主张的"分裂主体""欲望政治",以及博德里拉的"类像(simulation)、内爆(implosion)、超现实"神圣三位一体达到某种程度的相似,而利奥塔将主体的普遍理性还原为差异欲望,于是形成他的"多元公正"观。雅克·德里达(Jacques Derrida)并不彻底否定语言指谓对象的实在性,但认为语言的意义和指谓对象之间的差异正是语言的基本结构,即使是有文字之前的口头语言,本质上都是书写语言的结构。所以,法律的公正就在于不断地解构。而基于多元、差异的语言哲学立场,也就有种族批判法学的"讲述种族自己的故事"、激进女权主义法学对"男性中心主义"法律制度的否定,以及"文学中的法律"研究范式。

如哈贝马斯评论的:"语言哲学转向把现代主体哲学的遗产清除得一干二净,只有把诸如自我意识、自我决定和自我实现等内容从哲学基本概

---

① 参见莫伟民:《莫伟民讲福柯》,北京大学出版社 2005 年版,第 107 页。
② 参见段德智:《主体生成论——对"主体死亡论"之超越》,人民出版社 2009 年版,第 34 页。

念中彻底驱除出去,语言才能获得独立,取代主体成为划时代意义的存在秩序。"①然而,语言终究只是现实的图画,不是一种实体或存在,而是一种价值和思维。所以,语言自始就包含"戈尔迪之结":如果否定语言的指谓对象,语言解释过程本身无疑已包括对象;如果坚持指谓对象的实在性,语言和指谓对象之间的"鸿沟"决定着语言指谓的对象无论如何不是客观实在。对此,詹姆逊中肯地指出,有关符号的理论,在肯定指谓对象时又将它括起,这样,在我们试图确定指谓对象的地位时,同样的本体消散、同样的抽象和具体的碎裂也会有所表现。②

因此,完全可以说,后现代理论家们用"语言"——差异、无意识、欲望——取代主体而描述"现实人"时,本质上仅是语言的替代而已。从而,后现代主体"解构"比叔本华的"意愿主体"海德格尔的"此在"、萨特的"反思前的我思"、弗洛伊德的"利比多"其实并未有更多的理论贡献。而宣称彻底"消解"主体、摒弃主体的结果,却是颓废的"历史终结"和"宿命论"。显然,后现代理论本身就预设了后现代"之后"的可能性和必要性。

法兰克福学派无疑已迈出了重要的一步。如同利奥塔强调将歧见建立于共识之上,阿多诺坦承"概念与事实在认识上的矛盾",始终不渝地捍卫着差异性和特殊性,宣称:辩证法的任务不应当是"粗暴地用思想达到一致",而应当忠实于矛盾的不可调和性,致力于思考和表述矛盾的方式,将否定的原则或"绝对否定原则"贯彻到底。③ 但阿多诺既批判唯心主义对主体性的夸大,也批判唯物主义的还原,相信主体性是个体、认知和实践的基本要素,是一种有待实现的潜能。所以,对他来说,哲学的目标是创造一种具有批判精神和自我反思精神的主体性。法兰克福学派第二代领袖人物哈贝马斯主张从意识哲学范式转向交往范式,语言的有效

---

① [德]于尔根·哈贝马斯:《后形而上学思想》,曹卫东、付德根译,译林出版社2001年版,第223页。

② 参见张之沧、林丹编著:《当代西方哲学》,人民出版社2007年版,第302页。

③ 参见段德智:《主体生成论——对"主体死亡论"之超越》,人民出版社2009年版,第188页。

性(语用学)是其理论视角,"它们涉及的是一般生活世界的结构,不是具有一定历史特征的具体的生活世界。……我们有必要区分发展逻辑问题和发展动力问题,以便在方法论上把社会进化和历史区别开来"①。

所以,哈贝马斯认为尽管交往行为和实践哲学具有相同的使命,但实践哲学将意义的揭示与富有意义的表达的真实性等同,没能认识到对意义的不同理解必须在经验中,在一切以语言为工具的交往中证明自身。而交往行为作为有效性与事实、理论与实践之间的中介,使得认知主体从"观察者"转换为"参与者",从而针对自身以及世界中的实体所采取的客观立场不再拥有特权。相反,互动参与者通过就世界中的事物达成沟通而把他们的行为协同起来。于是,语言建构的主体间性取代了意识哲学的主体性,自我处于关系之中,能够从他者的视角出发与作为互动参与者的自我建立联系,避免了近现代哲学中的主客体对立。

(二)私人自主与公共自主张力间的社会环境权力

后现代思潮明显摧毁了现代法学的根基,对它们而言,理性以及理性的法律主体根本不存在,法律的普遍性和进步只是虚幻的"宏大叙事"。不过,就如学者认识到的,"后现代法学不仅仅是叛逆,也是在为法治探索未来"②。年轻的环境法及环境法治建设与发展,当然更应该有这种理论自觉。环境法及环境法治建设与发展是现代性的产物与目标走向,其作用于对现代性"副产品"——环境问题的解决,因而也是对现代性批判与修正的重要制度回应。这种内蕴的自我否定,构成过去几十年来环境法治建设与发展的相关理论及立法迅速发展的内驱力。然而,以消解、解构现代性根基为特征的后现代理论,无疑正从根本上摧毁着其中自我否定机制的支撑点。

但是,如同我们所历经的,传统社会向现代社会的过渡曾被体验为一场危机,催生新的理论、新的观念。后现代理论作为新的理观念,也完全可以解读为对历史危机的反应。新兴话语的激增意味着社会和文化正在

---

① [德]于尔根·哈贝马斯:《现代性的哲学话语》,曹卫东译,译林出版社2011年版,第350页。

② 信春鹰:《后现代法学:为法治探索未来》,载《中国社会科学》2000年第5期。

发生着重要的变迁。事实上，在我国当前文化与社会领域一些后现代形式或现象已然显现，"后学"研究在相应学科内也正蓬勃发展。法律作为正式社会规则，其创制与运行离不开社会文化的支持、深受社会文化的影响。法学理论研究对待后现代理论的态度，不容置疑地要从拒斥转变为理性借鉴。既如此，环境法治建设及环境法理论发展将必然遭遇前所未有的危机，以变革为永恒主题的环境法治建设与发展势必要面对更多的茫然和不确定性。"哲学是医治人类灵魂的医术"，哲学家冯友兰说："哲学就是人类精神的反思。所谓反思就是人类精神反过来以自己为对象而思之。"①所以，环境法治建设与发展要走出后现代的迷雾，必然要求对环境法治建设与发展主体，进而对其法律构造——权利进行法哲学反思。

对此，哈贝马斯认为根本上源于私人自主与公共自主之间持续存在的张力。他论证道，对霍布斯而言，尽管自然法在自然状态下也起着约束作用。但是，只有理性要求每一个人都相互订立契约组成国家后，有了最高统治者才可能有法律。法律确保一种秩序，这种秩序保障了个体根据普遍法律的意志自由。由此，那种与生俱来的权利所内含的私人自主与普遍法律所体现的公共自主之间的张力，在最高统治者的强制力下消失了。法律统治的合法性牢固地奠定在那种组织良好的个人主义利己之上。康德认识到霍布斯建构的只是私法秩序的原型，因而无法引申出权利的普遍论证。他区分私人契约与社会契约，认为两者之间存在结构性差别。私人契约各方有着各自的目的，而社会契约本身就是目的。这样，人们签订社会契约所同意的并不是设立一个被赋予立法权的统治者，而是社会契约具有这样的独特性质，即把自己确定为法权原则支配下而建立社会联系的过程模式。

所以，在康德那里，国家是一群在法权原则之下的人的联合，国家法权（立法权）是根据"每个人都为自己立法"原则的所有人一致的和联合起来的意志。② 哈贝马斯认为，上述两种想法都缺少一个商谈性意见形

---

① 冯友兰：《中国哲学史新编》（第 1 册），人民出版社 1982 年版，第 9 页。
② 参见李秋零主编：《康德著作全集》（第 6 卷），中国人民大学出版社 2007 年版，第 324 页。

成和意志形成过程的合法化力量,在这个过程中,以相互理解为目的的语言交往行为把理性和意志结合在一起,使所有个人都可能无强制地达到内在的同意。私人自主和公共自主的同源性,只有用商谈论来澄清"自我立法"这个意象的含义后才能得到证明,根据这个意象,法律的承受者同时也是这些法律的创制者。① 由此,意识哲学范式转向了交往范式,交往行为使得认知主体从"观察者"转换为"参与者"。从而,针对自身以及世界中的实体所采取的客观立场不再拥有特权,相反,互动参与者通过就世界中的事物达成沟通而把他们的行为协同起来。于是,语言建构的主体间性取代了意识哲学的主体性,自我处于关系之中,能够从他者的视角出发与作为互动参与者的自我建立联系。

诚然,主体间性使个体利己性的权利和利他性的道德相协调,因而个体自主也就消解了和公共自主之间的张力,个体权利的那种结构性侵蚀感也因之消除了。但是,哈贝马斯的语言有效性(语用学)理论视角,"涉及的是一般生活世界的结构,不是具有一定历史特征的具体的生活世界"。对哈贝马斯来说,这个语言描述的生活世界始终构成参与者的背景,就理解过程而言,生活世界既构成了一个语境,又提供了资源。于是,互动参与者的能动性消失了,"不再作为原创者,而是作为传统的产物、团结的产物、社会化过程的产物"。② 主体间性的意义只有在以语言为工具的交往行为中证明自身,从而迫使哈贝马斯将商谈理论建立在"原初状态"下每个人都"无强制地达到内在的同意"之上,交往行为的合理性依赖主体的自我反思与学习。由此,哈贝马斯的主体间性必然会忽略具体个体的差异性,在现实的不平等面前"内在的同意"往往沦为"强制的同意"。商谈或对话基础上的主体间性形成不能缺少自我反思,"反思闯入生活史过程,造成了偶然性意识以及自我反思和对自己生存状态负责任之间的新型张力。所以,伦理—生存状态商谈不仅成为可能,而且一定意

---

① 参见[德]哈贝马斯:《在事实与规范之间》,童世骏译,生活·读书·新知三联书店 2003 年版,第 128 页。
② [德]哈贝马斯:《现代性的哲学话语》,曹卫东译,译林出版社 2011 年版,第 350 页。

义上变得不可避免"①。

但是，毫无疑问，没有现实生活中的平等初始地位就不可能有实质性的商谈或对话。现代法律制度可以、也应该如罗尔斯所说的"最大程度地提高最少获利者的长远期望"，如罗蒂提出的"对话"要面向一切开放，倾听一切人的声音，以防止人微言轻的悲剧再度发生。② 然而，最后结果只能如罗尔斯所认识的，"由于宪法可能规定了范围或广或狭的参与；也可能在政治自由中允许不平等；或多或少的社会资源可能被用来保证作为代表的那些公民的自由价值，等等，参与是受到限制的。客观条件的制约，以至于不能在公民之间、公民与政府之间形成'实际对话'"。③

所以，我们必须从哈贝马斯那种语言描述的生活世界，转向历史和具体的生活世界。史前人们的群体意识很可能如特朗普的"生存说"所解释的，"最古老的智人，要在体型较大通常跑得更快的哺乳动物中竞争求生存，经常成为比他们更危险的猎兽的捕获物"。并且"原始人的迁徙本身就存在危险，在穿越他们未知的地域时更强烈地要求群体合作"④。现代社会的人们不可能穿越时空回到史前，不可能彻底抛弃个体意识而建构团体意识。但人们今天正身处的环境危机，无疑与史前人类面临的自然威胁具有"历史"的类比性。生态危机的现实存在以及话语构建，使越来越多的民众卷入环境运动之中，使得当前社会趋向后现代理论家指出的那种个体化、片断化和异质化的同时，也趋向于中心化，出现了新的总体化趋势。

20 世纪 90 年代环境运动开始从"草根"发展为职业化，从对抗过渡到对话和合作，从而更多地选择"制度化"的参与模式。然而，在另一方面，没有任何证据表明职业化运动倾向于取代"草根行动"，对话和合作

① ［德］哈贝马斯：《在事实与规范之间》，童世骏译，生活·读书·新知三联书店 2003 年版，第 119 页。

② 参见王岳川主编：《中国后现代话语》，中山大学出版社 2004 年版，第 66 页。

③ 参见［美］约翰·罗尔斯：《正义论》，何怀宏、何包钢、廖申白译，中国社会科学出版社 1988 年版，第 219～226 页。

④ ［澳］加里·特朗普：《宗教起源探索》，孙善玲、朱代强译，四川人民出版社 2003 年版，第 209～211 页。

取代了对抗。卢茨说得很对,社会运动不可能完全制度化而继续保留社会运动的身份,只要运动依然保存着活力,就会存在对由制度化带来的妥协进行抵制的人。① 这种"非制度化"的环境运动,动员、行动与过程融为一体,利己性和利他性并存,在生态危机构成的历史和具体的生活世界中将个体与个体"内在关联",形成的一种"非制度化"的主体间性。尽管现实中,他们也往往以法律权利作为行动的合法化基础,寻求政府权力的承认与作为,但他们依靠环境运动生出的团结力量,坚持以对抗与压力为主要方式,在本质上显然就是要求实现对"权利"的自我判断、自我保护。这种"权利"根植于主体间性之中,却明显保留它的原始性,正是我们所界定的社会环境权力。

三、社会环境权力之"法律商谈"

(一)法律商谈的基础:现实的人

人们比较熟悉哈贝马斯对法律沟通(商谈)理论的阐述,不过他的讨论主要是在司法裁判领域。德国基尔大学教授罗伯特·阿列克西将法律商谈置于更广泛的法律决策领域,如同哈贝马斯他也认为商谈理论属于程序性理论的范畴,依据所有的程序性理论,一个规范的正确性或一个陈述的真值取决于,这个规范或陈述是不是,或者是否可能是一个特定程序的结果。他从建构、共识、标准和正确性等四个方面力证理想商谈的可行性。② 的确,就广泛范围内的法律商谈而言,下述四个方面可以对反对者予以反驳:

1. 关于建构问题

商谈理论的基础就是现实存在的个人——理性与非理性并存的人。如哈贝马斯的商谈理论采取的是语言有效性(语用学)理论视角,"涉及的是一般生活世界的结构,不是具有一定历史特征的具体生活世界"。然

---

① 参见[英]克里斯托弗·卢茨主编:《西方环境运动:地方、国家和全球向度》,徐凯译,山东大学出版社2012年版,第8页。

② 参见[德]罗伯特·阿列克西:《法 理性 商谈:法哲学研究》,朱光、雷磊译,中国法制出版社2011年版,第112~120页。

而，反对者提出商谈的过程就是建构的过程，商谈参与者一旦参与商谈就从现实或事实的个人成为建构的参与者，从而与商谈理论的基础相矛盾。阿列克西对这种质疑的处理和哈贝马斯相似，哈贝马斯采用语用学视角，商谈就是语言的交往，语言交往的意义只有在交往行为中证明自身，从而必须强调交往的"资质"与"技巧"，交往行为的合理性依赖主体的自我反思与学习。商谈或对话不能缺少自我反思，"反思闯入生活史，造成了偶然性意识以及自我反思和对自己生存状态负责任之间的新型张力。所以，伦理—生存状态商谈不仅成为可能，而且一定意义上变得不可避免。"①阿列克西则认为理想的商谈并非一开始就是充分的商谈，而是这样一种商谈：只有通过一种虚拟的、潜在无限的持续进展，借助于以现实个人为开端的学习过程，它才变成一种充分的商谈，那么，这里的矛盾就消解了。阿列克西和哈贝马斯将商谈视为个人学习的过程是正确的，从人不是上帝——具有非理性一面来说，人的主体性的基本特点就是未完成性、或者说"生成性"，和他人的语言交往过程就是自我完善的过程。

2. 关于共识问题

商谈的目的就是要达成共识。然而，反对者认为要达成共识必须否定人类学差异，以及商谈过程中的语言概念、经验信息、角色互换能力、理解能力等方面的差异。阿列克西从两个方面予以回击，一是他认为"共识"问题不是决定性的，因为没有任何程序，能够预言现实中的个人在不存在人类学差异及其他差异的非现实条件下将会如何行动，所以对共识的保证既不能排除，也不能被认同，理想的商谈本身并不排除无法达成共识的可能。二是不能排除商谈之后有新的论据出现而破坏了已达成的共识，所以一个无限的理想商谈无法确定某次达成的共识是终结性的或确定性的。

---

① ［德］哈贝马斯：《在事实与规范之间》，童世骏译，生活·读书·新知三联书店2003年版，第119页。

3.关于标准问题

商谈理论以具体的差异化的现实中的人为基础,从而参与商谈的个体会提出各式各样的论据、信息,据此反对者认为商谈很大程度上将是"独白式"的,欠缺标准或者标准不能起作用。阿列克西将标准问题和共识问题以及正确性联系在一起,认为反对意见既然赞同商谈过程中的各种论据、信息、观点都可基于利益的解释(大多数法律理论者都同意利益解释论),那么,商谈结果的正确性就取决于利益解释的正确性,而这种解释如果需要验证的话,商谈就不是"独白式的"。

4.关于结果的正确性问题

阿列克西认为,反对者坚持一种实体性的标准,将结果的正确性理解为商谈可以得出客观的、真理性的、唯一的答案。而所有这些正和商谈作为程序理论相悖,商谈结果的正确性标准是一种程序性的定义,并且是相对的程序正确性概念。因此,商谈的结果可能是同时存在两个不同甚至是彼此矛盾的规范意见。不过,阿列克西没有滑向彻底的"相对主义",他认为"正确性理念"必须被"调整性理念"所取代,这并不意味着正确性理念在任何方面都不具有绝对性,不承认对于每个实践问题都已存在唯一正确答案,商谈的目的就是发现它,并不代表着商谈将唯一正确答案作为力求达到的目标。

当然,必须看到,阿列克西的法律商谈理论建立在"实践理性"之上。程序规范着的商谈,被预先假设为商谈参与者能够对实践问题进行理性的判断。尽管阿列克西正确地注意到,"商谈理论以参与者原则上存在的充分判断能力为出发点。这并不意味着,充分的判断能力是程序的一个要求。商谈程序与充分判断能力之间的关系,毋宁对应于一个民主国家的宪法与其公民参与政治、经济与社会活动的能力之间的关系。这不是宪法规范的要求,而是构成宪法的前提,作为前提指的是'原则上'存在充分的能力,发展这种能力本身也是商谈程序的目标之一"①。因此,法

---

① [德]罗伯特·阿列克西:《法 理性 商谈:法哲学研究》,朱光、雷磊译,中国法制出版社 2011 年版,第 113、166 页。

律的商谈不应该是从属于道德论证，或者说是道德商谈之特殊情形，法律商谈不仅要对道德开放，也对伦理与实用性开放。这也就是说，作为法律的商谈，"理性"（"实践理性"）是法律本质上的要求，但却不因此而构成对参与商谈的障碍。法律的商谈应建立在现实人的基础之上，如罗蒂说的应当将"对话"向一切开放，倾听一切人的声音，以防止人微言轻的悲剧再度发生。[1]

（二）商谈中的社会环境权力

法律的商谈并非独属理性的范畴，它的意义就在于使任何现实的个人得以自由地表达。我们上文也得出"非制度化"的环境运动，根本上就是一种彰显主体间性的过程，相对于理性构建的制度而言，它代表一种"反抗"的力量，从而能够有效地弥补制度理性的不足。据此，我们可以很容易地看到，商谈和社会环境权力的契合。社会环境权力本质上是一种基于环境公益维护的商谈能力，一定程度上又是一种在环境公益维护商谈过程中合法化的资格。环境运动通常认为源于 20 世纪初，20 世纪六七十年代随着环境污染事件的不断出现而得到迅速发展。1970 年 4 月 22 日美国的"地球日"运动有 2000 万人参加。1976 年联合国环境署统计，全球一共有 532 个非政府组织从事环境保护运动。1992 年 6 月，联合国环境与发展大会期间共有来自 130 多个国家的大约 1400 个环境非政府组织注册参会，同时参与非政府组织论坛的非政府组织多达 1.8 万个。到 2009 年，联合国环境规划署支持的环境联络中心与 7000 个非政府组织有联系。[2] 环境非政府组织的壮大，使越来越多的民众卷入环境运动之中，使当前社会趋向后现代理论家指出的那种个体化、片断化和异质化的同时，也趋向于中心化，出现了新的总体化趋势。但环境运动的形成明显不同于那种稳定的价值与利益共同体，更类似于贝克说的"焦虑共同体"，它基于环境问题构建中形成的最低限度共识，从焦虑团结中生成

---

[1]　参见王岳川主编：《中国后现代话语》，中山大学出版社 2004 年版，第 66 页。

[2]　参见赵青奇：《美国环境保护协会研究》，中国科学技术大学 2009 年博士学位论文，第 14 页。

一种行动力量。不过迄今为止,焦虑还没有成为理性行为的基础。① 在焦虑与行动中间起作用的,更可能是一种对现实的或符号建构的环境事件所产生的自然情感,如憎恨、恐惧等。但是,当前的环境运动无疑正呈现从"草根"发展为职业化,从对抗过渡到对话和合作的发展趋势,为了在环境保护活动中获得成功,环境团体需要合法性认可和尊重,而不是展示强大的破坏潜能,从而更多地选择在抗议与压力之间的参与模式。环境运动的"制度化",使环境保护分子以前的公开"敌人"——企业和经济组织转化为制度内的对话者,各方在制度层面、在后现代社会生产的符号中建构起更普遍的主体间性,趋向稳定的共同体的维系开始依赖哈贝马斯说的道德的反思与学习。环境利益与经济利益对立性差异,环境议题的强迫性本质使得政府有着将环境运动制度化的强烈动机,但"草根"对抗性的、充满活力的"非制度化"环境运动无疑正是环境保护事业发展的力量源泉,"制度化"与"非制度化"必然处于共生状态。而草根对抗性环境运动往往是一种"邻避冲突",利己性与利他性并存,环境的整体性将个体的利己性与利他性联系起来。至此,可以清楚地看到,环境运动形成的主体间性其实是一种流变性的主体意识,是一种个性化和社会生活化的主体意识,其开创的公共性致力于实现个人自主的政治化渴求和生活机会,追求共识和普遍性却始终不渝地保持着差异性和特殊性。

这种主体间性一定程度促成了新型社会环境权力,也必然规定着新型社会环境权力的特征。毫无疑问,社会环境权力一定程度上首先就是一种自然状态下的权利,萌生于个体但生成于群体,它包含"行动"、"判断"和"力量"等所有要素。社会环境权力无疑也与当前理论话语中的"环境权"有着连续性与非连续性的辩证联系。如学者所说,"环境权是基于环境问题对人类社会的影响和公民对政府环境责任的诉愿而提出的,"②那么,环境权在性质上就是一种要求政府给予保护的弱势者的人权,随着制度实践对理论话语环境权的接纳,也就有了霍布斯开创的那种

---

① 参见[德]乌尔里希·贝克:《风险社会》,何博闻译,译林出版社2004年版,第57页。
② 汪劲:《环境法》,北京大学出版社2006年版,第81页。

蜂巢式私权利结构。即便是有些学者认识到环境权的公益性，将其与社会环境权力中的环境决策参与权、环境知情权、环境公益诉权等加以联系，但如哈贝马斯所说，公民权利作为主观权利具有与一切权利同样的结构，允许个人以自由选择的范围。政治权利也必须解释为主观行动自由，这种自由使得合乎法律的行为成为义务。[1]当然，从环境权作为理论话语的建构过程而言，"受影响人群"的环境利益需要、企业和经济组织的经济利益追求，以及政府在两种利益之间的"摇摆不定"所构成的三方结构关系无疑是不可或缺的前提；环境运动的蓬勃发展以及生态政治的兴起，改变了社会环境权力的话语力量对比格局则是关键。如此，环境权在话语建构之初也必然具有自然权利的性质。而现今关于社会环境权力的理论话语，所揭示的显然就是环境法律对环境权的自然权利性质的"祛魅"过程。环境运动形成的主体间性试图将社会环境权力的意义界定为过程本身，新的主体意识所生成的新型环境公益维护诉求，尽管不拒斥却严格区分作为结果的那种蜂巢式私权利结构，正是在这一意义上，我们将之称为社会环境权力。

第三节　前道德、道德与法律：社会环境权力证成

一、社会环境权力在行为角度的"合规范性"尴尬

（一）社会环境权力作为一种前道德权利

显而易见，"非制度化"的环境运动所主张的"权利"就是一种自然状态下的权利，包含"自我行动"、"自我判断"和"力量"等所有要素。对它而言，除了服从自己以外不屈从任何权威，自然自由是它的内核，权力则是手段和补充，在根本上失去了本源性。正因如此，最终得以消解了权力对权利的结构性侵蚀。根据霍布斯的理论，自然法的全部基础不在人的

---

[1]　参见[德]哈贝马斯：《在事实与规范之间》，童世骏译，生活·读书·新知三联书店2003年版，第105页。

目的,而是开端,是从人的最强烈的情感——对死亡的恐惧中推导出来的。人们出于对死亡的恐惧而产生自我保存的欲求,于是理性命令每个人进入社会组成政府颁布法律。所以,社会环境权力所构成的对权威的质疑,其作为一种前道德权利,已隐含在权威制定的法律深处,不再是一种和法律秩序相对的现实存在。社会环境权力虽然生成于历史变幻的时空中,但无疑也是在对权威的质疑中、从权威的遮蔽下被发现的。既然是为理性所反映,但却必定先于理性而存在,必定是一种前道德的存在。

所以,施特劳斯说,自然是被发现的。"自然一经发现,人们就不可能把自然族群的和不同人类部族特有的行为或正常的行为,都同样看作是习惯或方式。自然物的'习惯'被视为它们的本性,而不同人类部族的'习惯'则被视为他们的习俗……自然的发现,或者说自然与习俗的根本分别,是自然权利观念得以出现的必要条件,但并不是充分条件,因为所有权利都是习俗的。"①施特劳斯极力主张从实在法的权威遮蔽下"发现"自然权利,但他回复到亚里士多德将自然与本性等同,使自然权利依然有着强烈的理性色彩。菲尼斯显然更为彻底,"'任何形式的有关道德的自然法理论必然要牵涉到一个信念,即有关人的职责与义务的命题可以从人的本性中推导出来',这一说法是完全不正确的。自然法原则不是由思辨性原则推论而来,亦非由事实推论而来。这些原则不是从人性,或者善与恶,或者'人的作用'等形而上学的命题推论而来,也绝非由本性目的论概念或者其他任何关于本性的概念推论而来。任何东西都不能推论或派生这些原则,它们具有无根源性"。② 根据菲尼斯所言,"非制度化"的环境运动所主张的社会环境权力就是先于理性的前道德存在,其与法律权利是二元的现实"共在"。

---

① [美]列奥·施特劳斯:《自然权利与历史》,彭刚译,生活·读书·新知三联书店2003年版,第93~94页。
② [英]约翰·菲尼斯:《自然法与自然权利》,董姣姣、杨奕、梁晓晖译,中国政法大学出版社2005年版,第27页。

（二）社会环境权力与原有法律秩序冲突的克服

当然，施特劳斯的自然权利主要为了批判历史主义，而主张自然权利的基础性、共时性。将社会环境权力作为不证自明的自然权利，并以之确定为环境法治建设与发展的合法性基础，固然有着启蒙意义。然而，社会环境权力是基于环境法制无法消除的环境不满源而源源不断地被生产出来的。所以，必将始终具有强烈的破坏潜能，从而与法律秩序形成尖锐的冲突。

但社会环境权力作为一种先于理性的前道德存在，必定有着先理性的"意志"属性，有着强烈的那种离群索居的自然人差异品格。当然，这里的自反性无疑正彰显社会环境权力超越实证法权利的优越点：其以个性化和社会生活化为根基。霍布斯相信，自然权利应该在人类开始之端的自然状态下，从那种最强烈的情感中推导出来，但离群索居的自然人是先于社会的理性存在者，因而自然法和自然权利也是理性的诚命，是由定理推出的法则。所以，随着理性命令每个人进入社会组成政府颁布实在法，自然情感驱策的自然权利也就隐含在实在法的深处，不再是一种和法律秩序相对的现实存在。卢梭认为自然人是前道德的存在，因而自然权利"必定直接道出自然之声"，它一定先于理性存在。不过，就如斯宾诺莎所意识到的，卢梭只是要求把自然状态与公民状态的二元论或者自然世界与人类世界的二元论化约为一元论。所以，尽管卢梭坚持社会的每个人都"只服从于他自己并像以往一样自由"，但却和霍布斯得出同样的结论：自由社会植根和依赖于实在法对自然权利的吸纳。

对此，我们不可否认，这种冲突正构成环境法治发展和环境保护事业进步的持续动力。如诺内特和塞尔兹尼克所说，一种变化的动力注入法律秩序，形成对法律灵活回应各种新的问题和需要的期待……这种回应型的法律制度把社会压力理解为认识的来源和自我矫正的机会。[①] 对环

---

① 参见［美］P.诺内特、P.塞尔兹尼克：《转变中的法律与社会：迈向回应型法》，张志铭译，中国政法大学出版社2004年版，第79~85页。

境法治建设与发展而言,首先就是要求具有"双重生命":在解决环境问题中重视保护人的利益的根本性目的。雅科布斯说到,法一方面应作为生生不息的民众生活的一部分,另一方面也作为法学家手中的特殊法学。前者称为法的政治因素,后者称为法的技术因素。"如果一个问题的解决必须联系其他所有问题的解决,则该问题被视为技术性问题,法学可以做出这方面的决定。而那些不顾及这些联系,否则会得出破灭性决定的问题被视为政治问题。"①其次,环境法治建设与发展必须从"以命令控制为中心"走向"环境的多中心共治",拓展环境行政非权力机制,将法律的舞台变成一种特殊的政治论坛。诺内特和塞尔兹尼克指出,回应型法中的权威不是一元的(国家),而是多元的、开放的、参与的,鼓励协同,欢迎批评,把同意当作合理性的一种检验。最后,正视环境法治建设与发展中的调整机制"普适性"不能的这一事实,走出"制定法中心主义"的思维定式,适时、适量地填补民间法律规则,引入自由选择与促进性规则,使其中的调整机制运行更具有建设性与激励性,协助人们实现自己的"善良动机"与目标,给环境公益的维护与增进注入强心剂。诚然,环境法治建设与发展向回应型法的变革,是克减社会环境权力破坏潜能的重要方面。但是,这毕竟只是工具理性的论证。对于社会环境权力本身而言,其破坏潜能无疑就是个体意志与群体意志之间持续存在的张力。所以,除非我们能够发展起一种前道德、道德和法律的价值连续一体化模式,并证明它们是互为前提、相互支撑的关系,社会环境权力打破公共领域的运行与表达模式才可能被设计为为公共利益负责的机制。为此,我们首先就必须建构一种社会环境权力的意志理论。既然社会环境权力弘扬于环境主体间性的意义揭示之中,其意志理论势必建构于这种主体间性的结构分析之上。

不难发现,无论是萨特、列奥·施特劳斯、福柯,还是哈贝马斯,主体间性都仅指人与人之间的关系。直到布伯的"相会哲学"中,"物"才在主

---

① [德]霍尔斯特·海因里希·雅科布斯:《十九世纪德国国民法科学与立法》,王娜译,法律出版社 2003 年版,第 39 页。

体间性的结构中具有意义。布伯认为，人与自然界也有一定的相互作用。至少就驯化的动物来说，人与它们之间的相互性确实是存在的。即使人与植物之间，"存在的交互性，存在者本身的交互性也是有的"。所有真实的生活，都是关系或相会。"自我"或者存在于"我—它"关系之中，或者存在于"我—你"关系之中。于是，在人面前便存在两个世界：一个是"它"的世界；另一个是"你"的世界。"'它'的世界龟缩于时空范畴，'你'的世界则超越于时空网络。当关系事件走完它的旅程，个别之'你'转换成'它'，个别之'它'因为步入关系事件而能够成为'你'。"①布伯断言，当代社会的人们仅仅以"我—它"方式生存，从而将自己的生活肢解为公共生活与私人人生、社会制度和个人感情。他批判柏拉图的理念论、斯多葛学派的禁欲主义、普史提诺的宇宙论、经院哲学的宇宙图式、中世纪的神秘主义、黑格尔的宇宙理性等横贯的"自失说"，更抨击近现代主体性哲学那种"自圣说"，认为价值和超越唯有呈现于"关系"之中，呈现于"我—你"的"关系"之中。尽管布伯这里的"你"既包括他人，也包括客观世界，但他"相会哲学"目的是人与精神、人与上帝的相会，所以他强调人与人之间的相互性是一种更直接的相互性，因为它关系到相互性本身，是"通向人类此在的门户"。事实上，主体间性就是一种超越性的"自我观"。从赫拉克利特说"人不能两次踏进同一条河流"，苏格拉底说"人们之间事实上的差异并没有抹杀他们都是人的事实"，到阿多诺认为"辩证法"仅仅意指"矛盾地思考矛盾"，目的在于差异。辩证法的任务就不应当是"粗暴地用思想达到一致"，而应当忠实于矛盾的不可调和性，致力于思考和表述矛盾的方式，将否定的原则或"绝对否定"贯彻到底。② 可以认为，差异就是"自我"的内容，构成自我的关系就是差异关系，既包括人与自然界事物之间的差异，也包括人与人之间的差异。两种差异根本上都是人与自然界事物、人与人在交互中经验感觉到的，但由此经验到的"自我"不同于费希特那种"外在事物决定的经验的自我"，因为经验到的

---

① ［德］马丁·布伯：《我与你》，陈维纲译，生活·读书·新知三联书店1986年版，第33页。
② 参见段智德：《主体生成论——对"主体死亡论"之超越》，人民出版社2009年版，第188页。

"自我"同时也通过价值反思使得每个"自我"能够理性地呵护自己与自然界事物、他人的差异,从而实现"自我"的同一,实现了自我的升华,自我的超越。然而,"求同"是人的固有意向,亚里士多德从自然论角度解释说"人们和动物、植物一样,出于本性而欲望留下和自己形神相似的后代"①,费希特则从理性的层面断言"社会人的基本意向是发现类似于我们的理性生物或人"②。其实我们毋宁认为是每个"自我"都经历到的和自己有差异的客观世界对"自我"的反作用,产生了人的无意识的求同欲望,理性或目的仅仅有助于稳定的群体形成。所以,环境主体间性完全应当看作"人—环境—人"的关系,其所内含的社会环境权力的基石就是差异化的个体意志,整体性环境或者环境问题使个体意志产生"无意识"地"求同",从而趋向于最终表现为群体意志。理性或道德的反思,既支持个体意志之间的差异性,也维持着群体意志的稳定性。

二、从合规范性判断到价值判断

(一)社会环境权力的道德价值证成

社会环境权力作为自然权利具有不证自明性,是先于理性的前道德存在,构成环境法权利的本源以及环境法治建设与发展的合法性基础。对此,从 20 世纪 50 年代自然法复兴以来,在哈特的"最低限度自然法内涵",麦考密克的"伦理法制主义",以及坎贝尔的"伦理实证主义"等当代法律实证主义思想家的论述中,都可找到注脚。社会环境权力作为对权威的质疑,对环境法治的完善和进步提供持续的压力和动力,如诺内特和塞尔兹尼克所说,一种变化的动力注入法律秩序,形成对法律灵活回应各种新的问题和需要的期待……这种回应型的法律制度把社会压力理解为认识的来源和自我矫正的机会。③ 对环境法而言,就是笔者曾主张的:

---

① [古希腊]亚里士多德:《政治学》,颜一、秦典华译,载《亚里士多德全集》(第 9 卷),中国人民大学出版社 1994 年版,第 4 页。

② [德]费希特:《论学者的使命 人的使命》,梁志学、沈真译,商务印书馆 1984 年版,第 19 页。

③ [美]P. 诺内特、P. 塞尔兹尼克:《转变中的法律与社会:迈向回应型法》,张志铭译,中国政法大学出版社 2004 年版,第 79~85 页。

"应与民间规则、环境道德伦理相互补充、逐渐交融，最终达至无差别的吻合；应遵循人类生存与发展至上，追求经济利益与环境利益共赢；应以互助为基本运行机制。"①但是，这毕竟只是工具理性的论证。社会环境权力是基于环境法治建设与发展中无法完全消除的不满源，而源源不断地被生产出来的，所以必将始终有着强烈的破坏潜能，从而与法律秩序形成尖锐的冲突。工具理性的论证，明显遗有现代性"宏大叙事"痕迹，能够证成实证的环境法律对社会环境权力的开放性支持，但却并没有达到克减社会环境权力破坏潜能的目的。显而易见，我们必须利用后现代理论的惯用手法，对社会环境权力进行解构，从权利结构的意志、行为、利益等要素角度，发展起一种前道德、道德和法律的价值连续一体化模式，并在这种模式内证成相互冲突的各种因素互为前提、相互支撑，社会环境权力打破公共领域的运行与表达模式，才可能被设计为为公共利益负责的机制。

　　差异是客观存在的，按拉康的说法就是无意识的"他者的话语"。所以，拉康的镜像理论认为"镜子阶段是场悲剧"②，婴儿看到镜中自己的影像从而把它与自己联系起来了，从混沌无知中形成自我意识，但这里自我变成了镜中影像，婴儿与自我既是联系的又是分离的、异化的。主体意识的建立依赖于自我的异化，但更离不开"他者"——镜中自我的影像。当然，人也有着"求同"的固有意向性，"求同"以差异为前提，也是对差异的否定。"求同"从"自我"出发按照自己的意愿去改造他人、要求他人，因而既是能动主体意识构建的心理学基础，也是人的社会属性群体意识和社会构建和的基础。个体主体融入社会的过程显然就是"求同"对差异否定——主体的自我否则过程。如此，"非制度化"环境运动形成主体间性的过程，必然就是差异化的个体意志不断自我否定的过程。环境议题的普遍性，以及基于解决策略的"求同"采取完全非强制性的沟通手段，减少了自我否定中内在的抵制。而"非制度化"环境运动所开创的"新公

---

　　① 欧阳恩钱：《环境法功能进化的层次与展开——兼论我国第二代环境法之发展》，载《中州学刊》2010 年第 1 期。

　　② ［法］拉康：《拉康选集》，褚孝泉译，上海三联书店 2001 年版，第 93 页。

共性"坚持绝对的开放性,最终消解了群体内个体的意志和群体意志之间的冲突。可以预想,随着这种自然形成的群体涵括的个体或组织越多、规模越大,群体意志必然越类似于实证法中普遍性的公共意志。此时,群体针对环境污染与破坏者、政府机构的"求同",也就更易于实现。一个基于环境议题群体主体性也就在"求同"否定了自身,直到新的环境议题催生新的运动。

(二)社会环境权力的实践理性价值

社会环境权力是组织、公众等基于"公人"身份,参与环境公共事务,维护环境公益的公共性权力。正是基于"为维护环境公益而积极参与环境公共事务"的"正向与善"的基础,决定了社会环境权力行为"正向与善"的根本面向。亚里士多德将行为的道德判断与目的关联起来,他坚信一切事物均以善为目的。幸福作为最高的善,就是行为的目的。① 所以,合乎德性的行为就是幸福,它是灵魂根据理性的现实活动。阿奎那则将"决定"视为行为的必要条件,而"决定"归结于意志。但是出于意志的"决定"并非当下的决定,而是他在当下看到了按照他的决定而行为的意义。"看到的意义是由一个理性的选择过程赋予的,其结果使个人决定成为理性的决定"。所以,阿奎那认为,驱动行为的严格来说并非他的决定而是他的"理性"。② 将行为与目的、意义(价值)关联,并以理性作为终极评判依据,使行为的合道德性判断和合法性判断统一起来。

但认识到善,不一定就能行善,社会环境权力行为也可能呈现"不当面向",历史上才会出现基于"环境公益维护"诉求,但却采取的是不当的环境自力救济方式(如正向参与与谈判外的暴力性对抗等)的现象。因此,若欲削减与避免社会环境权力的"不当面向",还必须有对行为要素的独立考量。对于社会环境权力而言,也就是将行为要素与利益要素紧密结合,因为利益显然可在目的或意义的含义上理解。社会环境权力的

---

① 参见亚里士多德:《尼各马可伦理学》,载苗力田主编:《亚里士多德全集》(第8卷),中国人民大学出版社1994年版,第13页。

② 参见[英]约翰·菲尼斯:《自然法与自然权利》,董娇娇、杨奕、梁晓晖译,中国政法大学出版社2005年版,第266页。

行为在生物学上就是个体性的行为，它往往源于非理性的自然情感，理性的群体意志可以约束个体性行为，但无法彻底消除其非理性因素。显然，在亚里士多德和阿奎那那里，无法为社会环境权力行为找到完整的道德与法律的支持。

对此，休谟的经验主义伦理学提供了另一种思路。休谟认为道德的善恶判断就是基于感受，"道德宁可以说是被人感觉到的，而不是被人判断出来的"。"行为可以是可夸奖的或是可责备的，但不能是合理的或不合理的……道德上的善恶区别并不是理性的产物。理性是完全不活动的，永不能成为像良心或道德感那样，一个活动原则的源泉。"①休谟较好地为源于自然情感的社会环境权力行为，尤其为那些环境污染和破坏的直接受害者所采取的暴力对抗性行为，提供了道德基础。但休谟始终停留在心理学层面，难以满足行为合道德性判断的最起码的客观性要求。所以，20世纪后的道德自然主义认为，行为本身的正当性并非一种作用于这一判断过程的道德事实，而必须还原到某种独立的非道德事实或属性之中。"你需要做出关于某种物理事实的假定来解释支持科学理论的观察，但是你似乎并不需要做出关于任何道德事实的假定来解释我所谈论的所谓道德的观察。在道德的情形中，看起来你只需要做出关于那个道德观察的人的心理学或道德敏感性的假定。"②而从更进一步看，实践中的社会环境权力主张及行为，也不见得非要一个血淋淋的非道德事实驱动，非要受环境问题的复杂性、环境损害的潜伏性、滞后性和漫长性等因素影响，相反要求社会环境权力更需要"防患于未然"，要求推进社会环境权力"从末端应对"到"基于源头"的全过程运行。

显然，对社会环境权力行为的合道德性判断必须借助某种复合的理论。对行为的目的或意义的考量提醒我们赋予旨在维护纯粹环境利益的行为的优先正当性；经验主义伦理学要求我们注重"情与理"的结合；道德自然主义则使我们关注到环境损害的事实。但是，社会环境权力是自

---

① ［英］休谟：《人性论》，关文运译，商务印书馆1980年版，第498～499页。

② Gilbert Harman, *The Nature of Morality*, New York：Oxford University Press, 1977, p. 6.

然权利,不屈从任何权威,因而行为的合道德性判断明显还需要一个"自我"的向度。康德如同亚里士多德和阿奎那一样从理性的善良意志出发,但用自由的概念完成了从善良意志到道德法则的演绎。康德认为,普遍的实践法则充当着意志的规定根据,行为遵循法则就是自由意志的实现。而道德就是关于义务法则的学说,道德义务就是自我强制,服从自我的理性命令。"一个出自义务的行为具有自己的道德价值,不在于由此应当实现的意图,而是在于该行为被决定时所遵循的准则,因而不依赖行为的对象的现实性,仅仅依赖该行为不考虑欲求能力的一切对象而发生所遵循的意欲的原则……义务就是出自对法则的敬重的一个行为的必然性。"①当然,绝对自由的意志在康德看来就先验地具有正确选择善恶行为的能力。因此,在以道德法则对行为的合道德性判断背后,真正起作用的还是理性。正是基于这点,康德没少遭到现代性批判理论以及后现代理论的攻击。但是,对后现代之后的构建主题而言,康德的道德义务无疑最大可能地补全了对社会环境权力行为的合道德性判断的客观化需求。并且,借用康德的"义务"概念能使行为的合道德性判断和合法性判断能直接在"规则"层面桥接。环境的公共性使得人人负有保护环境的普遍性义务不证自明,从 1972 年《人类环境宣言》到各国环境制定法,无不对此义务作出规定。而如上文所述,自我的建构离不开他者,是客观存在的"人—自然环境—人"之间的差异关系,作为无意识的"他者的话语"构成自我。如此,对自然环境的义务与对他人的义务并无根本上的区别,并且归根结底就源于对自己的道德义务。需要注意的是,具有破坏潜能的社会环境权力需要道德义务的"自律"以彰显"自然自由"的本真含义。但是,保护环境的义务是绝对的实证法义务,显然不以任何权利为条件。理论上证成保护环境的义务即对自己的道德义务,并以客观的实证法义务规则评判社会环境权力行为的合道德性与合法性时,必然存在非完全对应性的不足。所以,康德很慎重地又将道德法则的评判与行为的目的联

① [德]康德:《康德著作全集》(第 4 卷),李秋零等译,中国人民大学出版社 2005 年版,第406~407 页。

系起来，"道德义务关涉一个目的，这个目的同时也是义务"①，而那些既是目的也是义务的，唯有自己的完善、他人的幸福。如此，也就与亚里士多德以及阿奎那达到暗合，使社会环境权力行为合道德性判断的复合理论得以铸造为有机体系。

三、社会环境权力的不同层次功能

伴随着国家生态治理体系与生态治理能力现代化的推进，环境法治建设将呈现的是一个"政府与社会力量通过面对面合作方式组成的网络管理系统"②，相应会形成下述三个层面的主要变化：其一，主体多元化。如斯托克指出的："治理意味着一系列来自政府但又不限于政府的社会公共机构和行为者。它对传统的国家和政府权威提出挑战，政府并不是国家唯一的权力中心。"③其二，主体间协同合作。环境法治既是国家/政府环境权力、社会环境权力、公众环境权利各方主体的共同推进过程，也是相互协同合作过程。其三，国家与社会在其中扮演角色不一、功能各异。国家/政府仍是其中的最主要行动者，扮演"元治理"的角色，社会环境权力的角色承担与功能发挥，并不损害国家/政府环境权力在其中的地位与作用。

（一）助力公众环境权利保障

一方面，保障公众环境权利避免侵害，是社会环境权力存在的目的之一，尤其是在当前我国的生态治理由单纯命令控制型向公众参与型转变的进程中。尤其是国家环境权力就公众环境权利保障，未予以充分履职之时，更是决定了社会环境权力对公众环境权利保障与救济的必要。另一方面，由于环境权利的个体规定性、散漫与缺乏组织性，致使其无法与国家/政府环境权力处于对等地位，无法在力量上抗衡强大的国家环境权

① ［德］康德：《康德著作全集》（第 6 卷），中国人民大学出版社 2005 年版，第 249 页。
② D. Kettle, Sharing Power: *Public Governance and PrivateMarkets*, Washington: Brookings institution, 1993.
③ ［英］格里·斯托克、华夏风：《作为理论的治理：五个论点》，载《国际社会科学（中文版）》1999 年第 2 期。

力;而因其弥散性也很难真正实现国家/政府环境权力的制约和监督,达到预期效果。为此,须充分发挥社会环境权力的力量,而并非仅凭借个体环境权利及国家环境权力本身。

(二)监督与制约国家/政府环境权力

伴随着生态文明建设进一步走向深入,其一,无论是社会环境权力、还是国家环境权力,都面临保障公众环境权利的更进一步诉求,而不是仅局限于依赖国家/政府环境权力。国家/政府环境权力仅仅只是公众环境权利保障的一个方面。其二,在一定程度上,国家/政府也仅仅只是一个法团实体。为了保障公众环境权利、保有舒适与高质量环境,在此期间,需要社会环境权力充分发挥监督和制约国家/政府环境权力的功能与作用,从而充分体现国家/政府环境权力的制约与监督主体广泛性、方式灵活性。更何况,最高的不是国家,而是"不受主观愿望影响的理性"①的法律,国家/政府环境权力须在法的限制内行使。社会环境权力在促进自身环境权益实现的同时,形成对国家/政府环境权力的制约与监督。可以利用大众媒体等有效工具对国家/政府环境权力行使予以揭露、监督、施压,防止国家/政府环境权力的肆意滥用,实现对国家/政府环境权力制约和监督。

(三)充当国家/政府与社会的沟通桥梁与协同纽带

社会组织是现代社会的重要环境权力源。社会组织可以借助"分权",从国家/政府权力体系中分离社会环境权力,即生态治理及环境法治建设的社会自治、自主的权力;通过社会组织反映不同社群的意见与诉求,进行"参权",形成生态治理及环境法治建设进程中的参与性意义;通过社会监督的相关途径运用,实现"监权",监督国家/政府环境权力。进而社会环境权力通过利益表达,通过与政府机关部门的分工合作与行为参与,将自己置身于国家/政府环境决策过程中,影响国家/政府环境权力运行;通过与政府沟通与协同,化解政府与社会间存在的信息不对称、供

① [美]乔治·霍兰·萨拜因:《政治学说史》(上册),盛葵阳、崔妙因译,商务印书馆1986年版,第126页。

需错位等；通过发挥社会环境权力运行在体制与机制上的灵活性，以及环境突发性问题应对方面的优势，弥补国家/政府环境权力的不足。

（四）维护生态治理秩序，增进生态福祉

社会环境权力作为来自社会的公共性环境权力，一定程度基于国家/政府的部分权力让渡，基于部分环境公共事务于社会自我治理的让渡。社会环境权力一方面是支持国家/政府环境权力为民谋生态福祉的举措与行动，另一方面又监督、遏制、扭转与抗衡国家/政府环境权力的不当、失当乃至侵权行为。"在松散结构的团体和开放的社会里，冲突的目标在于消解对抗者之间的紧张，它可以具有稳定和整合的功能。"①无疑社会环境权力的角色承担与运行发展，一定程度担负的是生态治理社会秩序的维护者、稳定者和整合者的职责，将是治理环境公共事务、增进生态福祉的不可忽视力量，从而在国家生态治理体系与生态治理能力现代化进程中积极发挥应有功能。

第四节　社会环境权力弘扬的机制保障

一、社会环境权力的中国传统文化表达与当下实践

毫无疑问，社会环境权力所蕴含的理论渊源，在中国传统文化中均可见对应表述。在《礼记·礼运》中，万物皆禀五行之气而生，唯人独得其"秀气"，"人者，天地之心也，五行之端也，食味别声被色而生者也。"《尚书·周书·泰誓》还提出："惟天地万物父母，惟人万物之灵。"可见，中国传统文化关于人的主体性意识，其实与古希腊智者学派类似。并且，王充说："天地之性人为贵，贵其识知也"（《论衡·别通》），也类似于西方自苏格拉底以来的"理性优越论"。但在中国传统文化中，"人"与"仁"相通。荀子说："人有气有生有知亦且有义，故最为天下贵也"（《荀子·王制》），董仲舒也说"天、地、人，万物之本也，天生之，地养之，人成之"（《春秋繁

---

① ［美］L.科塞：《社会冲突的功能》，孙立平等译，华夏出版社1989年版，第137页。

露·立元神》)。之所以如此,是因为"惟人独能为仁义"(《春秋繁露·人副天数》)。"仁,人心也;义,人路也"(《孟子·告子上》)。人为万物之本,当然应该"财万物"以"养人之欲,给人之求"(《荀子·礼论》),但"财万物"服从于"仁万物","能尽人之性,则能尽物之性,能尽物之性,则可以赞天地之化育,可以赞天地之化育,则可以与天地参矣"(《礼记·中庸》)。显然,当代西方哲学中的主体间性以及布伯的"相会哲学",都体现在"仁人"和"仁物"之中。古汉语没有"自由"辞藻,但自由是文化产生的条件。"只要够称得上是文化,尽管找不出自由主义及自由的名词,其中必有某种形态、某种程度的自由精神在那里跃动。"①由此,"仁"就体现了康德说的"自律即自由"。"礼"是"仁"的外在显性规则,是形上形下、天道与人道、道德与法律的统一。"夫礼,天之经也,地之仪也,民之行也"(《左传·昭公二十五年》)。于是,整个中国传统就以兼具习惯法、道德法、实在法三重品格的"礼",通过注重"合"而建构起个人、社会与国家的统合体。

据中华环境保护联合会调查,截至 2005 年年底,中国各类环境保护民间组织共 2768 家,其中,政府部门发起成立的 1382 家,民间自发组成的 202 家,学生环境保护社团及其联合体共 1116 家,国际环境保护民间组织驻中国机构 68 家。环境保护民间组织从业人员 22.4 万人,其中全职人员 6.9 万人,兼职人员 15.5 万人。② 当然,就如学者看到的,政府与环境保护非政府组织之间仍然存在高度的控制——依赖关系,中国的环境保护组织和环境运动总体上是"嵌入式"的。③ 环境保护组织和环境运动主要寻求的是制度内的参与以"帮助政府",更多是通过与政府建立非正式的纽带以发挥"政治杠杆"作用。与之相应的,环境法及环境法治建设

① 徐复观:《为什么要反对自由主义》,载萧欣义主编:《儒家政治思想与民主自由人权》,台北,学生书局 1988 年版,第 290 页。
② 参见中华环境保护联合会:《中国环境保护民间组织发展状况报告》,载《环境保护》2006 年第 10 期。
③ 参见孙双琴:《论当代中国国家与社会关系模式的选择:法团主义视角》,载《云南行政学院学报》2002 年第 5 期;[荷兰]皮特·何、[美]瑞志·安德蒙主编:《嵌入式行动主义在中国——社会运动的机遇与约束》,李婵娟译,社会科学文献出版社 2012 年版,第 39 页。

与发展的自治性成为有意或无意的追求。尽管学界意识到环境法的伦理问题，在对"人类中心主义"的批判中，指出应将法的强制与道德的自律结合起来。但是，由于缺少环境法哲学应有的自然权利理论，这种结合必然沦为空洞的道德说教。值得一提的是，徐祥民教授将环境权界定为自得权，即自己满足自己的需要的权利。它既是自己的权利，也是自己的义务。然而，徐教授所定义的义务显然就是法定义务，并且将环境权和保护环境的法定义务完全对应起来，于是环境权其实也就失去了存在的必要。"在自得权和自负义务的关系中，义务总是具有决定意义，而权利的作用反倒无足轻重"[1]。因而，没办法发展起作为自然权利的社会环境权力理论。王蓉博士指出，环境法应建立在社会合意自治的基础上，它要求法的构建模式是"接受式"的。同时她又将社会合意界定为"制度化"的合意，而国家是帮助社会自治的最适格的主体，其促进社会意志下行为的合目的性。[2] 由此，旨在实现社会自治的"公民环境公权力"和"公民环境公权利"，也就仅仅是作为实证法的权利，无法为"非制度化"环境运动提供任何理论支持，而所谓的社会自治本质上还是他治。

中国环境科学学会副理事长杨朝飞指出：自1996年以来，环境群体性事件一直保持年均29%的增速。[3] 尽管如此，实际的环境运动事实却呈现参与面窄、被动消极等特点。华东师范大学学者的调查显示，中国公众对环境危机的认同比例高达79.7%，75.1%的被访者表示为保护环境，宁可放慢经济发展速度，但却有近1/3的社会成员基本上或极少参加包括民间文化、市民文化、商业性文化在内的任何公共文化活动。[4] 中国民众的这种"知""行"割裂，固然有着文化传承的原因：传统文化的"礼""仁"注重人的内敛和内省、克己与利他，但是必须看到，其中更重要的是政治与制度空间的开放沟通问题。

① 徐详民：《环境权论——从人权发展的历史分期谈起》，载《中国社会科学》2004年第7期。
② 参见王蓉：《环境法总论——社会法与公法共治》，法律出版社2010年版，第141页。
③ 参见《部分法院拒为涉环境诉讼立案，将矛盾推上街头》，载《新北京报》，http://news.qq.com/a/20121028/000473.htm?pgv_ref=aio，最后访问日期：2017年5月1日。
④ 童世骏等：《当代中国人精神生活研究》，经济科学出版社2009年版，第153、189页。

二、环境正当程序:社会环境权力运行制度化的路径

郭道晖先生认为公民和社会组织参与国家权力的政治权利和社会权力(social power)可转化为强大的社会公共权力。它是公民权利和社会权力的合金。① 因此,伴随着国家生态治理体系与治理能力现代化的推进与环境共治样态的形成,在生态文明演进与环境法治建设进程中,所呈现的就不能只是国家/政府环境权力的运行与规范,同时还须给社会环境权力与公众环境权利留下作用空间,如在环境立法及环境法律规则运行中的知情权、参与权、表达权、监督权行使与正当程序实现等。

众所周知,正当程序是重要的基本原则。正当程序在性质的认识上一直存在两种不同观点:一种是将正当法律程序本身视为目的,它的存在本身就是宪法内涵以及需要弘扬的价值;另一种则将正当程序当成是提升决策正确性的工具。前者注重正当法律程序的"内在价值"(intrinsic value),可称为"本体说";后者基于工具理性强调正当法律程序的工具价值,可称为"工具说"。按照"本体说",正当程序旨在赋予人民于有关其权益的事项上,有被征询、聆听及告知理由的权利,它表明的正是将人作为主体而不是客体的人性尊严。换言之,无论行政决定的结果如何,由相关当事人参与的程序本身具有内在价值。不能以程序是否发挥某种预定的功能,或程序的提供是否"有用",来决定程序的设计或取舍。在此层面,正当程序即法治精神的体现,不仅体现了正义,其本身就是正义的精髓所在。按照"工具说",正当程序旨在借程序参与将错误决策的风险降至最低,所以重点并不在参与本身的价值,而是经由程序参与的手段确保决策的正确性。因此,正当程序乃是在促使法律内容不偏不倚地实现,至于法律具体为何,则不是其关切的重点。显然,正当程序的"本体说"与"工具说"存在一定的对立。但是,无论采哪种学说,正当程序都凸显了人的主体性。风险社会在主体性层面的基本特点,就是一方面理性主体

---

① 参见郭道晖:《新闻媒体的公权利与社会权力》,载《河北法学》2012 年第 1 期。

明显受到冲击而削弱，另一方面情感主体彰显。而正当程序通过程序理性，为这种情感主体提供了表现的平台和机会，因之成为风险决策合法性的基本保障。对"本体说"而言，程序本身成为关注点，而具体的利益主张和要求的内容在所不论，其实正是一种理想化的决策程序，最大限度地协调了理性主体与情感主体之间的张力；而"工具说"明显更趋向理性的设计，不仅现实的程序是重要的，遵守程序所要实现的目的——生命、自由与财产权利的保护，也是经由理性所预定的。按照"本体说"，正当程序之所以"正当"在于本身的正当性，以及参与的过程本身；而"工具说"所坚持的"正当性"主要是效果检验的，即程序能够达到保障生命、自由与财产权利的效果。

然而，正当程序的"本体说"和"工具说"并非不可调和。我国台湾地区有学者主张一种"富有功能意识的本体说"试图统合两者，认为"本体说固然坚持正当法律程序本身就是值得珍惜的价值，但对于工具说所希望借助正当法律程序去追求的目的，并不排斥。从工具说的角度出发，固然很顺理成章地容许探讨正当法律程序的功能。但只要坚持本体说所强调的程序的本体价值，并没有理论上的障碍"。[①] 无疑，"本体说"和"工具说"本质上都是对正当程序功能或价值的阐述，前者强调的是内在蕴含的功能或价值，后者则注重外在显性的作用。在法律程序理论上并不矛盾，具体的程序实践中操作得当也完全可以统一。"本体说"意义上的正当程序提醒人们注重参与本身，它相当于一种理想的商谈结构。如前文论述，理想的商谈模型是可能的，而基于实践理性的制度的设计必然是"现实的商谈"。"现实的商谈"并不放弃理想，理想商谈中的情感沟通正构成现实的程序设计必需的道德基础。罗尔斯正义二原则很大程度描述就是这么一种正当程序。"一部正义宪法应是一个旨在确保产生正义结果的正义程序……为此，宪法必须集合平等公民权的各种自由并保护这些

---

① 叶俊荣：《环境行政的正当法律程序》，台北，翰芦图书出版有限公司2001年版，第16页。

自由,包括良心自由、思想自由、个人自由和平等的政治权利。"①第二个原则表明社会、经济政策的目的是在公正的机会均等和维持平等自由的条件下,最大限度地提高最少获利者的长远期望,即在立法阶段应制定正义的法律和政策,还包括法官和行政官员把制定的规范运用于具体的案例。尽管如此,罗尔斯说,这种安排经常是不确定的,究竟哪一类宪法、哪一种经济和社会制度会被选择并不总是很清楚的。如果发生这种情况,正义在此范围内也同样是不确定的。并且,"当平等的自由原则被运用到由宪法所规定的正当程序中时,平等的自由原则将被看成是(平等的)参与原则。参与原则要求所有的公民都应该有平等的权利来参与制定公民将要服从的法律的立宪过程和决定其结果"。② 但由于宪法可能规定了范围或广或狭的参与;也可能在政治自由中允许不平等;或多或少的社会资源可能被用来保证作为代表的那些公民的自由价值;等等,参与是受到限制的。③ 对这种因客观条件制约,而不能在公民之间、公民与政府之间形成"实际对话",罗尔斯认为必须转而回溯一种纯粹程序正义的概念:即只要各种法律和政策处在允许的范围内,并且一种正义宪法所授权的立法事实上制定了这些法律和政策的话,这些法律和政策就是正义的。

迈克尔·J.桑德尔认为罗斯尔考虑了三种可能的原则:天赋自由、自由平等、民主平等。自由平等原则旨在修正天赋自由的任意性和偶然性,其理想是提供所有人一个"平等的起点",通过赋予平等机会(如受教育和培训)使那些具有相似天赋和能力的人能够拥有"相同的成功前景"。但其目标却是一种"公平的精英统治",因为"接下来消除不平等"的民主平等(差异原则),它不是要铲除人与人之间的所有差异,更不是消除天赋的不平等,而是对收益和责任的方案进行安排,使得最少部分人可能分摊到幸运的资源,这种结果不平等的分配会使社会成员中最缺乏优势的那部

---

① [美]约翰·罗尔斯:《正义论》,何怀宏等译,中国社会科学出版社 1988 年版,第 195 页。

② [美]约翰·罗尔斯:《正义论》,何怀宏等译,中国社会科学出版社 1988 年版,第 211～217 页。

③ 参见[美]约翰·罗尔斯:《正义论》,何怀宏等译,中国社会科学出版社 1988 年版,第 219～226 页。

分人受益。① 更重要的是费雷德里克森指出，罗尔斯的远见卓识——公平和正义具有参与和对话的性质，使公共管理者认识到实践中的公平，只有通过受到影响的公民的参与，使他们在决定形成的过程中有真正说话的机会，才能确定。② 这种公民参与、实际对话——协同及由此确定的公平，如昂格尔所说，"是实际破坏依附与统治的关系……实质正义可以通过实质性的平等保护理论而发挥作用，它确定了道德上所要求或可以证明为合理的区别对待"③。需要指出的是，"差异原则"不仅要体现在程序性规定之中，体现在参与的过程之中，如鉴于参与当事人经济、社会方面的不平等，以及"知识落差"，正当的程序应该倾斜保障他们充分获得信息、阐明意见的机会。同时，"差异原则"也需要体现在实体性规范之中，以保证借助程序能够实际性改善最不利者的境况，这点正是正当程序"工具说"的重要意义。如此，法律正当程序的功能可以整合为下述三方面：

其一，权利保障。权利保障无疑是正当程序的首要功能。从宪法上的人权保障出发，正当程序的要求与其他人权清单上的基本权利一样，都是出自推翻专制政权后对政府的不信任，试图借宪法固定人类信仰的基本价值，防止政府滥用权力。其二，提升行政效能。自工业革命以来，经济发展、人口增长、城市化进程、环境与生态危机等使得传统的公共行政内涵日益复杂，政府职能在质与量上都发生巨大的变化，传统以防止政府权力滥用为根本目的的法律体系相应地渐次因变。在公共行政领域，除了传统的政府权力滥用之外，如何提高行政效能成为法律必须考虑的问题。相对于权利保障功能，正当程序的行政效能提升是一种积极功能，它建立在权利保障的基础之上。其三，实现人的尊严。随着人本主义思潮泛起，法律正当程序在保障权利、提升行政效能之外，实现人的尊严作

---

① 参见[美]迈克尔·J.桑德尔：《自由主义与正义的局限》，万俊人等译，译林出版社2001年版，第85~86页。
② 参见[美]乔治·费雷德里克森：《公共行政的精神》，张成福等译，中国人民大学出版社2003年版，第97页。
③ [美]R.M.昂格尔著：《现代社会中的法律》，吴玉章译，译林出版社2001年版，第213页。

为正当程序固有的本体价值晚近日益受到重视。不过,正当程序实现的人的尊严价值应该属于程序内在蕴含的价值。作为对近代法治模式下强调程序的工具性价值的反思与批判,它着眼于通过正当程序本身以体现自我、实现自我,满足人之成为人的基本需要。

正当程序三大功能的实现构成程序"正当性"的基础,也是公共行政"合法性"/"正当性"的制度条件。申言之,通过能够发挥权利保障、行政效能提升、人的尊严实现作用的法律程序,行政权的行使也就具备规范意义的"合法性"/"正当性"。不仅如此,三大功能显然也是定义程序本身以及公共行政"正当性"的基本要素。拉德布鲁赫认为,(存在)三种对法律可能的思考:涉及价值的思考,是作为文化事实的法律思考——它构成了法律科学的本质;评判价值的思考,是作为文化价值的法律思考——法哲学通过它得以体现;超越价值的法律思考,是本质的或者无本质的空洞性思考——是法律宗教哲学的一项任务。所以,从理论层面定义某种事物,拉德布鲁赫指出,当人们尝试对一件非常简单的人类作品,如桌子进行定义时发现:通过描述其本质或归纳其特征的定义——"桌子是一块带有四条腿的平板",不如通过其用途能更好地区分它们——"桌子是一件用具,是为坐于它旁边的人摆放东西的用具"。① 卡西尔同样力推"功能性定义"。他说:我们不能以任何构成人的形而上学本质的内在原则来给人下定义;我们也不能用可以靠经验的观察来确定的天生能力或本能来给人下定义。人的突出特征,人与众不同的标志,既不是他的形而上学本性也不是他的物理本性,而是人的劳作。② 当然,法律价值不同于法律事实,却也并非完全无关事实。以功能(价值)定义的法律正当程序,其事实层面也即正当程序的内容,最重要的就是一系列保障人民广泛参与的制度规范,尤其是其中对弱势者及其表达权利的保障性规范。

在很大程度上,宪法上的法律正当程序规范及其相关理论阐述,是

---

① [德]G.拉德布鲁赫:《法哲学》,王朴译,法律出版社2005年版,第3页。
② 参见[德]恩斯特·卡西尔:《人论》,甘阳译,上海译文出版社2004年版,第95页。

基于近现代以来环境问题产生的社会背景的。环境问题的议题及相应的环境法治自始内涵的民主与科学的对峙，问题解决的决策客观上必然是科学技术、经济、社会、政治、文化之间的复杂关系的交集，使得精心设计正当的法律程序成为必需。尽管这种程序本身并不能解决事实层面的诸如水、空气污染等问题，但它无疑却是解决文化层面的"环境问题"的基本途径，在法治的框架下并且是唯一的途径。不过，宪法上的正当程序具有广泛性，具体到环境行政决策的理论与实践领域，仍然会有其独特的性质。现有学者对环境法治建设及环境法发展特质的归纳，有两种比较有建设性的观点：一种是认为其有浓厚的科技背景、广泛的利益冲突、隔代平衡以及国际关联四项特征。① 另一种强调环境法的"限制法"特点。② 应该指出，严格来说，第一种看法并未阐明环境法治建设及环境法发展的特质，很大程度上它指出的是环境问题的特点。从并不严格的法的理论层面，可以认为环境法治建设及环境法发展具有这四方面特点，但其他与科技有关的法制或多或少地也具有这四个方面特点。第二种看法强调环境法就是权利与利益的"限制法"，因而明显不同于传统法律体系，具有正确性。环境问题的议题提出之日，无疑就指向对环境物质利用行为（经济行为）的限制，随着环境保护范围的日益拓展，人们的日常生活方式与习惯也被纳入法律的"限制"范围，如固体废弃物的回收与处置。

三、以程序性参与为核心的制度完善要点

显然，环境决策的正当程序和一般行政程序所不同的特点就在于并不体现程序的权利保障功能。正因为环境决策的正当程序并不具有权利

---

① 叶俊荣：《环境政策与法律》，台北，月旦出版股份有限公司 1993 年版，第 133～168 页。

② 认为环境问题是人类活动及其影响超出环境承受能力的极限所造成的后果。解决环境问题最根本的办法是分配，即把有限的环境资源在人类广泛的欲求之间做"相持而长"的分配。这种资源分配不同于收益分配，它体现的基本精神是义务。把体现义务精神的分配方法引入环境立法，必然导致环境法由传统的权利本位转变为义务本位。环境法不得不采用资源分配的办法，以义务为本位，这是由环境这种特殊的物质条件所决定的。参见徐祥民：《极限与分配——再论环境法的本位》，载《中国人口·资源与环境》2003 年第 4 期。

保障功能,种种环境权理论总是欠缺解释力。当然,必须特别说明的是,正当程序的权利保障功能是工具性价值,是就事后的效果而言的,环境决策程序并不旨在保障当事人的自由和财产权,指的是结果意义上的实体权利。至于程序性的权利,如参与权、陈述权等则正是程序正当性本身的特点。有相当部分的学者企图据此而提出程序性的环境权概念。诚然,环境问题相比于其他社会问题具有明显的复合与复杂性,往往"牵一发而动全身",因而以参与为中心的程序性权利是至关重要的。但是,若将参与环境决策等相关的权利称为程序性的环境权,明显有贴标签的味道。因为环境参与等程序性权利和其他类型的程序性权利并不具有价值层面的差别,程序内容上差异是所有不同类型的程序共同的特点。按照上文主张的功能性定义,"程序性环境权"显然难以在理论上证立。学者们念念不忘建构环境权概念以统领整个环境法理论,相当程度上是传统法学理论思维的延续,毕竟环境保护早期的法律实践大多是借助侵扰诉讼,或通过财产权保护方式。正如艾奇逊(Acheson)所说:"19世纪所有法律中能包容万象的概念都是关于财产权利的概念。任何事物都能被归类为财富信誉,隐私以及家庭关系。而当新的权益需要保护的时候,这一权益的生命力取决于其能否与财产权建立联系。"[1]迄今,通过财产权或人身权的私法诉讼方法保护环境的局限性已获得公认。可以说,现代大多数国家的环境法治建设与发展正是在突破这种局限性的基础上发展起来的。环境保护虽然也包括国家直接实施物质性或非物质性的保护措施,但国家环境保护的最主要方面——环境管制,无疑就是对私人科以义务或禁止私人的行为。环境法根本上就是义务本位的法,这种义务体系包括国家义务、一般民众的义务以及经济实体的义务,源于法的实践理性要求。环境法治建设与发展唯有通过课加义务以及监督义务履行才能有效实现其中的法律目的——环境保护。因而,并不妨碍从纯粹理论理性角度将环境权确立为一种基本人权。但人权作为人之为人的权利,就是人的主体性表达,蕴含在所有法律规范之中。从法律程序

---

① Acheson,D. G. Book review,*Harward Law Review* 338,1919,p. 330.

角度而言，所有的正当程序（如刑事诉讼、行政听证等），其独立性价值就体现为这种内蕴的人权——人性尊严的价值。环境决策程序不具法律权利的保障功能，那么，它和实体法律所联结的是什么呢？显然，环境法"限制法"的特点决定着它的工具性价值就是实现义务分配的合法、合理化。义务分配的合法、合理化构成环境决策程序"正当性"的外在评判标准。

值得一提的是，《环境保护公众参与办法（试行）》经 2015 年 7 月 2日环境保护部部务会议通过，2015 年 7 月 13 日环境保护部令第 35 号公布。该办法共 20 条，自 2015 年 9 月 1 日起施行。其中，第 3 ~ 4 条规定："环境保护公众参与应当遵循依法、有序、自愿、便利的原则。""环境保护主管部门可以通过征求意见、问卷调查，组织召开座谈会、专家论证会、听证会等方式征求公民、法人和其他组织对环境保护相关事项或者活动的意见和建议。公民、法人和其他组织可以通过电话、信函、传真、网络等方式向环境保护主管部门提出意见和建议。"第 7 条规定："环境保护主管部门拟组织召开座谈会、专家论证会征求意见的，应当提前将会议的时间、地点、议题、议程等事项通知参会人员，必要时可以通过政府网站、主要媒体等途径予以公告。参加专家论证会的参会人员应当以相关专业领域专家、环保社会组织中的专业人士为主，同时应当邀请可能受相关事项或者活动直接影响的公民、法人和其他组织的代表参加。"第 9 ~ 10 条规定："环境保护主管部门应当对公民、法人和其他组织提出的意见和建议进行归类整理、分析研究，在作出环境决策时予以充分考虑，并以适当的方式反馈公民、法人和其他组织。""环境保护主管部门支持和鼓励公民、法人和其他组织对环境保护公共事务进行舆论监督和社会监督。"当然，这里参与的主体主要是"专业人士"，对于一般社会公众的意见似乎有着"兼顾"意思，将对公众参与的充分实效产生影响。

显然，我国以程序性参与为核心的制度完善，尚任重而道远。结合我国的实际，有以下几个关键方面：

其一，指导理念上须认识到环境问题绝不只是一个纯粹的科学/技术问题。科学与民主的对峙关系是环境法律制度建设与实践必须面对的问题。体现到具体的制度规范上,就是要将程序的人性尊严保障作为基本原则,统领整个制度的建设,贯穿制度规范的始终,使尊重民众的主体性成为制度实践不可动摇的根本要求。唯有如此,民众相应地才会尊重专业的判断,自觉地摒弃盲目、空想的焦虑。同时,在制度框架内,政府、企业、专家坦诚地倾听民众所有要求、主张,彼此交换各种意见,也是通向信任的桥梁。

其二,在具体规范的设计上须突出保障公众参与的实效性。首先,在信息公开方面,必须要以能够让普通公众全方位、及时与准确地了解到环境保护以及环境法治建设与发展的所有基本情况为标准,彻底摒弃"隐蔽"与"神秘"性。其次,在信息公开的方式上,必须规定法定的方式。《环境保护公众参与办法(试行)》列举了官方网站、媒体和其他公众平台等方式,但却将方式的选择权赋予信息公开的义务主体,实践中,如江西彭泽核电项目的相关信息江西省九江市政府"选择"其政府网站和《九江日报》上予以公示,从而使安徽望江公众获取信息的渠道受到限制。最后,在公众参与方面,《环境保护公众参与办法(试行)》对公众参与规定了调查表、召开座谈会以及举行听证会三种形式,但同样规定项目建设单位或者其委托的环评机构自行选择采用何种方式。当然,明确规定公众参与的基本方式不容许选择的同时,还应注意到调查、座谈、听证等这些方式的局限性,有必要增加概括性条款,即其他公众可能采取的方式,如信函、电子邮件及陈情等。在公众参与规定方面,还有迫切需要改进之处是"公众参与意见的反馈机制",《环境影响评价公众参与暂行办法》规定,对于公众提出的意见,建设单位或其委托的环境影响评价机构应在环境影响报告书中附具是否采纳公众意见并说明原因。然而,通常情况下,公众仅能查阅环境影响报告书简本,那么提出意见的公众根本无法知晓环评报告全本中关于是否采纳公众意见以及原因说明的内容。并且,按照现行立法规定,对于公众意见,审批主管部门"认为必要时"才会被核实,从而加以考虑。公众再次沦为纯粹的"信源",参与的主体性彻底丧失。

其三,正当程序具有独立价值,但程序绝对不是隔绝于实体规定,相反,离开了合理的实体规范,程序的功能也难以正常发挥。(1)商谈首先须以尊重参与者的主体性为核心。如果权力主体和公众之间不能形成商谈结构,法律就会沦为纯粹的压制。公众在强力面前可能会屈服,但绝不会同意,不可能采取合作的态度。商谈的结果没有实体的正确性,却有实体的可接受性。法律的商谈不是理想的商谈,商谈的结果不可能是各种对峙意见与观点妥协、平衡与折中的产物。但是,程序的正当性所蕴含的对主体人格的尊重,参与者充分阐述个人意见并且被他人认真倾听和考虑的机会,会极大地促进结果的可接受性。当那些被法律规制的主体,内心真正接受之时,他们也就能够主动地遵守法律规范,采取环境保护措施。因而,我们也应看到,正当程序的价值带给执法对象以人格上精神利益是至关重要的。(2)商谈基于权力与权利主体的相互法律规则阐释及论证学习为开端,目的为达成共识。从纸面的法律规范到具体的裁判结果,绝对不是简单的三段论关系,而必然是一个法律的合理性和正当性的论证过程,更是一个基于法律的合理性和正当性论证而达成共识的过程。正如政府的环境执法,从一方面看,政府的环境执法是违法调查、判断、执行等一系列活动的总和;但从另一方面看,政府的环境执法过程又是一个对法律的解释过程,通过对法律的解释,形成共识的过程。(3)依据商谈规则的程序运行是重要环节。如罗伯特·阿列克西认为的商谈,主要是一种程序理论,一个规范的正确性或一个陈述的真值取决于这个规范或陈述是不是/或者是否可能是一个特定程序的结果。"依据商谈规则的程序运行才是正确性标准。"①所以综合而言,商谈不是利益的妥协与交换,法律的严肃性依然要得到完整的保持。在商谈的程序性价值之外,必须在实体性内容方面有所作为。

---

①　[德]罗伯特·阿列克西:《法、理性、商谈法哲学研究》,朱光、雷磊译,中国法制出版社2011年版,第112~120页。

第五章 公众环境权利彰显：
激励机制的完善

第一节 公众环境权利及激励机制的
界定与理论基础

《宪法》第 26 条明确规定："国家保护和改善生活环境和生态环境,防治污染和其他公害。"而 2020 年 5 月 28 日通过,2021 年 1 月 1 日起施行的《民法典》第 9 条也对"绿色原则"进行了明确规定,强调"民事主体从事民事活动,应当有利于节约资源、保护生态环境";而且在第七章,对"环境污染和生态破坏责任"进行了专章规定。① 这些无疑都意味着——伴随着生态

_____

① 《民法典》第七章(第 1229～1235 条)就"环境污染和生态破坏责任"进行专章规定:第一千二百二十九条 因污染环境、破坏生态造成他人损害的,侵权人应当承担侵权责任。第一千二百三十条 因污染环境、破坏生态发生纠纷,行为人应当就法律规定的不承担责任或者减轻责任的情形及其行为与损害之间不存在因果关系承担举证责任。第一千二百三十一条 两个以上侵权人污染环境、破坏生态的,承担责任的大小,根据污染物的种类、浓度、排放量,破坏生态的方式、范围、程度,以及行为对损害后果所起的作用等因素确定。第一千二百三十二条 侵权人故意违反国家规定污染环境、破坏生态造成严重后果的,被侵权人有权请求相应的惩罚性赔偿。第一千二百三十三条 因第三人的过错污染环境、破坏生态的,被侵权人可以向侵权人请求赔偿,也可以向第三人请求赔偿。侵权人赔偿后,有权向第三人追偿。第一千二百三十四条 违反国家规定造成生态环境损害,生态环境能够修复的,

文明的演进与环境法治建设的推进,伴随着国家生态治理体系与治理能力现代化,公众环境权利保障正进一步得以彰显与强化。

一、公众环境权利的进一步界定

伴随着当代宪法环境权的主流呈发展和扩展态势,环境权入宪正在成为越来越多的国家的自主选择。综合 80 多个国家宪法环境权规范的内容及其实施情况可知,宪法环境权是指公众有享用清洁健康环境的权利,即"一切单位和个人都有享用清洁健康环境的权利"。公众环境权是一种体现环境公共利益的基本人权;是在环境保护时代兴起的一种具有非排他性、公众共同享用性的权利类型;是体现环境保护价值观和生态文明理念、不同于传统的或既有的权利的一组新型权利。[①]有学者认为,权利可以区分为利他性权利和利己性权利。这在环境领域也有着自己的特定表现与特殊性。在一定程度上,"公众环境权利"是指公众基于"私人"身份所享有的环境权利和利益。其权利主体虽然是公众,而权利却并不一定仅仅与私人利益相联系。因此,从行使权利所造成的结果看,公众环境权利的行使会对环境本身产生有利的影响,同时客观上可能增进或者维护了环境公共利益。对于公众环境权利,可从权利主体、性质与内容等方面对其进行界定。

（一）公众环境权利的主体界定

在法理学中,权利具有当然的"私"属性。在当今社会转型变革的过程中,公民权利意识得到极大地张扬。对于政府时而怠于履行环境保护之责,学界不少人提出要采纳西方学者对权利含有力量的解释。在环境法学界,相应地存在环境权归属的"公"与"私"、性质的"权力"说与"权

国家规定的机关或者法律规定的组织有权请求侵权人在合理期限内承担修复责任。侵权人在期限内未修复的,国家规定的机关或者法律规定的组织可以自行或者委托他人进行修复,所需费用由侵权人负担。第一千二百三十五条　违反国家规定造成生态环境损害的,国家规定的机关或者法律规定的组织有权请求侵权人赔偿下列损失和费用:(一)生态环境修复期间服务功能丧失导致的损失;(二)生态环境功能永久性损害造成的损失;(三)生态环境损害调查、鉴定评估等费用;(四)清除污染、修复生态环境费用;(五)防止损害的发生和扩大所支出的合理费用。

[①]　参见蔡守秋:《环境权实践与理论的新发展》,载《学术月刊》2018 年第 11 期。

利"之纷争。但如前文所述,将权利界定为主体的法律上地位或资格,截然区别于以支配力为根本要素的权力。因此,从此角度展开,权利的主体就是政府之外的公众主体。公众作为最终权利的享有者,是当然的也是最重要的权利主体。"自然人是一个个具有鲜活人性的个体,有着各种各样的好坏需求。他们是环境权利的真正主体,是舒适、健康、优美环境的受益人。"①

与此同时,在法律实践中,我国环境法律制度的很多内容又都是围绕企业环境义务展开,企业常常被定位为被动的守法者,必须严格遵守法律的规定,承担大量的环境义务,但却较少有权利方面的保障。例如,在我国《环境保护法》中,企业事业单位是重要的义务主体,有将近三十条的条文规定涉及企业事业单位的环境义务。在学界,学者们也通常围绕企业所承担等环境保护义务和环境保护责任展开论述。

(二)公众环境权利的性质界定

在个体从私人领域进入到公共领域之前,权利是一种人人具有的、平等的、天赋的、不可消灭的自然权利②,是一种自我利益的表达。"权利的原始哲学是利己,义务的原始哲学是利人。利己的权利表现为获取,利人的义务表现为贡献。"③在自由主义的观点中,个人的权利优于一切,个体在不侵犯他人利益及公共利益的前提下可以自由地追求自己的私利。在这种逻辑下,私人领域中的公众完全可以安享消极的个体权利保护,而不必进行公民资格的实践。④ 随着个体从社会生活的私人领域进入到公共领域,个体的权利性质发生了变化。权利发展为具有"公"属性的,以公共利益为本位的表达自由。自由资本主义也发展强调社群整体性和公共善优先的共和主义,倾向于从对政治生活的积极参与以及对共同体义务的积极承担出发来定义公民资格,并由此倡导积极自由和积极公民的共

---

① 余俊:《环境权的文化之维》,法律出版社2010年版,第50页。

② 参见王蓉:《环境法总论——社会法与公法共治》,法律出版社2010年版,第140~147页。

③ 李艳霞:《公民资格与社会福利》,中国社会科学出版社2012年版,第57~62页。

④ 参见宋建丽:《公民资格与正义》,人民出版社2010年版,第29页。

和主义。① 个体由"利己的、精于算计的个人"向"公众"转变。

据此，按照国家/政府环境权力—社会环境权力—公众环境权利的三层次划分方法，社会环境权力的理论基础是公民资格理论。而相应的，从性质而言，公众环境权利是利己性的、以个体为本位的权利。公众环境权利主要是由私法调整的平等主体之间存在的关系，权利行使的结果可能会间接影响到公共利益，但从本质和目的而言设置公众环境权利的目的是主要是维护个体利益。从损害的角度界定，对公众环境权利的损害是以环境为媒介造成公众主体自身生命、健康、财产等方面的损害，而非对环境本身或环境公共利益的损害。

（三）公众环境权利的内容界定

公众作为具有差异性的个体，对于公众环境权利的需求各有不同。但是，从环境公众主体的视角出发，无论自然人、企业抑或其他社会组织，都应该享有为了自身利益对环境进行享受、开发和利用的资格，以及避免他人以环境为媒介造成自身损害的权利。公众环境权利可以分为原权利与救济性权利。其中原权利属于分配正义的范畴，是法律对当事人资格的一种赋予，对社会资源的一种分配。而救济性权利属于矫正正义的范畴，是当事人原权利受到侵害时所享有的权利，当事人可以依据此权利向侵害人提出请求。②

依据该划分标准，公众环境权利的内容也可以分为两大部分：一是实体性权利，即获得良好环境、开发利用环境资源的资格；二是救济性权利，即公众环境权利在受到不法侵害时，可以请求除去其侵害，在有被侵害之虞时，可以请求防止。具体而言，包括：

其一，与个人财产、人身直接相关，并与个人生产生活密切联系的环境资源开发利用权、相邻权、日照权等。

其二，对于既与公众生存和健康直接相关，又与公益性或公共性密切联系的清洁空气权、清洁水权等存在争议的权利。这些权利的侵害在可

---

① 参见宋建丽：《公民资格与正义》，人民出版社 2010 年版，第 40 页。
② 参见白飞鹏、李红：《私法原则、规则的二元结构与法益的侵权法保护》，载《现代法学》2002 年第 2 期。

能造成公众环境权利损害的同时,也将会出现公私利益交织的情形,而个人可以自行选择通过何种方式进行救济。例如,如果环境破坏或污染行为造成环境污染,这时对于环境本身的损害属于公共利益的损害,侵害了公众的清洁空气权、水权等环境权,但与此同时环境污染的后果,也可能以环境为媒介造成了公众主体的人身和财产损害,那么这时候其侵害的为公众环境权利。

其三,对侵害权利的行为的排除是权利本身的内在属性,从这个意义上来讲,公众环境权利对应了公民个人、法人、国家等主体的不作为义务,包含了义务主体违反不作为义务时,权利人通过诉讼等方式要求停止侵害、恢复原状、赔偿损失等权利。

二、法律激励与权利激励的界定

激励,在词典及网上释义中,是"激发鼓励"或"激发勉励"的意思。激励涉及两个主体:激励方(实施激励的一方)和受激励方(接受和获得激励的一方),主要针对"社会积极评价的行为",凡是能"体现公平正义的行为,都会获得积极评价,从而成为激励的标的,反之则不是激励,而是'诱使'或反面刺激"①。社会学角度下,激励是指激发和鼓励人们从事社会评价的行为,或者对这种行为的后果进行奖赏或惩罚,包括正面激励和负面激励。但负面激励多用于企业人才管理等方面,法律所言"激励"主要指奖赏等正面激励。具体而言,法律激励机制是法律对人的特定行为实施激励的各种方法、手段和制度的有机体。法律激励机制作为法律控制的方法之一,其法律功能表现为对行为本身的激励和行为背后利益的调控,是对于行为的积极促进,具有引导促成积极法律秩序的作用。其法律功能表现为对行为本身的激励和行为背后利益的调控,即积极的行为促进。②

法律激励通过不同角度可以分为不同类型,例如,何艳梅教授根据激

---

① 何艳梅:《环境法的激励机制》,中国法制出版社2014年版,第2页。
② 参见赖文伊:《城市生活垃圾分类激励机制研究——以成都"绿色地球"城区居民生活垃圾分类为例》,天津师范大学2017年学位论文。

励主体的不同,将法律激励机制分为官方激励和社会激励;根据激励效果的不同,将法律激励机制分为泛激励和实激励,又将泛激励分为政策宣示激励和权力(利)激励;根据激励标的的不同,将法律激励机制分为赋能激励和奖赏激励;根据激励内容的不同,将法律激励机制分为行为激励和结果激励;根据激励方式的不同,将法律激励机制分为自我激励和他方激励等。[1] 上述分类方法,为法律激励机制的研究提供了类型化的思路。在实践中,法律激励方式的运用是多层次、多方面的,上述各类激励机制的分类是对激励机制的静态和理论分类。从动态和实质角度来看,法律的本质要素是权利义务。在我国法治进程中,法律激励机制实践的蓝图也是以法律权利与法律义务为核心角色进行搭建的。[2] 法律激励的目的是通过法律上权利义务的设定,以满足和符合行为人的需求和本性,从而达到改变行为人行动方向、行为方式的目的。

在法律激励的过程中,激励的对象虽然有公民个人、社会、国家等各个主体,但个体是法律制度中最基本、最重要的激励对象。法律的激励实际上是以个体作为主要激励对象,通过构建多层次的权利体系,将多种激励因素转化为权利体系,从而满足个体的多层次需要。也就是说,法律激励机制制度是以权利和义务为核心的机制运行模式,而个体的权利激励是激励制度发挥作用的关键点和激励行为的落脚点。权利激励是否能够生效、是否能够影响行为人的决策和行为模式,是决定激励机制是否生效、预期激励效果是否实现的关键。

三、激励机制配置与运行的理论基础

对于法律为何要对人的特定行为、对权利的行使实施激励,从心理学、人性论、管理学角度都有不同的认识和理论分析。[3] 但从制度的角度展开,公众环境权利激励的理论基础应该是法的有效性理论。对公众环境权利进行激励的根本原因在于提高环境法治建设与发展的实效性。

---

① 参见何艳梅:《环境法的激励机制》,中国法制出版社 2014 年版,第 10~19 页。
② 参见丰霏:《当代中国法律激励的实践样态》,载《法制与社会发展》2015 年第 5 期。
③ 参见倪正茂:《激励法学探析》,上海科学院出版社 2012 年版,第 442 页。

在《法律制度——从社会科学角度观察》中，弗里德曼从实用主义、法实施效果角度提出了法的有效性理论。弗里德曼认为："所谓法的影响，指群众的遵守、利用、规避法律规则的行动中与法行为有因果关系的那一部分。在法的影响中，符合法行为的意图的人们行动的变化则被称为法的效果。"当法律行为与某人的行为有因果关系，它就有了影响。当行为按希望的方向而动，当对象遵守时，法律行为就被认为"有效"。

当对影响法的有效性的因素进行论述的时候，弗里德曼认为，制裁即威胁和许诺是对对象起作用的首要方式。除此之外还有同等地位人集团的影响；内在价值，即良心和有关态度，合法和非法的概念和值不值得服从等方式。① 在通过制裁对社会进行控制、引导行动，执行政策时，可以大量依靠不同机制。"市场是一种机制。市场是私人的，但它要靠国家行为建立、实行或鼓励。大力依赖强制的刑事司法制度是另一种机制。发许可证和行政管理构成另一种普通机制。另一种机制是允许或促进有关当事人谈判协商，还有一种是通过自有选举选择；还有任意选择。"②

那么，根据弗里德曼的法的有效性理论，市场的、私人的、激励性的机制抑或制裁性的、威胁机制都对法的影响和效果具有重要作用。在制度选择和建立中，从实效性考虑，哪种机制使法律能够更有效地被遵守、被实施，就应该选用哪种机制；哪种机制影响了法律实施的效果就应该被完善或加强。具体到我国的环境法律的实施上，环境利益的保护依靠两种路径，一种是自上而下的，由国家和政府作为法律运行的主体，公民个人、企业作为被治理的对象，以公众环境利益为核心，以环境义务主要内容，以制裁性的、强制性的规范保障实施的路径；另一种是自下而上的，以公民个人、企业作为权利主体，以公众环境权利为内容，以市场机制和制裁机制共同保障实施的路径。前一种运行模式被认为是环境法治建设与发展的根本运行模式，是真正对公共环境利益和价值进行法律调整的方式。

---

① 参见［美］劳伦斯·M.弗里德曼：《法律制度——从社会科学角度观察》，李琼英、林欣译，中国政法大学出版社2004年版，第80页。

② ［美］劳伦斯·M.弗里德曼：《法律制度——从社会科学角度观察》，李琼英、林欣译，中国政法大学出版社2004年版，第108页。

后一种运行模式被认为是公众环境权利的个体权利保护。社会各方对前者运行模式的弊端的认识基本达成一致，认为自上而下的运行方式、以义务为本位的立法方式、以行政执法为核心的实施方式，是影响环境法治建设与发展效果的主要原因。但这种思路忽视了两种机制都是影响环境法治建设与发展的重要因素。后一种运行模式的薄弱、不足以及缺失，是造成我国环境法律实施效果不佳的重要原因。正如耶林在《为权利而斗争》中曾经指出，"对于国民施行政治教育是私法，绝不是公法。国民在必要的时，若能知道如何保护政治的权利，如何于各国之间防卫国家的独立，必须该国民在私人生活方面，能够知道如何主张他们自己的权利"①。公众环境权利的享有和行使是社会环境权力行使的前提和保障，是国家/政府环境权力履行的补充和监督。但法律规则并非一成不变的，公众环境权利的实现不仅需要公众知道如何主张权利，而且需要公众有能力、有意愿、有动力主张权利。那么这时候就需要激励机制去引导、促进公众积极行使权利，使公众从被动的、消极的守法者成为积极的、自觉的法律实施者和运行者。

第二节　公众环境权利彰显中激励机制的运行

一、基于正当性与必要性的分析

　　法的运行常被认为包括立法、执法、司法、守法、法律监督等整个过程。一般意义上，法作为一种由国家制定或认可并由强制力保证实施的规范，其运行的过程中暗含着强制性、国家意志性。在法的运行过程中，国家、行政机关等公主体在立法、执法、司法中的地位和作用不言而喻，但公众主体的作用却常常被忽略，而仅仅在守法中作为被动守法的主体。在环境法治建设与发展中，这种情况更为普遍和严重。我国环境法律的确立与发展从一开始就是由政府推动的。1972 年联合国人类环境会议

① [德]鲁道夫·冯·耶林：《为权利而斗争》，郑永流译，法律出版社 2007 年版，第 12 页。

以后,1973年国务院召开了第一次全国环境保护会议。会后,国务院批转了《关于保护和改善环境的若干规定》,形成了中国环境法规的雏形。之后环境法律逐步完善和发展,环境法律的运作主要依靠政府启动和推进,由政府或相关部门立法,实行从上而下对单位和个人进行执法和适用法律的模式,私人处于被动地位。我国环境法也因此而被称为"治者之法"。环境法治建设与发展呈现"重公共主体轻私人主体;重利益限制轻利益增进;重命令控制手段轻激励刺激方式"的特征。由于环境法治建设与发展此种方式在实践中出现了失灵的状况,因此通过激励公众环境权利,改变现有环境法治建设与发展的主体、方式和方向具有必然性和正当性。

(一)公众是环境法治建设与发展的重要主体

一直以来,环境保护被视为政府的责任,政府被认为是生态文明建设与环境法治运行过程的主导者和推动者。但这种认识定位及思维方式在实践中也存在着诸多方面的问题。以环境执法为例,政府行政管制本身存在内在的缺陷,主要体现在:其一,环境问题决策的复杂性导致决策不当,以及实施决策的随机性。其二,政府的环境行政监管不力与失当。其三,因环境要素牵连的相关政府部门的寻租行为和对智力、物力等社会资源的浪费。就政府决策不当而言,若各个有关环境问题的政策在部门间协同不力,则可能致使相关政府部门在经济与环境保护目标相平衡问题上,会选择经济目标而放弃环境目标,从而影响部门间的协同合作和环境法调整机制的实施效力。同时,在环境行政监管中寻租行为的存在,也将使污染者、受污染者与环境保护机关间存在非正当的博弈动机。其四,就政府环境行政监管手段而言,单一性的强制手段将使企业处于被动状态,消极执行环境行政机关命令。如此将导致企业缺乏应有的热情,限制其能动性与创造性的发挥。如果仅凭环境行政机关孤军奋战,那么依靠强制手段则必是无力应对,从而在事实上招致环境行政机制的效力不彰,难以达到应有的环境法调整机制实效,在宏观上也将使环境执法陷入困境,进而限制环境法调整机制的运行,损害环境法的权威与尊严,阻碍环境法的价值与目的的实现。①

基于此,需重新审视公众主体在立法、执法、法律监督等环境法运行过程中的地位和作用,发挥其比较优势,与政府一起真正实现环境协同共治目标。尤其是与公众主体为维护与自身利益密切相关的公众环境权利,对违法者进行监督、寻求救济等行为,可以在推进环境执法、司法等过程中发挥优势,扮演重要角色:

1. 发挥信息优势。公共机构具有专业的监测和侦查技术,能够较为便利地获取与环境违法相关的信息。但受制预算、执行成本等各方面的因素,即使最强有力的公共机构也不可能对所有环境违法行为进行监控、监督,充分执行所有的环境法律。因此,在很多情况下,公众作为环境违法行为的受害者,会比公共机构更早、更全面地发现和了解违法行为,可以第一时间调查和收集证据,并且损失者比公共机构更清楚环境违法行为所造成的损失情况。

2. 呈现效率、便捷与动力。侵犯公众环境权利的环境违法行为往往发生于公众周边,因此公众能够更容易发现和获知违法行为。由公众向公共机构提供违法信息,推进环境行政执法,会比环境公共机构通过调查、监控等行为发现环境违法行为的成本更低、更有效率。并且,这样一来也就易于推进环境执法走出因囿于公共部门的不作为或不能作为而出现失效的境况。此外,当公众自身环境权益受到侵害时,公众也可借助自己的积极参与,改善周边的环境质量境况,保护自身的环境权益和经济利益。无疑,公众对于环境执法、司法等进程的推进,有着内在强烈的动力。

3. 克服环境规制的不足。环境规制俘获理论表明,由于来自保护被管制者利益方面的压力、影响和贿赂,规制机构在执行法律、满足公益目标上是低效的。公共选择理论表明,公共机构为追求自身利益最大化在执法过程中会与环境公共利益的目标发生冲突。在环境规制过程中,环境行政不作为、环境执法不力、选择性执法是规制不可避免的内在局限。

---

① 参见钭晓东:《环境法调整机制运行双重失灵的主要症结》,载《河北学刊》2010 年第 6 期。

但是,公众在推进上述环节的过程中,其中的动力或是为了维护自身利益,抑或受道德驱动维护环境公共利益。而且这也无须对公众的环境执行与司法推进行为支付工资,公众在其中并不存在被收买、贿赂等"俘获"的空间,也不存在法律所保护的利益与自身利益冲突的情况。无疑,公众对于环境执行等相关环节的积极推进,可以克服环境执法中存在的腐败、渎职、懈怠、滥用职权等弊端。①

(二)激励是促进环境法治建设的不可或缺机制

就以往的环境法治建设传统看,法律调整机制的运行存在明显的命令控制中心主义倾向。主要表现为两种思维定式:其一,政府为生态治理唯一主体,因此政府是"命令控制"的唯一且当然主体。其二,政府的监管形式只有"命令控制"一种,即使经济刺激机制也赖于行政实施,从而偏向"命令控制"机制的"单中心"。显然,这两种思维定式都存在诸多不足,若单纯使用以行政强制为主体的命令控制手段,必将使法律调整机制的运行面临难以克服的局限。因此,传统的"以命令控制为中心"思维惯性及法律制度安排取向,不利于及时适应并治理复杂的环境问题。所以,必须变革传统的思维惯性,在充分虑及多样性区域环境问题以及生态治理条件基础上,拓展环境行政非权力机制,促进维护者与方式的多元化,在政府善治指引下,建立环境保护激励制度,唤醒环境民主自决,优化环境法调整机制运行。②

环境保护激励机制是指地方各级人民政府及环境保护管理部门为了减少污染排放,提高资源利用效率,实现生态文明和可持续发展的目标,通过赋予主体权利、明确责任和义务,诱导公民、法人、社会组织等经济和社会活动主体克服利己性,积极地、自觉地、主动地采取有利于环境保护的行动,从而使环境法治建设与发展的实效达到预期效果。环境保护激励机制的优势在于通过经济主体追逐自身利益的特性进行一定的利益诱导和刺激,变惩罚方式为一种受益方式,使权利义务主体能够变外在强迫为内在动力,利用较小的成本实现环境保护的目的。环境保护积极激励

---

① 参见冯汝:《环境法私人实施研究》,中国社会科学出版社 2017 年版,第 54 页。
② 参见钭晓东:《环境法调整机制运行双重失灵的主要症结》,载《河北学刊》2010 年第 6 期。

机制的核心是通过一系列规则和制度设计,充分调动"人"的积极性、主动性和创造性,将权利、义务规范转化为现实。在环境法治建设与发展中,权利、义务、禁止性规范对法律积极性的要求也不相同,在义务和禁止性规范的实现中命令控制方式仍能起到一定作用,但权利的实现对法律主体积极性的依赖更高。如何调动主体的积极性,使权利主体在法律的激励下,自觉地、主动地行使自己的消极权利,去做有利于环境法治建设与发展目的实现的行为,是环境法律制度的设立需考虑的问题。

(三)利益增进是环境法治建设的重要内涵组成

人类的非理性、不合理的利益追求是环境问题产生与生态危机来袭的重要原因,因此在环境法治建设与发展中主要依靠限制不当利益追求,加强环境义务的履行来实现环境保护的目的。但是,如果环境法治建设与发展的立足点仅限于强行规制与被动服从,过于关注严刑酷法,将使社会因社会秩序结构呆板而停滞。显然,环境法治建设与发展目的不仅是为了扼制工业文明状态下邪恶的利益攫取冲动。尤其是在环境公益受到极大透支与毁坏的今天,生态文明演进,使环境法治建设与发展使命包含了更为深层的"增进社会公共福祉"的内涵,而不是仅限于限制人类非理性、不合理的利益追求。更为重要的是,环境问题引发了人们对环境利益与经济、社会等多元利益衡平的反思。一般认为,经济利益的追求必然导致环境利益的受损,经济利益和环境利益处丁对立的地位,环境法治建设与发展需平衡两者之间的关系对此作出选择。但实际上,多元利益绝非必然是你死我活的冲突,利益的"共生共进"是生态文明的内在本质要求。更何况法律的利益衡平除"利益限制"外,更有"利益确认、利益保护和利益救济"的内涵要求。因此,除了运行限制性规则外,还需引入相应的自由选择与促进性规则,使环境法治建设与发展更具有建设性与激励性,协助人们实现自己"善良动机"与目标的同时,达到维护和增加环境公益的目的。因此,应突破固有思维,通过激励公众环境权利的行使,促进环境法的运行由"利益限制向利益增进"的转向。[1]

---

[1]　参见钭晓东:《环境法调整机制运行双重失灵的主要症结》,载《河北学刊》2010 年第 6 期。

二、激励机制运行与功能发挥的原理基础

环境法治建设与发展的最终目的是保护和改善环境,维护公共利益。显然,在彰显与保护公众环境权利过程中,激励机制的唤醒与运行,具有充分的正当性和必要性,但其是否具有充分可行性? 通过对公众环境权利的促进是否能够促进环境法治建设与发展? 对于这些疑问,其中的答案是肯定的。公众为了自身经济利益行使权利的行为,在结果上同时起到了保护环境、维护公共利益、实现环境正义的后果,利己行为与利他行为、环境利益与经济利益、个人权利与环境正义有着重合和共生的结合点。

(一)"利己行为"与"利他行为"重合的可能

在对人的行为进行分析的时候,经济学家提出了一个经典的影响深远的"经济人"假设。经济人,即假定人从事行为的目标都是理性的,其目的都是获得经济好处,获得物质补偿的最大化。一般也认为,公众环境权利的最大动力是经济动力,是实现自身利益最大化。在人们遭受环境侵害出现人身和财产损害时,公众通过诉讼或自力救济等方式对自己的利益进行填补,并且公众会从不同的实施方式中选择对自己利益最大化的方式。但这并不意味着,个人追求私人利益就一定会损害或者忽视社会公共利益。从本质上而言,公共利益是个别利益的总和,人们在追求利己结果的过程中,出于对道德、后果等多方面因素的考虑,不自觉地也为社会服务。[①] 即使在有些情况下,个人在行为时并未考虑利他,但在个人利益的追求过程中,却起到了保护甚至促进公共利益的目的。正如亚当·斯密所在《国富论》中所述:"……每个人都会尽其所能,运用自己的资本来争取最大的利益。一般而言,他不会意图为公众服务,也不自知对社会有什么贡献。他关心的仅是自己的安全、自己的利益。但如此一来,他就好像被一只无形之手引领,在不自觉中对社会的改进尽力而为。在一般的情形下,一个人为求私利而无心对社会作出贡献,其对社会的贡献远

---

① 参见尹田:《法国现代合同法》,法律出版社 1995 年版,第 20 页。

比有意图作出的大。"这就是说,在私法自治条件下,个人利益和社会公共利益能够同时得到保护。个人利益与社会利益相互促进,并行不悖。只有在私法自治的保护下,个人利益与公共利益才能相互兼顾。[①] 从这个角度看,个人维护环境私权益的行为,会对环境产生反射性利益,在一定程度上也会维到环境的公共利益,从而进一步改善自身的环境,维护自身的环境利益。

此外,人们行动的动力不仅仅是满足私利,实现经济利益,还有可能是遵守道德和法律。私人付出巨大的时间和财力对环境违法行为进行追责,从成本收益上分析可能是不经济的,其动机在很大程度上是道德的驱动。亚当·斯密本人也在《道德情操论》中阐述了人性不同于经济人的道德性的体现:同情心,正义感(合宜感),行为的利他主义倾向。斯密的这种思想后来被发展成"道德人"理论。"道德人"理论指出,人不仅是利己的还是利他的,利他行为也是理性的,有共同利益的人试图通过利他行为增进他人或社会福利,实现团体利益最大化。利他是利己的延伸,公共利益是个人利益的延伸,利他行为与利己行为具有内在的统一性,利他行为最终其实也是为了利己。环境具有公共性的特征,公众生活在环境共同体中,权利人在享受开发利用资源的过程中,受道德的驱动合理利用自然资源,提高自然资源利用的效率,将环境污染和破坏的后果降到最低,实现环境质量的提高,最终也能达到实现自己环境权利的目的。[②]

(二)"经济利益"与"环境利益"协同的可能

有学者将环境资源开发利用权按照利用目的的不同分为本能性利用权和开发性环境利用权。"本能性环境利用权的客体就是环境及其生态功能,或者说是合乎人类期望标准的环境,即良好环境。本能性环境利用权的权能包括对良好环境的享受权、排除干预权以及环境改善请求权。"[③]"开发性环境利用权是以环境的经济价值利用为内容的具有财产

---

① 参见林国华:《私法自治原则的基础》,载《山东大学学报(哲学社会科学版)》2006 年第 3 期。

② 参见冯汝:《环境法私人实施研究》,中国社会科学出版社 2017 年版,第 47 页。

③ 王社坤:《环境利用权研究》,中国环境出版社 2013 年版,第 183 页。

权属性的权利。开发性环境利用权的客体具体表现为具有经济价值的自然资源和环境容量。开发性环境利用权的主要权能就是在环境承载范围之内利用环境,获取经济利益。"①一直以来人们普遍认为,财产所有权人只要遵守环境污染法等法律的规定,就可以任意使用所拥有的财产。上述这种分类方法指出了在环境资源开发利用权的行使中,经济利益与环境利益存在着冲突和对立。环境的容量和自净能力是有限的,并且自然资源具有不可再生性,权利人在追求经济利益的同时不可避免地要造成环境污染和破坏的后果。但我们也应该看到经济利益与环境利益的关系既有对立的一面也有统一的一面。这种统一体现在:良好的环境是经济利益实现的前提,没有良好的环境提供资源和能源,权利人开发利用资源获取经济利益的目的将不能得到实现。另外,开发利用资源过程中所造成的污染和破坏如果不能得到改善和解决,将会对人的健康、财产产生危害,个人的公众环境权利将受到侵害。从这个意义上讲,环境利益与经济利益不是对立的。相反,如果要获得经济利益必须保护环境利益,环境保护也是改善和促进经济利益的重要因素。法律最重要的功能就在于对相互冲突的利益进行调整,对利益进行平衡。针对经济利益与环境利益的冲突与统一,法律可以通过权利的确认以及激励机制的建立,激发权利主体更加积极主动自觉守法的动力,使个人在行使开发利用资源权利时,承担内在的合理、有效地进行开发、利用、收益的义务,达到经济利益与环境利益的统一。

(三)"个人权利"与"环境正义"同向的可能

对于法学而言,法律将实现正义作为其最终目标,人们要求用法律表达正义,将正义的理念融合到环境法律体系中,通过法律的调整、实施和运行,改变环境不公平的现象,实现环境正义。实质上,环境正义的法律表达就是法律调整环境利益关系以实现环境利益和环境负担的公平分配,法律表达环境正义的归宿是权利义务。② 在实现环境正义的手段上,

① 王社坤:《环境利用权研究》,中国环境出版社 2013 年版,第 243 页。
② 参见梁剑琴:《环境正义的法律表达》,科学出版社 2011 年版,第 123、170 页。

不可否认,公法对环境义务与责任的分配、对环境公共权力的界定、对社会环境权力的增进能够起到重要的作用。但从根本上说,环境正义倡导的是一种个体主义方法论,强调对个人及其行为和利益进行全面而细致的分析,尊重和保护每个人的正当利益和权利。[①] 环境正义视域下的环境权利中具有私益性质的个体权利是重要的组成部分。环境正义对于平等环境权利的价值追求,与公众环境权利中包含的平等、公平、权利不得滥用等原则和理念是一致的。公众环境权利中包含的具体权利内容,如个体对良好环境平等享用、开发使用的权利以及在遭受环境损害时寻求救济的权利等,都是环境正义的内在要求。

第三节　激励机制的构建与完善

一、公众环境权利确认与完善

权利具有天然的激励功能,因为权利的本质是主体享有的特定利益在法律上之力,而利益因为以需要为基础和动因,所以构成人们行为的内在动力,是最要的激励因素,利益激励反映到法律上就是权利激励。[②] 在环境法治建设与发展中,公众环境权利的确认是激励公众主体通过积极行使自身权利采取有利于环境保护行为的前提。因为只有公众环境权利得以明确和规范,在良好环境权受到侵害时,公众才能够通过诉讼、协同等方式寻求救济;只有权利清晰,才能避免产生"公地悲剧",权利主体在对资源进行开发利用的过程中才会更加注意合理利用资源,保护生态环境。

（一）关涉公众环境权利保护的现有法律规范分析

对公众环境权利的侵犯一般均表现为以环境为媒介对个体生命健康、财产的侵害,公众环境权利的保护需要通过系列法律规范的配置与运

---

① 参见梁剑琴:《环境正义的法律表达》,科学出版社 2011 年版,第 123、176 页。

② 参见何艳梅:《环境法的激励机制》,中国法制出版社 2014 年版,第 13 页。

行来实现。在我国当前法律规范中,对公众环境权利的保护不同程度散见在相邻关系、环境侵权、物权等法律制度中,在以下不同层面权利中有着不同程度的呈现:

1. 人格权层面的呈现

人格权是指以主体依法固有的人格利益为客体的,以维护和实现人格平等、人格尊严、人身自由为目标的权利。[①] 在此基础上,《民法典》专设了第四编人格权。针对人格权这一人格权编中的核心概念,《民法典》并没有从内涵角度而是以列举的方式及外延的方式对其做的界定,其中包括生命权、身体权、健康权、姓名权、名称权、肖像权、名誉权、荣誉权和隐私权等。这样做的好处是保持开放性,为未来新出现的人格类型留有足够的空间。自然伴随着生态文明及法治建设的演进与不断走向深入,基于环境权保护视角而衍生的环境人格权的保护问题自是一个不容忽视的重要议题。

而《民法典》在第七编侵权责任的第七章规定了"环境污染和生态破坏责任"。从而在以往的环境污染基础上,增加并强化了关于"生态破坏"责任的相关规定,以强化对"生态破坏"行为的规制、责任承担与追究。

2. 相邻权层面的呈现

相邻关系是特定相邻不动产所有人或使用人之间的关系,我国在《民法典》中对相邻关系作了具体规定。由于在相邻关系中存在具体保护的权利利益内容,相邻关系又被称为相邻权。相邻权的规定最早可上溯到《汉穆拉比法典》和《十二铜表法》。[②] 发展到现代以来,相邻权越来越重视环境保护的内容。这里所阐述的公众环境权利如采光权、日照权等在我国就是通过当事人之间的相邻关系来进行调整和保护的。例如,我国《民法典》第 293 条规定,"建造建筑物,不得违反国家有关工程建设标准,妨碍相邻建筑物的通风、采光和日照"。第 294 条规定,"不动产权利

---

① 参见王利明:《人格权法研究》,中国人民大学出版社 2005 年版,第 14 页。
② 参见吕忠梅:《关于物权法的"绿色思考"》,载《中国法学》2000 年第 5 期。

人不得违反国家规定弃置固体废物，排放大气污染物、水污染物、噪声、光、电磁波辐射等有害物质"。

3. 自然资源使用权层面的呈现

我国《民法典》对森林、山岭、草原、荒地、滩涂、矿藏、水流、海域等环境资源的国家或集体所有权都做了规定，并对由此派生的自然资源占用、使用、收益、处分权利，如土地承包权、取水权、养殖权、捕捞权、探矿权、采矿权、捕猎权、采药权、取水权等也做出了规定。我国《民法典》在用益物权中对自然资源的权利人开发利用自然资源的权利进行了确认，自然资源开发利用权的物权化明确和制度确立，有利于权利人的权利行使，同时也使权利人在可预期的利益激励下，更可持续地、有效率地使用自然资源。但与此同时，由于自然资源的特殊性，自然资源开发利用权的取得与一般物权的取得不同，这些权利必须经过行政特许才能取得，从而导致对自然资源开发利用权的公私性质存在了争议。

（二）公众环境权利的确认与完善

环境问题具有公私交织的特点，同一环境污染或破坏行为可能造成多个性质的损害结果发生。例如，某化工企业排放污水的行为造成河流污染，沿河而居的居民因饮用受污染的水出现中毒现象，也造成渔民不能进行渔业捕捞的现象。该企业的污染行为，造成特定受害人的人身损害，也侵害了渔民的渔业权，造成其财产损害，这些损害属于传统公众环境权利的保护范畴。但同时，该企业的行为还造成了河流本身的损害，即对生态环境本身的损害。那么对于这种公众环境权利与环境公共利益交叉存在的情况，是通过民法等传统私法的革新和变革，将公众环境权利与环境公共利益保护纳入一般环境侵权中？还是对公众环境权利进行明确界定和完善，令私人利益的损害仍由传统人格权、侵权进行解决，而将涉及公共利益的环境侵权纳入环境权的领域？无疑，如何处理现有公众环境权利与环境公共利益的保护关系，将在深层次影响公众环境权利的发展完善方向。

1. 关于环境人格权制度的建立问题

由于环境污染或环境破坏行为会造成对他人人身健康的损害，人格权所保护的利益与环境权、环境侵权存在重合,因此有学者主张将环境权纳入人格权的范围,通过建立新型的环境人格权,达到私法对环境权的救济。具体而言,环境人格权是以环境资源为媒介、以环境资源的生态价值和美学价值为基础的身心健康权,是一项社会性私权,是主体所固有的,以环境人格利益为客体的,维护主体人格完整所必备的权利。① 环境人格权的权能包括享有权能、处分权能和请求权能。②

环境人格权自提出以来,对于其是否能独立存在、内涵、权利客体、权利内容等方面都存在不同认识。环境人格权建立的基础是借助民法上的人格权理论和制度,通过公众环境权利救济实现对环境受害者的保护。环境人格权的主体是自然人,其权利内容是指健康居住清洁、卫生、无污染的自然环境的权利,包括日照权、通风权、清洁空气权、清洁水权等。这些权利内容与相邻权、地役权的部分内容存在重合,但两者属于财产权和人格权两类不同的权利体系中对环境利益的保护,两者并不冲突。

2. 关于环境相邻权制度的确立和完善问题

在私法相邻权的确立和保护过程中,通过法律对相邻关系的调整,使相邻各方在行使权利时,既要实现自己的合法利益,又要为邻人提供方便,尊重他人的合法权益,从而在客观上有利于环境的保护。③ 随着经济社会的发展,相邻权纠纷与环境侵权纠纷交织在一起,出现了众多传统相邻权不能容纳的情形。如在目前城市进程中,越来越多的高层建筑装设了玻璃幕墙、釉面砖墙、磨光大理石和各种涂料等装饰反射光线,这些光线折射可能对人身体健康造成损害,所造成的影响已经不仅仅局限于相邻所有人或使用人,还可能对不特定多数人造成影响。面对日益复杂的现实状况,相邻权在保护的范围、权利内容、保护的客体等方面越来越不能满足环境保护的需要。基于此,很多学者提出应将环境保护相邻权独立,建立独立的环境保护相邻权。"在不动产所有权

---

① 参见任江:《人格权法中是否存在环境人格权之问》,载《人民论坛》2013 年第 18 期。
② 参见付淑娥:《环境人格权基本权能研究》,载《人民论坛》2015 年第 21 期。
③ 参见朱谦:《对公民环境权私权化的思考》,载《中国环境管理》2001 年第 4 期。

人或使用权人行使自己相关权利时(如行使土地所有权建造建筑物,当然也包括法人行使工矿企业的经营权和自然人的日常生活等),因超过一般社会容忍程度而产生的噪声、粉尘、日照、采光、通风、振动、废气以及热量辐射等,造成邻人的人身、财产和环境权益损害的,都可视为侵害环境保护相邻权的行为。"[①]由于传统相邻权是以不动产相邻作为权利行使的基础的,常见的相邻关系纠纷,如因通风、排水等引起的纠纷,都属于特定相邻关系双方之间的具有私属性的权利义务关系。

在这种情况下,独立的环境相邻权如何处理与具有外延重合的环境人格权等的关系,在构建环境相邻权时是否应突破其私权属性并构建一种私法权利形态与公法权利形态复合的公众环境权利形态,目前仍存在争议。就此,环境相邻权一定程度是基于所有权或使用权的权利延伸,是权利不得滥用及"容忍义务"的体现,是基于公平合理、利益平衡等理念对所有权进行的限制。在权利完善的过程中对于环境相邻权关系中"相邻"的范围不易过度突破,对于超出物权基础造成的他人利益损害,可以通过环境人格权和环境权进行救济。例如,对于相邻权所不能包含的涉及不特定主体之间的权利义务关系,如水污染、大气污染、光污染等环境污染行为对不特定主体造成的应由环境权来具体明确和保护;对于自然人在某地短暂停留期间,因他人环境污染或环境破坏行为造成的利益损害应通过环境人格权进行救济。环境相邻权在完善的过程中最重要的内容是扩展其具体内容和范围。其中包括所涉及的不可量物侵害引发相邻关系问题。"不可量物侵害,是指按照通常的计量手段无法加以精确测量的某些物质因排放、扩散等致他人损害"。[②]在《民法典》第 293 条、第 294 条作出相关规定,在完善环境相邻权时,应对权利内容进一步扩展,不仅包括日照权、通风权、景观权等消极权利,还应包括对噪声、废水、粉尘、振动、废气、光、辐射等污染的排除权以及损害请求权。并且,对环境相邻权的具体权利内容应采用

[①]　黄喜春:《刍论环境保护相邻权制度》,载《中国环境管理干部学院学报》2001 年第 3 期。

[②]　魏双、孙磊:《确立环境保护相邻权》,载《中国社会科学报》2014 年 8 月 28 日。

不完全列举的方式,以适应随着社会发展而不断衍生出的新的权利
内容。

3.关于自然资源开发利用物权制度的完善问题

从权利激励角度来看,我国现有自然资源使用权法律制度存在的
最大问题是将环境资源作为单纯的财产和物来看待,主要考虑的是自
然资源的经济价值而不包括生态价值。① 自然资源的功能和用途的多
样性决定了自然资源除了具有显而易见的经济价值外,还具有生态价
值和社会价值。自然资源可以满足人的物质利益、生态利益及认知的
需要,有利于维护自然界里的生态平衡。具体来讲,这三种价值的表现
形式为:其一,可直接作为商品在市场上进行交换的资源产品,体现的
是直接使用价值(经济价值),如森林提供的木材和各种林副产品及其
合成品。其二,虽不能直接在市场上进行交换、却具有潜在价值的资
源,体现的是间接使用价值,如森林所提供的防护、减灾、净化、涵养水
源等生态价值。其三,能满足人类精神文化和道德需求的那部分资源
价值,体现的是存在价值和文化价值,如自然景观、珍稀物种、其他自然
遗产等的价值。② 对于自然资源的生态价值是由公法上的环境权来承
认和保护还是由私法上的物权来保护,目前仍存在不同的看法。

无疑,自然资源的整体性决定了三种资源价值的不可分割性,一旦
自然资源受到损害,其整体价值也将受到影响。自然资源作为多种价
值的载体,生态经济抑或经济价值都是自然资源作为财产本身功能和
用途的体现。将自然资源的生态价值纳入物权法中,通过价格机制将
生态价值特定化,并允许其在市场间进行配置,权利人作为经济利益最
大化的追求者,其在行使权利时将不仅仅考虑自然资源的经济价值还

---

① 参见我国自然资源如何纳入民法物权进行调整,当前我国自然资源物权制度存在哪
些问题,如何破解,学界提出了多种学说和理论,因本文的侧重点不在于此,因此不进行详述。
具体可参见黄锡生:《自然资源物权法律制度研究》,重庆大学出版社 2012 年版;张璐:《自然
资源作为物权客体面临的困境与出路》,载《河南师范大学学报(哲学社会科学版)》2012 年第
1 期;金海统:《自然资源使用权:一个反思性的检讨》,载《法律科学》2009 年第 2 期。

② 参见王庆礼、邓红兵、钱红兵:《略论自然资源的价值》,载《中国人口·资源与环境》
2001 年第 11 期。

会考虑其生态价值的获得，更理性、可持续地对自然资源进行开发利用。法律也可基于对权利不得滥用原则及权利义务相统一原则，对权利人开发利用自然资源时的行为进行限制，促进人与自然和谐发展。

二、环境侵权诉讼激励机制的完善

（一）我国环境侵权诉讼的现状

救济性权利是公众环境权利的重要方面。在公众环境权利受到环境污染或破坏行为侵害时，受害人可以通过协同、调解、诉讼等方式请求防止侵害，填补环境侵害造成的私人损失，对环境违法者进行惩罚。在私人可寻求的救济方式中，环境侵权诉讼是最重要的方式之一。但在我国的法律实践中，民众并不倾向于通过侵权诉讼方式行使自己的合法权利，维护自身利益。

据统计，2002 年至 2011 年全国法院受理各类环境刑事、民事、行政一审案件 118,779 件，审结 116,687 件，其中环境民事一审案件受理 19,744 件，审结 19,450 件，环境民事案件受理数量是全部案件数量的 16.6%。与此相比，全国受理环境刑事一审案件 83,266 件（包括《刑法》第六章第六节第 338～346 条规定的罪名以及环境监管失职罪、危险品肇事罪），审结 81,435 件。[①] 环境民事案件的受理数量只有环境刑事案件受理数量的四分之一，环境侵权诉讼案件在环境案件中所占比例较小。如果与总体的民事案件相比，公众提起的环境民事案件更是微乎其微。环境侵权诉讼案件的数量较少，并不代表环境侵权行为和环境侵权纠纷少。与此相反，我国环境形势严峻，环境纠纷仍在持续增多。对于发生的环境侵权行为，公众主要是通过环境信访投诉寻求行政机关予以处理。历年来环境信访的数据统计表明，每年通过来信、来访对环境污染情况进行环境检举的数量都在 30 万件以上，举报的内容涉及水污染、大气污染、噪声污染等多方面。与环境侵权诉讼案件数量

---

① 参见袁春湘：《2002 年—2011 年全国法院审理环境案件的情况分析》，载《法制资讯》2012 年第 12 期。

相比,我国环境举报的数量巨大,且总体呈上升趋势。

(二)建立环境侵权诉讼激励机制的必要性

对于公众怠于行使自身权利尤其是诉讼权利的问题,日本学者田中英夫、竹内昭夫曾指出"如果法律家切望国民的法意识、权利意识得以提高,就应当主张利用增加金钱利益的方法促进私人诉讼,努力消除实体法和诉讼法中的诉讼障碍,提供更加便捷的律师服务,并促使法院成为便于国民积极利用的服务机构"。[①] 相应地,作为一个理性的经济人,环境受害人是否通过诉讼维护自身利益和环境公共利益,主要是考虑投入诉讼的时间、精力、财力等成本与胜诉率及可带来收益的差额,如果诉讼是不经济的,人们就不会选择行使诉讼救济权利,尽管可能该诉讼带来的社会公共利益是巨大的。

而环境侵权诉讼的特殊性在于:

其一,环境诉讼的受害人多为经济实力较为弱势的居民,而对方当事人则常为具有一定经济政治影响力的企业,双方地位不对等。其二,环境污染具有长期性、隐蔽性等特点,相对于一般的诉讼,环境损害的证明具有技术性,环境诉讼中鉴定费用庞大、耗时较长、因果关系证明困难。环境诉讼的这些特殊性使得受害人即使获得胜诉,其获得的有限的赔偿与诉讼所付出成本相比意义不大,公众提起诉讼的风险和成本较高。并且,由于环境损害可能造成多数人的小额损失,如单独提起诉讼,其所付出时间、费用并不能通过获得的赔偿补足。因此,如果希望公众通过侵权诉讼促进环境法的实施及其作用的发挥,期待公众以法为武器保护自身的权利并与邪恶作斗争,法必须在便宜性、实效性、经济性上对公众具有实践的魅力。

但是,综观我国现有环境法律制度在促进公众行使诉讼权利方面却存在障碍,缺乏对公众提起环境权利保护诉讼的激励制度支撑。具体体现在以下两方面:

---

① [日]田中英夫、竹内昭夫:《私人在法实现中的作用》,李薇译,载《为权利而斗争——梁慧星先生主编之现代世界法学名著集》,中国法制出版社、金桥文化出版社(香港)有限公司2000年版,第383页。

1.环境侵权惩罚性赔偿制度的配置问题

一般认为,惩罚性赔偿金主要有惩罚、吓阻、补偿、鼓励公众执行法律等功能。很多大陆法系国家认为赔偿的目的主要在于损害填补而并未规定该项制度。但随着对侵权行为惩罚和遏制功能的需要,惩罚性赔偿制度也被部分大陆法系国家逐步采用。理论上,对于惩罚性赔偿是否适用于环境侵权领域也存在争议。有些学者认为,惩罚性赔偿在环境侵权领域中并不能发挥惩罚、吓阻等作用,在环境侵权领域中对其引入并无必要性。但无疑,惩罚性赔偿制度通过增加环境加害人额外的赔偿金额,可以补偿受害人及环境本身的损失,达到预防环境违法行为发生和再犯,诱导公众执行法律等目的。尤其是惩罚性赔偿可以通过经济诱因促进公众提起环境侵权诉讼,以达到维护环境公共利益,弥补公共执法不足的目的。因此,为了遏制环境违法行为,激励公众提起诉讼以低成本的方式实现社会福利最大化,我国应进一步明确与推进环境侵权惩罚性赔偿制度。

2.诉讼费用承担困难问题

环境侵权诉讼属于一般民事案件,在诉讼费用的承担上,主要适用各付律师费和败诉方支付法院费用的相关规则。与此同时,由于环境案件存在因果关系证明困难、耗时长、鉴定费用高、专业性技术性强等特点,公众原告提起侵权诉讼的成本较大但胜诉概率及获得的收益却不高。在这种情况下,高昂的诉讼费用就成为打消民众诉讼积极性的最后一根稻草。诉讼费用承担困难是影响民众行使权利提起环境侵权诉讼的重要原因之一。因此,应通过完善法律援助制度、诉讼费用缴纳制度,减轻环境受害人的诉讼负担,激励公众提起环境侵权诉讼。

(三)环境侵权诉讼制度的完善

1.环境侵权惩罚性赔偿制度的进一步明确与推进

建立环境侵权惩罚性赔偿制度有两条路径可以实现:一是在《环境保护法》等相关环境法律中规定或者建立专门的"环境损害赔偿法"并在其中进行规定;二是在民事法律中将环境侵权作为惩罚性赔偿制度的一种情形。经多年探索与努力,我国在《侵权责任法》《食品安全法》

等法律中确立了惩罚性赔偿制度的基础上,于 2020 年 5 月 28 日通过,2021 年 1 月 1 日起施行的《民法典》在侵权惩罚性赔偿问题有了很大程度推进。其中包括:《民法典》第 179 条就有"承担民事责任的方式"进行了"法律规定惩罚性赔偿的,依照其规定"的明确强调;同时在第 1185 条规定了关于"侵害知识产权的惩罚性赔偿",第 1207 条规定了"产品责任惩罚性赔偿";同时在第 1232 条增加规定了"环境污染、生态破坏侵权的惩罚性赔偿",强调"侵权人违反法律规定故意污染环境、破坏生态造成严重后果的,被侵权人有权请求相应的惩罚性赔偿";并在第 1233 条、第 1234 条、第 1235 条明确规定了生态环境损害的修复和赔偿规则。

为因应生态文明演进与环境法治建设的进一步需要,我国可以进一步通过立法完善,在环境法治领域进一步确立与明确惩罚性赔偿。包括明确赔偿的适用条件、适用范围、判断标准、赔偿金的额度等内容,以进一步构建环境侵权惩罚性赔偿制度。具体而言:

(1)环境侵权惩罚性赔偿责任的构成要件应包括如下几项:行为人主观具有过错;行为具有不法性和道德上的应受谴责性;损害已经发生且该损害是由被告的行为造成的。①

(2)环境侵权惩罚性赔偿金的数额的确定,可以借鉴国外和我国消费者权益保护法领域的已有经验,设置损害赔偿数额的一倍至三倍为惩罚性赔偿金,但并不应设立数额的上限。法院在确立惩罚性赔偿金时可综合考虑以下因素,酌情确定惩罚性赔偿金数额:其一,行为人的道德恶行;其二,行为造成环境损害或受害人人身健康、财产损害的程度;其三,行为人的处理态度;其四,行为人的违法历史及守法意愿;其五,行为人因该行为而获益与守法经济成本的关系;其六,行为人承担其他民事责任或刑事责任的情况;其七,支付赔偿对行为的影响有多大等。

(3)环境侵权诉讼惩罚性赔偿金归私人所有。环境污染造成人身、

① 参见王利明:《美国惩罚性赔偿制度研究》,载《比较法研究》2003 年第 5 期。

财产损害的同时，也造成了环境本身的损害。公众提起侵权诉讼是为了自身利益，但结果却具有为社会公共利益的效果。惩罚性赔偿制度引入的重要目的之一就是激励公众提起诉讼，维护公共利益。从国外实践经验及我国消费者权益保护领域的惩罚性赔偿制度的规定来看，惩罚性赔偿金归受害人所有，可以形成对受害人的利益刺激机制。

2. 环境损害诉讼费用缓缴制度的建立

我国《诉讼费用交纳办法》第六章司法救助中，对当事人交纳诉讼费用确有困难，向人民法院请求司法救助，申请缓交、减交或者免交诉讼费用的情形作了具体规定。公众提起环境侵权诉讼，如果确实存在困难，符合《诉讼费用交纳办法》第45~46条规定免交、减交诉讼费用的情形的，可以向法院提出申请。提起环境侵权诉讼的当事人符合规定的，也可以申请免交或减交诉讼费用，部分缓解了经济困难的当事人提起环境诉讼的负担。但由于很多环境侵权诉讼案件的诉讼标的额较大，我国也并未将环境案件列入缓交诉讼费用的情形中，如果当事人不符合免交或减交的条件，即使胜诉后诉讼费用由被告负担，前期的费用仍是公众提起诉讼的沉重负担和阻碍。因此，笔者建议，将环境侵权诉讼案件明确纳入缓缴诉讼费用的范围。我国《诉讼费用交纳办法》第47条明确规定："当事人申请司法救助，符合下列情形之一的，人民法院应当准予缓交诉讼费用：（一）追索社会保险金、经济补偿金的；（二）海上事故、交通事故、医疗事故、工伤事故、产品质量事故或者其他人身伤害事故的受害人请求赔偿的；（三）正在接受有关部门法律援助的；（四）确实需要缓交的其他情形。"根据该条规定，公众如果根据地方性法规或规定申请了法律援助可以缓交环境诉讼费用，但如果未申请法律援助就不能适用该条。但实际上，与交通事故、医疗事故等人身伤害事故相比，环境污染事故所造的人身损害的后果有时更加严重。因此，从立法目的来看，为充分保障环境侵权案件当事人的诉权，应当将环境案件列入缓交诉讼费用的范围中。

三、利益增进机制中的生态补偿机制分析

在"权利—利益"层面,本质上就涉及作为可分之利益的分配与再分配问题。在传统与现代性发展进程中,环境问题基本作为政治与社会的边缘问题,直到后现代的环境正义视域下"经济—环境—社会"连续统一体的构建,这种利益之间的分配与环境问题解决完全无涉的观念才被根本颠覆。虽然,因应"权利—利益"关系协同要求的环境保护体制机制变革动力依然来自社会财富平等分配的诉求,但通过生态补偿、生态基金、绿色消费、环境保护技术转移等制度的创新,这种基于环境利益保护与增进为导向的利益分配与再分配,在市场机制的自我调整与政府干预良性协同之中,正可因"共生、互助、合作"而契合增长基础上的社会资源分配模式而使个体、团体的经济性利益与环境公共利益在此实现"共进"。生态补偿、生态积极、绿色消费等经济激励制度,是通过对环境法治建设与发展中的利益分配与再分配,通过经济手段影响公众行为,以达到环境保护目的的重要方式。其中,生态补偿是最重要、最复杂、最具争议的方式。

对于何为生态补偿,不同学科不同学者都有不同看法,至今并没有一个统一的定义。在法学领域,对生态补偿的概念也存在不同认识。例如,杜群教授认为,生态补偿是指即指国家或社会主体之间约定对损害资源环境的行为向资源环境开发利用主体进行收费或向保护资源环境的主体提供利益补偿性措施,并将所征收的费用或补偿性措施的惠益通过约定的某种形式转达到因资源环境开发利用或保护资源环境而自身利益受到损害的主体以达到保护资源的目的的过程。[1] 汪劲教授则认为,生态补偿即是指在综合考虑生态保护成本、发展机会成本和生态服务价值的基础上,采用行政市场等方式,由生态保护受益者或生态损害加害者通过向生态保护者或因生态损害而受损者以支付金钱、物

---

[1] 参见杜群:《生态补偿的法律关系及其发展现状和问题》,载《现代法学》2005 年第 3 期。

质或提供其他非物质利益等方式，弥补其成本支出以及其他相关损失的行为。① 虽然对生态补偿的内涵、特征等方面的认识存在差异，但理论和实务界都普遍认为，生态补偿是一种调动生态保护和建设积极性、促进环境保护利用的驱动机制、激励机制和协同机制，是一种环境保护的经济手段。

生态补偿最初设立的目的，主要是通过对生态环境破坏者进行惩罚或收费，为减少生态环境损害提供一种经济刺激手段。但随着环境保护和社会经济发展的需要，生态补偿的内容逐渐扩展。生态补偿由单纯对生态环境破坏者收费向对生态服务提供者、因生态环境保护而利益受损者给予经济补偿②，激励相关利益人将个人行为与社会公共利益与环境保护相结合，主动提供优良的生态服务。生态补偿的激励作用包括积极激励和消极激励两个方面。积极激励主要体现在通过对个人或集体环境保护行为或者限制自身对环境开发利用的行为给予经济补偿，促进或诱导个人或集体做出有利于与环境保护的决策和行为。消极激励则主要是通过惩罚、制裁的方式实现，对利益相关人产生影响。积极激励是生态补偿的核心。

当前，我国在自然保护区、重要生态功能区、矿产资源开发、退耕还林、湿地、草原和流域水环境保护等领域已经建立了生态补偿制度，并开展了大量试点，地方政府也自主进行了一些探索性实践，取得了积极的成效。③ 中共十八届三中全会通过的《中共中央关于全面深化改革若干重大问题的决定》，将生态补偿制度作为生态文明制度体系的重要内容，明确提出了生态补偿的制度建设问题，要求完善对重点生态功能区的生态补偿机制，推动地区间建立横向生态补偿制度。党的十八大报告也明确要求建立反映市场供求和资源稀缺程度、体现生态价值和代

---

① 参见汪劲：《论生态补偿的概念——以〈生态补偿条例〉草案的立法解释为背景》，载《中国地质大学学报（社会科学版）》2014 年第 1 期。
② 参见赵雪雁、李巍、王学良：《生态补偿研究中的几个关键问题》，载《中国人口·资源与环境》2012 年第 2 期。
③ 参见邱秋：《完善立法为生态补偿提供硬约束》，载《环境保护》2014 年第 5 期。

际补偿的资源有偿使用制度和生态补偿制度。生态补偿的实践需要相应的法律制度予以规范和保障。但我国现有生态补偿的法律体系还并未建立。虽然各地根据各自的实践、经验和需要制定了地方性的政策和法规,例如苏州市制定了《苏州市生态补偿条例》,但在国家层面,生态补偿的规定散见在《土地管理法》《森林法》《水法》等相关法律规范中,并没有统一的、国家层面的生态补偿立法。由于生态补偿的实施涉及草原、湿地、矿产等多领域多部门,其实施也可能跨区域和跨流域,缺少国家层面的专门法律予以规范和引导,将会使生态补偿的实践出现混乱、无序、无效的局面。值得庆幸的是,我国"生态补偿条例"已经列入立法计划,立法起草工作正在开展进行当中。但是生态补偿立法涉及多方主体利益,对于补偿主体、客体、领域、资金来源等主要问题都存在不同认识,生态补偿立法任务艰巨。对于生态补偿立法中的问题无疑有以下几种情况:

1. 生态补偿的主体包括权利主体和义务主体

从上文对生态补偿的概念论述中可以看出,虽然对生态补偿具体定义不同,但对生态补偿的主体的认识是基本一致的,即生态补偿的主体包括生态破坏者、受益者、开发者等义务主体以及生态保护者、受损者、建设者等权利主体。

2. 生态补偿的适用领域

包括森林、草原、湿地、流域、海洋、荒漠、矿区生态补偿、重要生态功能区等领域。根据相关文件,我国先期已在自然保护区、重要生态功能区、矿产资源开发和流域水环境保护四个领域开展生态补偿试点。2016 年,国务院印发《关于健全生态保护补偿机制的意见》就明确规定了到 2020 年,实现森林、草原、湿地、荒漠、海洋、水流、耕地等重点领域和禁止开发区域、重点生态功能区等重要区域生态保护补偿全覆盖的相关内容。

3. 生态补偿的主要形式

理论上,生态补偿的形式有政策补偿、实物补偿、智力补偿、资金补偿。在实践中这几种方式都有相应的实践,并各有优势。但对于全国层面的法律来讲，资金补偿的方式更为简单、灵活，具有可实施性和可操作性。对于其他补偿方式在立法中予以原则性规定，可以授权各地各部门根据实际需要制定具体的规则。此外，国家层面的立法应对生态补偿资金的来源、使用程序、监督管理等进行明确规定，以确保经济激励能够真正发挥作用。

因此，综合而言，对于公众环境权利、社会环境权力与国家/政府环境权力的商谈对话的重要参与者——公众而言，因法律的制裁带来的损失是客观存在的，物质性的成本利益核算也是其中考虑的一个重要方面。毕竟不能以牺牲经济发展的手段，追求"零增长"的环境保护。国家/政府环境权力的运行也不是单纯的利益限制、环境违法查处、不利的环境责任承担和严厉的不利后果惩罚，而是应该积极考虑如何促进利益主体能够以较低的成本遵守环境法律，同时又避免因环境违法而带来不利损失，帮助利益主体在降低守法成本的同时积极守法，建立利益增进的守法保障体系。所以，就权力—权利—利益的"共生"关系而言，法律商谈的程序价值和利益增进的实体价值必须紧密结合，唯有如此，权力—权利—利益的合作关系，在丝毫不损害法治价值的前提下才能得以牢固建立起来。

第四节　具体激励机制的探讨：排污权交易与碳排放交易制度

权利和制度的法定化是激励机制有效运行的前提。近几年，我国开始重视通过市场化手段进行资源优化配置，对公共环境权利进行经济激励，希望能够以此推动公众主体的主动性，积极地实施更有利于公共环境权利及环境公共利益保护的行为。在此背景下，排污权交易、碳排放权交易等新措施成为生态治理市场化的重要方式，也成为我国环境法律制度中经济激励机制的重要手段。但从实践效果来中，这些探索性手段的状况未能如预期般理想。排污权交易和碳排放交易都存在行政化色彩浓厚、市场化不充分等共同性的问题。造成这些问题的原因是多方面的,如果从制度层面分析,最根本原因在于这些激励政策权利基础缺失、法律定位不明。

一、权利缺失:排污权交易和碳排放交易的实践困境

(一)排污权交易实践及其权利困境

为减少排污量,实现环境保护的目的,对排污行为的控制机制有两种类型:一种是命令控制机制,通过制定环境标准、设定环境行政许可等方式,对排污量的上限、排污削减量等进行规定,对违反规定的行为予以法律制裁;另一种是激励刺激机制,通过市场化手段和经济激励措施,对排污行为进行引导。其中,排污权交易被认为是污染物控制的重要经济激励手段。实践表明,与政府的行政管控手段相比,排污权交易能够更好地激励排污单位提高效率,改进生产技术和工艺,增强污染治理能力,减少污染物排放。

我国自20世纪90年代开始引入排污交易机制,并在太原、包头等地展开实践。自2007年开始,我国在江苏、浙江、天津、湖北、湖南、内蒙古、山西、重庆、陕西、河北和河南11个省(直辖市)/自治区开展排污权交易试点。各试点城市为保障交易顺利运行,出台了一系列的地方法律规范,如《湖南省主要污染物排污权有偿使用和交易管理办法》《浙江省排污权有偿使用和交易试点工作暂行办法》等。2014年8月发布的《国务院办公厅关于进一步推进排污权有偿使用和交易试点工作的指导意见》也对排污权合理核定、有偿取得、规范转让等内容进行了规定。但从实践来看,各地的排污权交易实践中存在着初始分配不公平、受让主体范围较小、竞价模式单一、行政色彩浓厚等诸多共同性的问题。在排污权交易中,企业积极性不高、交易活动不活跃的状况普遍存在。之所以出现这种情况[①],原因很多,如现有技术水平有限,在监测及总量控制上存在困难;排污权交易处于试行阶段等。如果从制度保障角度分析,我国排污权交易

---

① 参见《排污权交易"试水"近十年叫好不叫座》,载《工人日报》2016年6月15日。

处于各地调整状态,排污权交易配套法律法规不健全。目前,虽然在我国存在一些地方法性的排污权交易法规,但立法层级及效力不高。排污权交易运行的法律依据不足,不仅在国家层面缺乏一个实施排污权交易的法律依据,而且与之相配套的法律法规也不健全。现有制度机制未能充分够调动企业的环境保护积极性,排污交易的动力不足。尤其是排污权交易是排污权的衍生功能,而我国对这一权利的性质及属性并未予以明确。排污权的法律界定不清及法律制度不完善成为限制排污交易的短板。

(二)碳排放交易实践及其权利困境

与排污权交易相似,碳排放权交易也是利用市场机制达到环境保护目的的一种重要方式。但与排污交易不同的是,二氧化碳是一种无毒无害、无色无味的气体。之所以削减二氧化碳的排放量是因为大气中过量的二氧化会形成温室气体,导致气候变化。碳排放权交易的将温室气体排放转变为可量化的额度或者目标,排放者通过碳排放权交易,在市场上出售或者购买排放权,实现碳排放环境容量资源的优化配置[1],以达到较小成本实现减排的承担较多的减排任务,从而在全社会实现用最小成本降低排放的目的[2]。

为了应对气候变化,减少二氧化碳排放量,我国相继出台了《“十二五”控制温室气体排放工作方案》《关于开展碳排放权交易试点工作的通知》《温室气体自愿减排交易管理暂行办法》《碳排放权交易管理暂行办法》《“十三五”控制温室气体排放工作方案》等一系列政策文件。自2011年起,国家发改委在北京、上海、天津、重庆、广东、深圳和湖北7地开始启动中国碳排放交易试点项目,各地也颁布实施了相应的地方性政策和法规,如《天津市碳排放权交易管理暂行办法》《深圳市碳排放权交易管理暂行办法》等。

碳排放权交易起源于国际市场。我国作为发展中国家,在国际上对

---

[1] 参见王树义、皮里阳:《我国碳排放权交易的制度危机及应对》,载《环境保护》2013年第20期。

[2] 参见纪建文:《从排污收费到排污权交易与碳排放权交易:一种财产权视角的观察》,载《清华法学》2012年第5期。

于温室气体排放坚持共同但有区别的责任。碳排放权交易引入国内后，不仅被作为国内环境保护市场化治理的重要方式，也被作为中国应对气候变化政策和行为的重要部分。2017 年，我国启动全国碳排放交易系统等建设。但从碳排放权交易试点地区的运行情况看，总体市场并不如预期活跃。此外，我国《大气污染防治法》第 2 条第 2 款规定："防治大气污染，应当加强对燃煤、工业、机动车船、扬尘、农业等大气污染的综合防治，推行区域大气污染联合防治，对颗粒物、二氧化硫、氮氧化物、挥发性有机物、氨等大气污染物和温室气体实施协同控制。"温室气体虽然在《大气污染防治法》中得以体现，并被要求协同控制，但温室气体被认为是与大气污染物并行规定的物质。那么对于温室气体，当前污染物的制度内容并不当然适用。二氧化碳的法律属性不明确，碳排放交易的权利性质不清，交易的合法性、正当性就存在危机。

二、理论争议：排污权和碳排放权的性质之争

（一）排污权权利性质的争议

权利性质的确定是构建排污权交易规则、完善制度体系、保障排污权交易实践顺利运行、激励功能得到发挥的前提。在学界，对于是否存在排污权存在争议。有学者质疑："从排污权发源国—美国的立法和司法实践来看，用以交易的排污许可并不构成任何财产权利，排污权交易应被翻译可交易的排污许可或者排放交易，排污权并不是客观存在的权利"[1]。即使认为排污权存在，学者们也对于排污权的性质有不同的认识。如吕忠梅教授认为，排污权是由环境法确立的环境容量使用权，是一种环境物权，传统的《物权法》只注重对环境资源的经济价值进行利用而不注重其生态价值，环境资源的自我调节性或环境容量本身就是一种资源，可以对《物权法》注入生态价值功能，并对环境容量进行物化解释，从而使排污权归入《物权法》调整。[2] 马俊驹教授认为，排污权是一种无形财产权利，

---

[1]　刘卫先：《对"排污权"的几点质疑——以"排污权"交易为视角》，载《兰州学刊》2014 年第 8 期。

[2]　参见吕忠梅：《论环境使用权交易制度》，载《政法论坛》2000 年第 4 期。

既不属于物权也不属于债权，要跳出大陆法系的财产二元划分体系，借鉴英美财产法系，重构我国的财产权体系，对排污权重新定位，并希望借鉴美国学者赖克（Reich）在《耶鲁法学杂志》提出的"新财产权"理论，将排污权、物权、债权、知识产权、股权等并列入我国新的财产权体系中。① 还有学者认为排污权是环境权下的"子权利"，是一种环境资源使用权。②

（二）碳排放权法律属性的争议

与排污权境况相似，《环境保护法》《大气污染防治法》《碳排放权交易管理暂行办法》等各层次法律规范也都未明确规定碳排放权的法律属性。在学界，对于国内碳排放权③的法律性质有"准物权、用益物权、国有资产"等多种观点。

吕忠梅教授等认为，"可以获取碳排放权，并对其拥有所有权或控制权，通过出售还可以获得经济利益，交易活动中的费用是可以计量的。因此，碳排放符合资产的四个要素，应属于资产，碳排放权应被认定为'碳资产'"④。

杜晨妍教授等研究认为，"碳排放权具有物权属性，与物权法具有一定的相融性。但由于碳排放权在物质载体、权利来源、权利内容等方面跟传统物权相比又具有一定的特殊性，因此，应拓展现有物权的客体范围，使用准物权概念，将碳排放权纳入具有公法属性的准物权范畴"⑤。

叶勇飞研究员认为，碳排放权的客体是特定数量的温室气体，具备物的特征，属于无形物。权利人能够对特定数量温室气体占有、使用、收益，从实现对物的直接支配。碳排放权的核心内容是获取特定温室气体的使用价值，属于用益物权。

---

① 参见马俊驹、梅夏英：《无形财产的理论和立法问题》，载《中国法学》2001 年第 2 期。
② 参见雷鑫、刘益灯：《排污权的法域归属探析》，载《湖南大学学报（社会科学版）》2010年第 4 期。
③ 参见国际碳排放权与国内碳排放权在主体、性质等方面都存在不同，不包含在本文所探讨的碳排放权内。
④ 吕忠梅、王国飞：《中国碳排放市场建设：司法问题及对策》，载《甘肃社会科学》2016 年第 5 期。
⑤ 杜晨妍、李秀敏：《论碳排放权的物权属性》，载《东北师大学报（哲学社会科学版）》2013年第 1 期。

三、排污权和碳排放权法律属性的确定

（一）排污权和碳排放权应分别法定化

排污交易和碳排放交易都属于用财产权体制解决环境问题的手段。两者的重要经济学基础是科斯的社会成本理论，即科斯定理。科斯将污染作为一种权利，他指出："如果将生产要素视为权利，就更容易理解了，做产生有害效果的事情的权利（如排放烟尘、噪声、气味等）也是生产要素。"①他认为，在现实中，交易成本不可能为零，这时只要权利界定明确，市场运行完善，市场可以实现环境污染外部现象的内部化，也就是说只要排污权作为一项权利完成初始配置，通过市场运行，资源配置可以提高，环境污染治理能够达到环境容量资源的最大化。那么，权利的法定化，是排污交易制度和碳排放交易制度建立的法理基础。将权利法定化并加以规制更有利于其功能的实现，从而达到将生态价值转换为可以度量的经济价值，使权利能够在排污者之间流动及有效利用资源的目的。②

但是否应将二氧化碳作为空气污染物，将碳排放权合并至排污权中进行统一规范？无疑答案是否定的。从立法上看，如上文所述，《大气污染防治法》已经将大气污染物和温室气体区分开来，承认了其独立地位，相关各层次的法律规范也是分布构建实施的。在交易实践的探索中，排污权交易市场和碳排放交易市场分布建设，并分别由环境保护部门与发展和改革委员会进行推动。在产生原因和规制措施上，二氧化碳的产生途径比污染物要广泛很多，对其削减主要应依靠调整产业结构、提高能源的使用效率，污染物控制的禁止性和限制性规范对于二氧化碳的规制并不能完全适用。据此，两者应采用分别立法的模式，确立权利的法律定位，并逐步形成由国家专门立法、配套性法规以及地方性立法组成的，完整且系统的法律体系，为环境质量改善、低碳发展提供制度保障和支撑。

---

① ［美］R. 科斯、A. 阿尔钦、D. 诺斯等：《财产权利与制度变迁：产权学派与新制度学派译文集》，刘守英等译，上海人民出版社 2004 年版，第 20 页。

② 参见高利红、余耀军：《论排污权的法律性质》，载《郑州大学学报（哲学社会科学版）》2003 年第 5 期。

（二）排污权和碳排放权的来源、运行模式

目前我国法律并没有确认排污权,但我国《水污染防治法》等法律法规对排污许可制度进行了规定,国家颁发的排污许可证是对排污权的一种确认。从表面上看,排污权的确立具有国家政府许可的特性。随着工业和技术的发展,污染问题日益严重,需要对排放污染物的行为进行限制。从这个意义上讲,政府的排污许可行为和污染物控制行为,是对于排污权利的限制和分配。通过政府行为将属于公共的、不可分割的利益内容进行重新分配,转化为可转让、可交易的排污权。这个时候权利主体才可以自由地选择具有平等地位的交易对象,平等协商签订私法性质强烈的协议,并在出现纠纷时运用法律得到平等的保护和救济。因此,排污交易行为应属于民事法律行为。[1]

碳排放权与排污权权利来源、运行模式具有相似性。从各方观点来看,只有个别学者认为碳排放权属于规制权[2]或者兼具环境权和私权属性[3]。大部分学者也都认为,碳排放权是具有公权属性的私权。[4] 为解决环境保护的外部性问题,避免"公地悲剧",行政机关通过许可将大气的公共所有权转化为特定主体享有的私有财产权,排放者经过特定许可成为权利主体。"国家介入的环节并不影响碳排放权制度整体表现出来的私权性质;在权利内容上,碳排放权也明显表现出私权特征。"[5]

（三）排污权和碳排放权及其客体

排污权和碳排放权两者具体法律属性的定位与排污权客体的认识密切相关。在对排污权的法律性质进行确认分析时,有学者认为,排污权和碳排放权的客体是环境资源的环境容量。[6] 笔者持不同观点。一般认

---

[1] 参见曹金根:《排污权交易合同及其规制》,载《重庆大学学报(社会科学版)》2017 年第 3 期。

[2] 参见王慧:《论碳排放权的法律性质》,载《求是学刊》2016 年第 6 期。

[3] 参见丁丁、潘方方:《论碳排放权的法律属性》,载《法学杂志》2012 年第 9 期。

[4] 参见杜晨妍:《论碳排放权的私法逻辑构造》,载《东北师大学报(哲学社会科学版)》2016 年第 1 期。

[5] 参见王明远:《论碳排放权的准物权和发展权属性》,载《中国法学》2010 年第 6 期。

[6] 参见杜立:《论排污权的权利属性》,载《法律适用》2015 年第 9 期。

为,环境容量是指在人类生存和自然生态不致受害的前提下,某一环境所能容纳的污染物的最大负荷量。① 环境容量在我国法律上并无地位。从本质而言,环境容量属于对于环境要素、环境资源功能的使用,是环境承载力的体现。一直以来我们重视了环境的经济价值忽视了环境的生态价值。环境资源对于污染物的容纳及净化功能属于环境资源生态价值的体现,不能脱离环境资源本身来谈环境容量。排污权和碳排放权的客体不是环境容量而是环境资源本身。因此,两者的本质是对于环境资源的使用权。但与一般的物权使用权相比,两者也具有一定的特殊性。例如,排污权不具有排他性,在同一客体上完全可能存在两个或两个以上的排污权,各权利主体不能排除其他主体的权利。从这个意义上而言,在对排污权和碳排放权进行法律确认时,应将其作为特殊的物权予以专门规定。具体而言,该种权利类型构造如下:

1. 排污权和碳排放权的主体可以是企业、自然人或其他公众主体。当前碳排放权交易和排污权交易制度都仅仅将排放量较大的企业作为权利主体。但在实践中,排污权在探索企业点源和农业面源的跨产业交易,碳减排实践中也在探索向公民发放"碳币",鼓励低碳行为的模式。② 未来,公民个体也应该成为排放权的权利主体。

2. 两者权利的权利客体是特定的环境资源。权利主体所排放的污染物种类较多、范围较广,包括水污染、大气污染物等,排污权的客体也相应地包含水、空气、土壤等自然资源。气体虽然是无形的,但却是可以量化的,碳排放的客体较为单一、简单,为特定数量的气体。

3. 两者的权利内容是获得环境资源的使用价值。排污权和碳排放权获得是向环境排放污染物质或温室气体的权利。因此,两者权利的核心内容是对大气、土壤、水等自然资源的使用权。

综上所述,从实践效果层面看,由于法律属性不明确,排污权交易、碳排放交易的权利性质还存在一些争议,因此,导致了实际交易的合法性、

---

① 参见曲格平:《环境科学基础知识》,中国环境科学出版社 1984 年版,第 41 页。

② 参见张樵苏:《中国探索奖励公民碳币鼓励低碳行为》,载新华网,http://www.xinhuanet.com//politics/2015-07/29/c_1116072784.htm。

正当性也还存在一定的危机。排污权交易、碳排放交易行为作为一种生态治理市场化的探索尚未达到如预期效果。但是，无可否认的是，排污权交易、碳排放交易的是优化配置环境资源、发展和规范市场经济条件下环境监督管理制度的一项创新和大胆尝试，也是我国环境法律制度中经济激励机制的重要手段，对于促进环境法律管理机制的创新、推动经济增长方式的转变都具有深远的意义。

只有通过排污权交易、碳排放交易制度的创新，才能逐步实现以公众环境权利保护与增进为导向的利益分配与再分配，在充分运用市场机制的自我调整与政府干预良性协同之中，实现个体、团体的经济性利益与环境公共利益的资源分配模式合理改良，从而在契合环境总量逐步增长的基础上，形成"破解生态危机、维护环境公益"的环境共治合力。

第六章　体制机制变革时势下的
环境法学研究转型

党的十九大报告明确指出："经过长期努力,中国特色社会主义进入了新时代,这是我国发展新的历史方位。"自党的十八大以来,环境法等领域呈现着《土壤污染防治法》在土壤污染防治方面,填补了我国土壤污染防治立法的空白,从而建立起涵盖水、土、气、海、林、草等环境要素的相对完善的环境保护法律体系;生态文明入宪使得环境法律体系获得了宪法价值的支撑,并推动环境法治从污染防治向生态文明建设这一更高目标升级;生态环境部、自然资源部的大部制改革意味着环境监管体制改革初步完成,从根本上解决了"部门本位""执法冲突"的体制机制难题;公民环境保护意识普遍觉醒,环境权益诉求彰显等系列境况的演进与变化。无疑,上述种种环境保护体制机制变革迹象与时势变化均表明——中国环境法学研究、中国环境法治建设正在迈入新时代。而伴随着新时代的到来,社会主要矛盾、法治客观条件、话语体系建设等正发生着深刻变化。环境法学一定程度所呈现的领域法学特征决定了其必须在规范性与功能性之间达成动态平衡,并且随着所回应的现实环境问题变化而不断进行革新变化。故而中国环境法学研究需要及时回应并密切契合转型需求,型构新时代的研究格局。格者,认知范围内事物的认知程度;局者,认知范围内所行之事及事之结果。格局不同,事物之认知范围及结果亦不同。因此,对于深嵌于新时代鸿篇下的环境法学研究格局而言,当下必然面临一场由理念到实践的深刻转型。

第一节　新时代中国环境法学研究格局型构需重点关注三大命题

历经四十余年发展,环境法学研究成果汗牛充栋。而这无疑也衍生出一个认识论上的难题,即如何从整体上梳理、把握与凝练这浩如烟海的环境法学研究成果。只有正确认知当代环境法学研究的基本特征,梳理与揭示环境法学发展与法治需求、法治背景之间的互动关系,才能深度把握当代环境法学发展的整体走向,才能更有的放矢地研究与建设新时代的环境法学。这就要求在关照当代中国法治发展进程中产生形成的环境法学系列新成果的同时,超越事理,实现从法律分析到法学分析的进一步深入。无疑,环境法学核心范畴、研究方法、话语体系是其中须予以整体把握与系统阐释的三大重要命题。

一、环境法学核心范畴选择

欲深刻解读与把握当代环境法学研究,首先须厘清环境法律制度建立与运行之前的价值起点是什么,当以何种核心价值范畴来推进与展开当代中国环境法治。由此,有必要对环境法学的理论研究成果予以系统回顾。环境法学基础理论研究涉及环境权利理论、环境义务理论、环境法益论、环境法权论、环境行为论等议题。上述理论所集中探讨的是环境法律制度建立运行之前的价值起点问题,于中国本土政治与行政资源之下,以因应当代中国生态危机,满足当代中国公民的环境权益保障需求。若将上述环境法学讨论还原为一个传统法理命题,即为环境法学的核心范畴。依托核心范畴讨论,环境法学人才能完善环境法学的概念体系与理论体系,进而厘清环境法学研究的逻辑起点。无疑唯有于核心范畴理论的引导之下,环境法学才能进一步夯实制度研究的立论基础,并厚实制度有效性。而这就必须对环境法学研究的基本价值立场及分析概念——核心范畴予以明晰把握。

那么当代环境法学研究的核心范畴是什么?如何建构环境法学核心范畴理论?这是当下不容回避的重大理论问题。就环境法学四十年发展的进程看,大致呈现三种回答:权利理论、义务理论和法权理论。

(一)关于权利理论

就权利理论而言,在生态危机回应过程中,权利证成与救济成为环境法正当性的来源。从环境权利价值到宪法环境权,再到环境私法权利与公法权利,环境权利理论已然描绘出一张宏伟精致的理想图景。20 世纪80 年代至90 年代,权利话语成为那个阶段法学研究与法治意识建构的主旋律。故环境法要实现从无到有的飞跃,没有比借助当代权利话语更好的途径了。环境权引发公众对环境问题与环境保护的普遍关注,在事实层面论证了国家生态治理的必要性与正当性,继而推进了环境立法的蓬勃发展。在随后的环境法治发展中,环境权利成为环境私法、环境公民权益救济、环境法律可诉性、环境行政公众参与等领域研究的核心概念,并逐渐形成多层次的环境权价值理论、宪法环境权理论、私法环境权理论与环境参与权理论。

(二)关于义务理论

就义务理论而言,伴随21 世纪后中国环境立法的进一步蓬勃发展,"应运而生"的环境义务论在法律规范层面得以进一步呈现。在环境司法中,相应的以环境权救济为诉求的司法裁判案件亦是寥寥。[①] 绝大部分案件仍采用传统财产权、人身权的民事诉讼路径或行政诉讼的路径。擅长正当性论证的环境权范畴在揭示实证法时一定程度遇到了技术障碍。"以权利话语为依托的学术理论既缺乏描述性功能,又缺乏规范性功

---

① 最高人民法院裁判文书数据库中以环境权为关键词搜索,得到有效裁判文书仅 34 份,全部为当事人主张健康权与财产权时涉及环境权,无法院将环境权作为裁判的依据。

能——不仅对法律规范缺少解释力,而且无力指导法律制度的设计。"①因此,义务论坚持只有将义务作为核心范畴,才能妥当解释环境实定法法律现象,将为环境法理论与制度建设提供建构性支撑。② 故而,在我国当前的环境立法之中,约90%的环境实定法呈现的是具有行政关系性质的法律规范,所规定的基本是行政机关、企业、公民的义务。除了参与权、知情权等公法权利之外,鲜有实体性私法权利的规定。

(三)关于法权理论

作为新近产生的核心范畴理论,法权说跳出"权利—义务"的本位范式,以"权利—权力"为中心解释环境法学。政府环境公共权力的目的是保护环境公共利益和公众环境权利,"以权利制约权力、以权力制约权力"的路径是保证环境权力运行"合目的性"的制度路径;环境权利行使目的,在于对抗各类污染环境、破坏生态的行为,保护环境公共利益,合理开发利用自然资源,对政府环境公共权力运行进行监督制约。③ 但法权理论难以解释环境权在实体法中缺位的客观事实,也难厘清环境权力与环境权利的边界。在环境法律权利缺位的前提下,"以权利制约权力"易堕入权利泛化的自由主义趋向中,导致环境行政权力运作低效甚至无效。

可以说,上述三种关于核心范畴认识,在特定领域有优势解释力,是特定环境法治背景下的优势理论。而与此同时,也面临一个难题——当三者交汇于同一时空条件时,如何协同彼此在环境法学研究认识上的差异与分歧,以避免囿于不同研究起点、不同观察路径和结论,而可能带来环境法学研究理论根基的破碎化及环境法律本质认识错位等境遇。对此张文显教授曾深刻指出:"环境资源法学的基础理论研究仍比较薄弱,尚未对环境法学的核心范畴达成共识。"④

---

① 桑本谦:《反思中国法学界的"权利话语"——从邱兴华案切入》,载《山东社会科学》2008年第8期。
② 参见刘卫先:《环境法学基石范畴之辨析》,载《中共南京市委党校学报》2010年第1期。
③ 参见史玉成:《环境法学核心范畴之重构:环境法的法权结构论》,载《中国法学》2016年第5期。
④ 张文显:《在中国法学会环境资源法学研究会2017年年会上的致辞》,载腾讯网,https://mp.weixin.qq.com/s/kOKuLVxC5EHqmi_EobSPsw,最后访问日期:2019年10月3日。

二、环境法学的研究方法优化

当给定核心范畴与价值基础时,如何将其落实到纷繁复杂的环境法律制度实践中? 这就需要遵循一定研究方法展开环境法律制度研究。即借助类型化研究方法,围绕核心范畴来建构环境法学体系。通过环境法律概念的规定、展开、改造、完善和转化,促进法学研究深化,继而形成具有体系性、一致性的环境法学研究体系。① 回顾当代环境法律制度研究成果,无论是侧重公益性的环境规制制度,还是侧重私益性的环境救济制度,抑或公私交融的环境利益衡平制度,均是特定研究方法运用的产物。研究方法的差异性在一定程度上决定了制度建构的差异性。正如韦伯所言"方法论始终只能是对在实践中得到的检验手段的反思"。此意义上,研究方法是从实践需求出发而展开的理论提炼,其隐含了基本价值立场与时代需求之间的紧密关系。若对当代中国环境法律制度研究成果展开历史考察,则会发现一定时间段内环境法学的研究方法呈现一定的共性。而这正是研究方法所折射的时代特性。故尽管环境法律制度内容千变万化,但一定时期呈现的研究方法特征是不变的。研究方法是那个阶段的纲要,是研究内容背后的定律。唯有梳理和把握环境法学的阶段性研究方法,方能了解环境法学研究历史发展与层次演变。

苏力教授曾总结了当代中国法学的三大研究方法(政法法学、教义法学、社科法学),并将当代中国法学研究方法的面貌概括为:"浴火重生的政法法学,边界模糊的教义法学,部门法学的社科法学转向。"②基于中国环境法学在研究方法表现、时间先后等方面所形成的发展表征,可将环境法学研究方法的当代概貌概括归纳为——表浅化的社科法学、隐逸的法教义学与迟到的政法法学。

(一)当前环境法学研究方法之"表浅化的社科法学"概貌

首先,在上述研究过程中社科法学的方法在潜意识或不自觉中被大

---

① 参见胡玉鸿:《法学方法论导论》,山东人民出版社 2002 年版,第 139 页。
② 苏力:《中国法学研究格局的流变》,载《法商研究》2014 年第 5 期。

量应用,但又多仅停留于社会科学研究表层,尚未真正进入法学研究方法的深层。在立法研究中多采用环境质量的定量描述以论证环境立法的必要性,同时采用管理制度借鉴展开比较法研究。而在执法研究中对执法的利益得失、执法效率进行评价,多采用传统社会学的实证调查方法。然而上述研究方法难称真正的"社科法学"研究。其过度强调社会科学成果的引介,而忽视"法学"的转译功能。不同类型社科法学研究成果缺乏法教义学转译,致使不同层次研究成果间缺乏法学意义上的逻辑关联,表现为被长期诟病的"法学味道不足"①。同时,不同学科背景下的观察结果由于理论视角差异,导致观点间无法求得共识,更无法聚焦法律的有效解释与适用,从而陷入法律外部的价值纷争,难以深入法学应用层面。故即便从社会科学角度看,类似研究方法一定程度上仅停留于对非法学学科内基础知识、典型理论观点的介绍,知识创新与理论延伸不足。而这恰反映出环境法学研究在研究方法上的欠缺,即无法通过研究方法克服学科间的专业性壁垒,形成不同学科间的理论连接点或知识创新。

(二)当前环境法学研究方法之"隐逸的法教义学"概貌

与社科法学的大量应用形成鲜明对比的是,作为法学主流研究方法的教义学反而应用较少,呈隐逸之貌。囿于当下繁重的立法任务和相对偏弱的环境司法,环境法学研究较少考虑立法的规范性面向,更多关注的是如何迅速建构环境管理组织机构与环境管理制度,进而希冀从形式上将日益扩张的环境行政权纳入合法性框架中。故而罕见规范性法学的应用,法教义学退居其后。其表现为用表浅化的社科法学论证代替教义学的法律内部论证。具体表现在:

其一,在立法的必要性论证阶段,用环境问题严重性描述代替新法的必要性论证。从教义学角度而言,立法是否必要取决于通过旧法完善能否解决相应社会问题以及立法成本分析,即必要性定性分析与定量分析。环境问题的定性与定量分析仅是上述外部论证的一环,而非全部。大量的法律内部论证无疑在不经意间被忽视了。其二,在法律制度建构阶段,

---

① 巩固:《环境法律观检讨》,载《法学研究》2011 年第 6 期。

用管理制度借鉴代替法律制度借鉴。对外国环境法律制度借鉴更多的是将法律文本作为环境监督管理制度"指南",通过静态法律文本了解域外环境管理的基本架构。其本质上是通过法律文本学习域外环境管理经验,而非环境法律经验。这种停留在立法文本层次的比较法研究忽视了法律动态实施中的规范性面向,同时也忽视了环境法治背后的政治和文化背景。其三,在法律制度实施效果评估阶段,用社会效果评估代替法律效果。环境法律制度实施效果的最直接标准是是否达成普遍守法、是否能有效解决个案争议,即守法标准与司法标准。当达成普遍守法与司法秩序时,可期待良好的社会效果,即执法效率与环境质量。但并不意味着,环境执法效率提升与环境质量改善就等于环境法治水平提升。随着环境司法需求日益增强,法教义学日益受关注。尤其在环境判例研究中,环境法学人正努力通过教义学粘连环境法学理论与传统部门法学理论。但这种尝试只是正在发生,距离概念清晰、逻辑谨严、体系完整的目标还甚远,其与法律实践的良好互动也未形成。

(三)当前环境法学研究方法之"迟到的政法法学"概貌

环境法学研究方法的另一特征可表述为是一种"迟到的政法法学"的呈现。当环境法学产生之时,"市场经济是法治经济、依法行政"等法治理念已达成共识。20世纪80年代环境法学早期研究就已采用权利话语与国际法话语证成学科的合理性,而非政法话语。在生态文明受关注前,环境法学可以说罕有政法法学范式应用。但毋庸置疑的是,环境问题的公益性决定了环境法必然与政治存在紧密关系,生态危机应对离不开政治的强力助推,环境法律实施离不开与政治密切关联的行政资源。尤其自党的十七大提出生态文明建设以来,党中央进一步呈现对环境保护与环境法治的高度关注。环保督察河长制、环境保护绩效考核、环境审计制度等极具中国特色的法律制度被创设,亟待环境法学者将其纳入权力—法治—权利框架中。故必然会对政法法学及其研究方法补强提出需求,以进一步探讨环境保护领域中法治与政治、法律与权力之间的连接与关系互动。当然,与昔日政法法学的顶层建构有所不同的是——环境法学中的政法法学所着力呈现的是微观权力关系,尝试的是在中国本土资源角度理解现代政法关系。

三、环境法学的话语体系建构

（一）环境法学研究格局的第三大命题：环境法学的话语体系

无论理论研究还是制度研究都须遵循相应的检验标准，以检验理论和制度的解释力、可行性与有效性。那么何为环境法学研究成果的判断标准，即在何种意义上成果具有价值性？或说在何种层次上环境法学研究揭示了问题，满足了客观需求？对这一问题的回答就是第三个环境法学研究的理论命题——环境法学的话语体系。在社会科学中，话语不是某种话语与言说，而是"由诸多观念、态度、行动过程、信念和实践组成的思想体系，这些思想体系系统地建构了主体和他们所言说的世界"①。一定时期内，环境法学研究成果并非碎片化的零散排列，而是有着共同的价值判断与问题意识的。这种成果群体性指向就是话语体系，表现为相应研究成果所呈现的思想特征与价值观念，反映的是话语背后的权力与支配关系。话语一旦被创造出来就会形成一种弹性空间，自然而然地抵抗和挤压其他话语，并反向促成和支配研究者采取同质的研究立场与态度。也正基于此，话语体系是历史阶段中环境法学研究成果态度与立场的集中体现，从而构成从整体上把握环境法学研究格局的第三大命题。

（二）当前伴随环境法治发展的两大主要话语

在当代环境法学研究中，所产生的话语体系林林总总，各个话语持续时间长短不一。其中有两大最主要话语伴随环境法治发展并持续至今：一是环境权利话语，二是多中心生态治理话语。不同于西方环境法学的产生与生态危机的法律反应，中国环境法学诞生所呈现的更像是一种理论需求上的预判及西方优势话语的借鉴。早期环境法学更倾向于从《联合国人类环境会议宣言》《人权和公民权宣言》等国际环境规范性文件的

---

① 施旭：《文化话语研究：探索中国的理论、方法与问题》，北京大学出版社 2010 年版，第15 页。

有关权利条款引申出环境权应是人所必须具有的权利,进而印证自身学科的正当性。① 环境权利话语在不少场合成为当时环境法学研究的主流话语。进入 21 世纪以后,伴随中国环境行政监管体制的快速建设,环境立法呈井喷态势。环境法学在此阶段倾向于采用比较法学方式借鉴西方,遵循环境问题—西方制度—西方制度借鉴的研究套路。在此过程中,环境法学界逐渐形成"多中心治理"的话语体系。这一话语体系坚持环境行政的核心在于代表及最大限度表达环境公共利益,核心途径在于通过有效制度安排,实现公众在环境公共政策、法律制定与执行等方面的全过程实质性参与,以确保公众在其中的功能地位和作用,进而创造政府、市场与社会的扁平化关系。事实上,当前环境法学界所提倡的主要制度工具,诸如公众参与、信息公开、生态补偿、排污交易等,本质上都是"多中心治理"话语体系之下的制度建构。无论环境法学界是否意识到话语体系的影响力,"多中心治理"话语已然成为当前环境法学研究的主要前提。

话语议题的提出本身就意味着开启一种积极的自觉,即对自身学术话语体系的反省性自觉,批评性检讨当今环境法学的学术话语。当深入到当代环境法学研究话语之中,就会发现话语中国理论、中国资源乃至中国问题的虚无的可能性,会致使环境法学理论与本土环境法治需求在一定程度上脱节。整个 20 世纪 80 年代至 90 年代,我国以经济建设为中心,社会主要矛盾仍为落后的生产力与日益增长的物质文化需求间的矛盾,环境问题也尚未受到社会全面关注。当公众对环境问题没有切身之痛,环境意识尚未觉醒时,环境立法乃至环境司法就难以在实质层面涉及实体性环境权利。既是如此,环境权何在? 以环境权为核心范畴的话语体系又如何对接中国环境法治实践? 生态补偿、排污权交易、公众参与制度等虽在国外行使有效,但移植到中国可能会水土不服。其中的根本原因在于在上述法律制度的借鉴过程中,忽视了中西方在政治制度、央地关

---

① 参见蔡守秋:《环境权初探》,载《中国社会科学》1982 年第 3 期;吕忠梅:《论公民环境权》,载《法学研究》1995 年第 6 期;陈泉生:《环境权之辨析》,载《中国法学》1997 年第 2 期。

系、府际关系、法治文化等方面的根本差异,易导致"管中窥豹""南橘北枳"继而水土不服。诚然,多中心治理虽代表现代国家的发展方向,也是中国建构现代生态治理体系乃至国家治理体系的必然趋势;但若盲目借鉴,则易忽视中国情境的特殊性,易忽视中国政府的动员能力以及中华文化背景下公众权利主张的利益倾向。

第二节 新时代环境法学研究的转型需求

新时代,尤其自党的十八大以来,社会主要矛盾、环境法治背景、中国话语需求发生重要变化。对环境法治而言这种变化并非一般意义上的量变,是根本意义上的质变。这不仅意味着客观条件、时代背景的变化,更是主观价值需求、法治导向的变化。因此,继续固守当前环境法学的知识格局已无法满足环境法治需求,也违背了前述法学研究与时代需求互动的基本规律。毋庸置疑,新时代环境法学研究必须转型。而欲使转型有的放矢,就须对主观价值需求变化与客观的时代背景变迁予以系统剖析。

一、主观价值需求:呼唤权利本位价值

党的十九大报告总结提出:"中国特色社会主义进入新时代,我国社会的主要矛盾已经转化为人民日益增长的美好生活需要和不平衡不充分的发展之间的矛盾。"[①]新时代社会主要矛盾这一客观条件变化揭示出当代中国环境法治的价值需求变化,即权利本位及其价值需求变化。

(一)新时代社会主要矛盾变化所呼唤的是一种权利价值

而且在此阶段,对权利价值的关注,已日益呈现非仅限于经济视角的价值评估,而更多关注诸如生态、安全、精神性、美学性等方面更深层次的权利价值与美好生活的诉求与满足。十九大报告的有关论述确定了美好

---

① 《十九大报告辅导读本》编写组:《党的十九大报告辅导读本》,人民出版社 2017 年版,第 11 页。

生活的需要,即从经济(物质)、文化、社会、民主、法治、公平、正义、安全、生态、环境十个方面满足人民美好生活的需求,基本发展方向是"人的全面发展、社会全面进步"。① 其中,民主、法治、公平、正义直接表现为法治建设的内容。由此,环境法治自然需要承担起环境保护与自然资源开发领域中的民主、法治、公平、正义建设之责。而其中的安全、生态、环境三个方面则直接表现为环境法治建设内容。环境法学需不断"提供更多的优质生态产品,满足人民日益增长的优美生态环境需要,着力解决突出生态环境问题,为人民创造良好生态生活环境"②。这两者统一于人民对与生态环境有关的权利需求。③ 具体而言,美好生活需要的环境权利需求表现在以下方面:

其一,不仅体现为对经济性权利需求,还体现为生态性权利需求。温饱之后还需要清洁空气、水、土地等方面需求的满足。其二,不仅仅体现为基本生存权需求,还需精神、享乐等追求幸福权利。清洁空气、水、土地之后还需绿水青山、鸟鸣虫叫、阳光雨露等更高层次精神享受。其三,不仅体现为实体性权利需求,还体现为程序性权利需求。享有良好、适宜的生态环境后还需有充分的知情权和参与权,知晓环境信息,参与到政府与社会的环境保护中。其四,不仅体现为部分人的权利享有,还体现为公众享有均等、适宜、良好的环境权利。不仅在经济发达地区或生态资源禀赋丰沛地区享有适宜、良好环境权利,且在经济欠发达地区、生态环境不佳地区更应强调公众享有适宜、良好的环境权利。

(二)环境法治供给能力与环境权利实际享有

就新时代的社会基本矛盾而言,社会基本矛盾中的不平衡、不充分发展折射在环境法治领域,主要表现为应有权利未能法定化,环境法治供给能力无法满足环境相关权利的实际享有。环境相关权利落实到真实社会

---

① 参见童之伟:《社会主要矛盾与法治中国建设的关联》,载《法学》2017 年第 12 期。
② 《中共中央、国务院关于全面加强生态环境保护 坚决打好污染防治攻坚战的意见》,载中国政府网,http://www.gov.cn/zhengce/2018 - 06/24/content_5300953.htm,最后访问日期:2019 年 6 月 2 日。
③ 参见郭栋:《美好生活的法理观照——"新时代社会主要矛盾深刻变化与法治现代化"高端智库论坛述评》,载《法制与社会发展》2018 年第 4 期。

中,可能面临下述困顿境况:

1. 重权力配置,轻权利分配

整个环境法律体系的行政管理法属性明显,环境立法的重头在于环境行政权力配置与环境行政执法,公众、企业的实体性权利关注与保护偏弱;公众人身权、企业财产权受侵犯后,与环境相关的权利司法救济途径不畅,从而往往诉诸行政途径,甚至可能引发群体性运动。

2. 重环境利益维护,轻环境民主参与

自生态文明建设以来,我国已建立起环境质量绩效考核责任制、生态红线制度,完善生态环境规划制度、环境标准制度,严格执行排污许可制度、环境影响评价制度等,有利于遏制环境恶化。但上述制度的具体运行与功能实现仍大有空间。如公众参与(尤其是公众的环境行政决策等过程参与),尚待进一步走出流于形式的窠臼,以充分表达环境民主、环境参与的内在价值。

3. 重生存性权利,轻精神性权利

这在环境司法领域体现得尤为明显,与生存权密切关联的人身权、财产权等基本能通过环境司法得以救济,而更高层次的精神享受性权利几乎很难获司法承认。

4. 重局部环境质量改善,轻环境分配正义

囿于环境法治发展阶段性,我国对城市、重污染地区、生态敏感脆弱地区、国家生态安全地区等投入大量环境法治资源,但对经济欠发达地区及农村,环境法治资源供给却明显不足。部分经济欠发达农村、偏远地区依然面临污染造成的生存权问题。

显然,为适应社会主要矛盾变化,环境法治建设方略不可避免须随之调整。尤其是对核心范畴的研究,应顺应新时代价值需求变化,引导环境法治实践不断满足权利实现的期待,推动环境法治对社会主要矛盾的化解。

二、客观条件变迁:亟待环境法律及制度体系化

2018 年,习近平总书记在全国生态环境保护大会上对于生态文明建

设目前正处"关键期、攻坚期、窗口期"的强调,是习近平总书记根据生态文明建设和生态环境保护的客观规律,作出的重大科学判断,对明确未来生态环境保护目标,明晰环境法治建设方向至关重要。"关键期、攻坚期、窗口期"意味着我国经过大规模治理,尤其是党的十八大以来对污染的宣战,深入实施三大计划,生态环境已初步好转,已具备解决生态环境突出问题的基础条件(初步建成环境保护法律制度体系,经过长期、大规模生态治理积累了丰富管理与实践经验,形成了具体有效的治理模式等)。同时"关键期、攻坚期、窗口期"还意味着如果不能抓住当前机遇将建成的环境法律制度体系深入落实,如不能及时汲取当前实践经验改革当前法律制度,我们将错过生态文明制度建设的战略机遇期,未来还将因生态问题付出更大更沉重的代价。① 从法学研究视角看,上述科学判断揭示了环境法治的客观条件的重大改变,凸显出环境法律制度体系化需求。

(一)相对完善环境保护法律体系的初步建立

在环境法律体系建设层面,我国已初步建立相对完善的环境保护法律体系,实现了环境法律制度"从无到有"的飞跃;在下一阶段则需实现"从有到体系、从框架到精细"的二次飞跃。曾几何时,中国环境法学研究只能立足于域外环境法律制度比较借鉴,环境立法研究只能"摸着石头过河"。其中夹杂了应急、尝试、想象的非理性因素。梳理当前环境法律体系不难发现我国单行环境法律中不乏相互冲突、关系错位的问题。也因此,如何形成一个逻辑自洽的环境法律制度体系,为行政主体、行政相对人提供一个稳定秩序的框架就尤为关键。其中,环境法典化与体系化研究将成当下环境法律体系研究的一个重要方向。这些变化,不仅关系到环境法律制度体系的实施效果,还关系到公共利益与个体利益间的平衡稳定,更关系到社会秩序的长治久安。

(二)环境监管体系改革初步完成

在环境执法体系建设上,我国行政监督管理体系改革探索初步完成,

---

① 参见王金南:《把握好生态环境治理的窗口期》,载《中国环境报》2018 年 5 月 28 日,第 3 版。

正尝试从破碎化监督管理体制到一体化环境监管体制的转型升级,亟待将行之有效的监管经验以法律方式固定并形成执法秩序,着重降低执法的社会成本,提升环境行政效率。党的十九大以来,环境行政监管体系的大部制改革可谓"四十年未有之大变革",在顶层设计上打破环境执法的"部门本位"藩篱,给环境执法的监管体制讨论画上句号。自生态文明建设以来的大量新型环境政策、执法制度,如"水、土、气十条,最严格环境保护制度,多规合一,党政同责,环保约谈"等,亟待环境法学研究将其法律化、秩序化、体系化,防止执法过程中"一刀切、滥作为"。同时,环境法学需走入环境行政执法动态之中,深入了解行政过程中的社会矛盾、执法难点,为环境行政效率提高提出法律意见。

（三）环境司法体系建设有效推进

环境司法体系建设初步解决了司法体制瓶颈,但体系化程度远不能满足日益增长的环境纠纷需求,仍需强化司法自身的体系,同时加强司法与立法间互动。我国尚未有法律、法规对环境司法专门化中的审判机构、审理程序予以规定。实践中,环保法庭多数情况下只是将环境类案件进行简单合并,并未达致环境问题的学科交叉性特点所要求的诉讼程序的实质整合,地方法院仍按传统的民事、行政、刑事程序分别审理,并未形成一套独立、系统的符合环保需要的诉讼程序。环境司法专门化若只是笼统地将环境资源案件交由独立环保法庭简单汇总,而不是对诉讼程序实质整合,不形成独立诉讼程序,就没有从根本上突破传统环境司法模式的局限性,环境司法专门化的正当性就会受到质疑,进而影响环保法庭存在的必要性。① 综合而言,明确环境法庭专门地位应是未来环境司法发展的重点。当前环境立法与环境司法脱节,环境司法不能的问题,虽在司法体制上有一定缓解,但根本性问题未得以解决。而这与长期以来环境法学研究所信奉、主导的立法中心主义有关。因此,环境法学亟待从立法中心主义向立法与司法并重转变。

---

① 参见陈海嵩:《环境司法"三审合一"的检视与完善》,载《中州学刊》2016 年第 4 期。

（四）体系化的环境法律及制度须对实效性需求予以回应

法律是实践性的，注重法律实效是题中应有之义。因此，就环境法律及法律制度建设发展而言，在环境法律及法律制度进一步走向体系化的进程中，在环境保护体制机制变革进一步走向深入的过程中，还需要进一步彰显的是，体系化的环境法律及制度、环境保护的体制机制变革须及时回应实效性的社会需求。

我国自 1979 年《环境保护法（试行）》颁布起，便开启了环境立法的先河。在 1979 年的《环境保护法（试行）》之后的 30 年，我国基本建立起了环境法律体系。不过与之同时，学者们也基本同意不断完善的立法并未带来充分符合公众所预期的效果。在一定程度上可以说，我国的环境立法在创制之初并未注重它的实效。

20 世纪 90 年代以来，虽然我国的环境保护团体等组织主体得以一定程度的快速发展，但是相对而言，环境运动总体上还是"嵌入式"的。①环境保护团体等组织主体和环境运动主要寻求的是制度内参与以"帮助政府"，更多是通过与政府建立非正式纽带以发挥"政治杠杆"作用。因此，环境保护团体等组织主体在法律实施中的作用也是有限的。所以，从党的十七大报告中提出"建设生态文明"到党的十八大报告将"大力推进生态文明建设"作为专篇，可以充分认为这正是环境法迈向实效性的发轫。基于此，从 2011 年启动对实施三十余年的《环境保护法》的修订，到 2014 年新修订的《环境保护法》颁布，则标示着我国环境法开始注重它的实效。新修订的《环境保护法》朝着"最严格环境保护制度"呈跳跃式迈进，其中的很多新举措至少包括：督促政府积极作为，如第 26 条、第 27 条、第 67 条、第 68 条；发挥公民参与的作用，如第 58 条；严查重罚以阻吓违法，如第 59 条、第 60 条、第 62 条、第 63 条、第 64 条；利用市场机制的作用，如第 31、52 条。所有这些新举措，无疑都以增强环境法律的可实施性为核心，以实现环境法律的实效为目的。

---

① ［荷兰］皮特·何、［美］瑞志·安德蒙主编：《嵌入式行动主义在中国》，李婵娟译，社会科学文献出版社 2012 年版，第 39 页。

　　当然,我们将《环境保护法》的修订作为环境法迈向新时代一个重要标志。其中追求实效性是一个重要特征。必须注意的是,这只是环境法在迈向新时代中对实效性的追求。但追求实效性并不必然意味着环境法就实现了它的实效,修订后《环境保护法》得以实施也不等于赢得了法律实效。基于法的一般理论的通常认识,法的实效属于事实范畴,即法律被实际实施和遵守。如凯尔森强调法律的实效有两个条件:一是规范被法律机构所适用,即在具体的案件中制裁被实施;二是人们遵守规范,即人们为了避免制裁而遵守法律。[①] 环境法是保护环境的法,环境质量的改善就是它的直接目的。因此,学界和社会大众往往习惯于将环境质量的改善作为衡量环境实效的标准。诚然,对环境法的学者而言,因为环境法能否改善环境质量的事实可能性属于科学的范畴,他们可以也应该"假定"科学的正确性,而将环境质量改善作为衡量环境法实效的标准。但是相对而言,也必须清楚认识到,科学并不是"绝对正确的",科学本质上是试探性的。环境科学能够阐明的命题只是"环境质量的改善可能是环境法的作用"。所以,环境法对待环境质量改善的正确态度,应该是将之作为评判实效的参考性标准。环境法实效的主要评判标准应该就是两个:(1)环境法律被实际实施,即针对违法者施加了强制性的制裁。(2)违法者在制裁之后不再违法,即违法者在制裁之后遵守法律。

　　显然,从环境法的实效角度看,修订后的《环境保护法》只是为法律的实施奠定基础。在修订后的《环境保护法》中,所查处的违法案件和罚款金额大幅度增长,部分原因当然是新修订实施的法律扩大了环境管制的范围,加重了法律责任。但是,这从某种程度上也说明违法现象并未因法律的实施而减少。换言之,法律虽然开始得到实施了,可能还并未充分呈现因法律的实施而普遍遵守。可以说,从修订《环境保护法》以来,环境法律的确开始得到实施了,但是还需要进一步的充分证据来阐明环境法因此而具有了充分实效,环境法律的运行在实际性层面改变了人与人、

---

① See Hans Kelsen, *The Pure Theory of Law* (*revised edition*) , California University Press, 1967 ,p. 10 – 12.

人与自然之间的利益调整关系。在一定程度上，人天生就是社会人，天生就处于各种社会结构关系之中。任何社会结构都具有一定的稳定性，法律运行实际性地改变了现行的结构关系。因此如果不能形成一种新的稳定的结构关系，那么法律的运行必然不可持续，社会也会因之而陷入动荡，法律的功能会因之而受损，甚至面临丧失殆尽的风险。所以，就法律的运行而言，其旨在改造社会；但是，就法律的有效运行（法律实效）而言，其目的显然就是基于一种与之适应的新的社会结构。换言之，环境法要具有实效，就基于它有着实效性的结构，其中所涉及的很重要一部分组成就是环境保护的体制机制结构。正基于此，新时代下环境保护的体制机制变革就成为其中一个不容回避的重要命题。

从美国环境法的发展历史可以看到，在立法修订完善具有可实施性之后，支撑法律有效运行的两个基本要素就是环境保护团体和党派政治的合作体制机制结构。在美国环境法在实施过程中，从没有离开过和企业利益集团的博弈。如空气质量法案就是因为西弗吉尼亚州的参议员詹宁斯·伦道夫（Jennings Randolph）代表的是煤炭行业利益集团，因而最终的方案是以水质量法案为模版。从而导致面临的是"管制偏松且可实施性不强"[1]。而在 CAA 修正案制定过程中，虽然当时尼克松总统倾向于一个较为温和的修正法案，在众议员保罗·罗杰斯（Paul Rogers）的带领下，众议院以 375∶1 的投票通过了一项修正法案[2]，但参议员埃德蒙·马斯基（Edmund Muskie）则推动参议院以 73 票全票通过了另一项更为严格的修正法案[3]，故而最终因为国会大部分人的强力支持，尼克松总统还是同意签署了严格的修正案，尼克松也因之而成为第一个使环境保护成为国家政治议程重要部分的美国总统[4]。

---

[1]　See Water Quality Act of 1965, Pub. L. No. 89 – 234, 79 Stat. 903 (1965).

[2]　See John C. Whitaker, Striking a Balance: Environment and Natural Resources Policy in the Nixon—Ford Years 96 (1976).

[3]　See Richard E. Cohen, Washington At Work: Back Rooms And Clean Am 18 (2d ed. 1995).

[4]　See Jones, supra note 117, at 179 – 80 (Discussing Nixon's 1970 State of the Union address setting the environment as a priority of his Administration).

因此从深层次看,关于环境法实效性及其结构的分析,必须对政府、社会、企业、公众等不同利益主体间的环境保护体制机制结构加以认识,进而理解与把握其中的因法律运行与实施而稳定形成的协同共治结构关系。在法学和政治学中,对应的理论术语也就是权力、权利和利益。法律的实施一定程度上就是权力、权利和利益的运行过程。综合而言,环境法的全面实施仅仅是实效的前提,只有在法律实施之后公众积极予以遵守才能认为环境法达致其实效,也即公众遵守法律才是法律实效判断的终极标准。凯尔森认为人们遵守法律就是为了避免制裁,包括法律制裁或者宗教等社会规范的制裁。① 然而,无论如何,制裁或者对被制裁的恐惧是不能形成稳定的社会关系的。运行权力实施法律,必须能够激起人们自愿守法的动机。权力的运行不能是单向线性的"命令—服从"关系,而必须是双向循环的"命令—合作"关系。因此,环境法作用范围广泛,几乎涉及每一个个体和组织。如果不能使法律成为大家共同的法律,不能使法律的实施变为大家共同的实施,再强大的权力也无法保证法律的效果。如果公众、社会、企业和政府之间没有合作的态度,对抗与逃避、执法之后死灰复燃就不可避免。② 因此,从改善环境质量的角度,更是必须主要依靠各个主体的自觉,需要类似于权利、权力关系的运行中的"命令—合作"关系形成。

因此综合而言,显然环境法治客观条件在新时代正发生着重大变化,意味着环境法学研究的也需要随之调整。尤其是体现研究立场与新时代需求紧密联系的研究方法,在社会需求、法律目的等发生重大变化情况下,须体现时代客观条件变化所反映的特性。

---

① 凯尔森说,"很难断定人们的守法行为是否真为制裁威胁的效果。遵守法律规范可以基于其他的动机,比如,一个违法行为同时也是违法宗教的行为,遵守法律就不一定是为了避免责任的制裁,而是避免宗教的制裁"。See Hans Kelsen, *The Pure Theory of Law*(*revised edition*), California University Press, 1967, p. 12.

② 如在原环境保护部通报的 2015 年热线举报情况中,就有 45 家企业的违法行为被民众反复举报超过 3 次。参见《关于 2015 年全国"12369"环境保护举报工作情况的通报》,载生态环境部网站,http://www.mep.gov.cn/gkml/hbb/bgth/201603/t20160302_331049.htm,最后访问日期:2017 年 3 月 5 日。

三、话语体系反思:彰显中国话语的形成需求

2017 年习近平总书记在中国政法大学考察时强调,"没有正确的法治理论引领,就不可能有正确的法治实践","我们有我们的历史,有我们的体制机制,有我们的国情,我们的国家治理有其他国家不可比拟的特殊性和复杂性,也有我们自己长期积累的经验和优势……要以我为主、兼收并蓄、突出特色……努力以中国智慧、中国实践为世界法治文明建设作出贡献"①。上述重要论述无疑为中国法治话语体系建设指明了方向,明确了目标。环境法学须建构本土的环境法治话语,才能改变曾经的那种被支配状况,才能为世界的法治概念提供中国要素。从而为环境法治提供中国方案,并将中国方案纳入全球环境法治蓝图中。从另一层面看,若欠缺自己的话语体系,则从根本上消除西方独断的话语影响是不可能的。没有自己的话语体系,就难以保证思想上的自主,易产生意识判断混乱。进入 21 世纪后,我国正渐成系统的环境法律体系,逐步推进大部制改革、生态监管体系完善、专门化环境司法体制机制建立,生态文明入宪并深入人心。相比前一阶段,社会主要矛盾变化决定了环境法学比任何时候都亟须切合我国实际的法治理念和法治理论,统一全社会认识,消除分歧。四十余年的环境法治积累决定了环境法学为具有中国特色的环境法治话语体系建设提供了一定经验基础,为环境法学领悟和认知中国环境法治建设中的重大理论与实践问题打下坚实基础。能否抓住这样机遇,把握法治意识形态建设这一时代主题,关系中国特色社会主义法治能否最终形成。②

---

① 习近平:《立德树人德法兼修抓好法治人才培养 励志勤学刻苦磨炼促进青年成长进步》,载《人民日报》2017 年 5 月 4 日,第 1 版。

② 参见顾培东:《当代中国法治话语体系的构建》,载《法学研究》2012 年第 3 期。

第三节　"从一元走向二元"的核心范畴转型

社会主要矛盾变化呼唤权利本位价值,决定了新时代比任何时候都需将权利本位落实于环境法治实践中。新时代环境法治不再满足于权利话语的价值自证,而要环境权利能被公众真实享有,让公众可实际享有相关环境权利成为生态文明法治秩序压舱石。那么,作为环境法学研究逻辑起点和认识环境法律现象的中介概念——核心范畴及其理论建构就须因应新时代的转型需求。

一、"权利—义务"二元核心范畴:因应转型需求的一种选择

（一）核心范畴是具有部门法领域特质的核心分析工具

首先需要明确部门法学的核心范畴并非一种分析视角,而是具有部门法领域特质的核心分析工具。视角上,法学既可采用"权利—义务"视角,也可采用"权利—权力"视角,也可采用更为抽象的"法益"视角。视角并不排他,视角间的相互补充反而能够消除单一视角的观察盲区,形成全阈式观察。而核心范畴并非如此,各部门法学中的核心范畴不一致,反映了各自特性学科性质与思维特征的基本概念,且在传统部门法学中具有相对唯一性,如刑法中的犯罪、民法中的权利、行政法中的行政行为。关于核心范畴的理论飞跃推动了部门法学在应然与实然、规则与事实间的相互跌宕,相互弥合,突出表现为部门法学的社会事实涵摄能力的提升及对社会价值变化的回应。诚然,核心范畴与研究方法之间的关系,正如同犯罪与刑法教义学、刑事政策学,权利与实用民法学、伦理民法学,行政行为与行政法教义学、规制学之间的关系。

（二）核心范畴的双重标准

故可提炼出核心范畴的双重标准:其一,能反映出学科内部的基本价值导向,其与社会道德、伦理、政治需求密切相关,指向法律的实质正义。可以说,核心范畴是该法律部门自证、自认为正义代表,要求社会成员普

遍信奉的基础。其二,核心范畴须贯穿实定法始终,对实定法有通盘解释力,能支撑法律职业群体的社会价值共识,落实到具体个案中,弥补规则与事实间的间隙,指向法律的形式正义。在漫长法学发展过程中,传统部门法学找到了能够符合双重标准的核心范畴,并以此作为学科之基石。如刑法学将"罪行法定""人权""权力控制"等价值理念都置入犯罪论体系中,并通过犯罪论系统解释刑法法律规则,从而实现从普遍价值判断到个案规范转化。

当前环境法学研究正处寻找符合双重标准的范畴的历史过程之中。尚无法用一个准确概念或理论准确解释这一新型的法律现象。一方面,科学的不确定性、价值分裂的现代背景决定了在环境法领域难形成一个价值基础,导致所谓的共识匮乏。环境作为典型公共物品,其供给与享有所依价值基础存在差异。供给阶段需依靠公众的义务履行,而在分享阶段则需借助公众权利享有。这就产生了核心范畴认识上的差异。另一方面,环境法律横跨公私法,难找到一个既有范畴,能贯通环境法始终,妥善解释环境法律现象。如行政行为理论或行政处分理论虽能解释大部分环境行政法律现象,但几乎无法解释生态补偿、生态损害赔偿等环境私法现象,亦难在环境侵权诉讼、环境公益诉讼案件有所作为。环境法不可能在传统公私法的中观理论中寻找能通盘解释环境法律及现象的核心范畴。在环境保护领域,传统法中的"价值—规范—秩序"认知模式被现代性冲击得面目全非。面对复杂性,环境法学并未提炼出一个部门法独有的范畴,而是诉诸更抽象的法理学范畴即权利与义务,并期望通过一元权利范畴或义务范畴建构环境法学的根基。然而,曾经的环境权理论借助权利话语实现了环境法律正当性的自证,但无法以权利为核心解释实定法;义务论虽可对当前实定法予以解释,但对法律体系建构缺少指引性,在价值证立上与权利话语相争处明显劣势。事实上诉诸一个更为抽象、普遍性的范畴,难以符合和满足核心范畴的功能要求或符合核心范畴的双重标准。因此,形成一种二元核心范畴或将成为环境法学研究的一种选择。未来环境法学研究应坚持"权利—义务"的二元核心范畴。

二、作为价值范畴的环境权利

若深入至四十年来关于环境权利的讨论中,会发现环境权利并非一个私法权利概念或宪法基本权概念,而是一个复杂、综合的权利集合或权利束概念。环境权利所涉的是一个包括权利话语、环境法律利益、私法权利、公法权利等在内的权利集合。

（一）环境权利是环境价值自证的范畴

综合而言,也正是环境法律呈现的复杂性特征致使人们无法仅通过一种性质的权利就能完全解释环境法律现象。尤其在实证法尚未直接规定或通过解释间接承认私法环境权利或宪法环境基本权的情况下,环境权利无法对大量环境义务实证法进行解释。但这并不意味着环境权利被时代所抛弃。恰恰相反,新时代的主要矛盾变化决定了环境权利仍将继续作为环境价值自证的范畴存在,并随未来环境法治的深入而促进真正意义上的环境权利产生。新时代检验环境法治是否成功的标准,就是看公众是否享有法律意义上的环境权利,所享有的环境权利内容能否真正实现;当环境权利受侵害时,能否及时得以救济。因此,环境权利范畴将成为国家向公民承诺并通过国家权力兑现的核心内容。

（二）环境权利价值范畴是未来环境法治建设的目标与理想

新时代"美好生活"的本质是公民多元权利彰显,其中民主、法治、公平、正义需求与安全、生态、环境需求将最终统一于权利——环境权利。①这意味着国家将逐渐强化对公众环境利益维护的政治承诺,以及不断增长的环境公共利益供给能力;意味着公众环境意识觉醒,公众在温饱后更关注温饱之上的环境利益需求,需要积极向国家主张环境公共产品;意味着环境需求将逐渐从经济利益需求、人身需求中独立,而环境权利也将逐渐摆脱传统部门法学中财产权、人格权、参与权的束缚而得以解放。故而未来环境法学须进一步聚焦于权利建设与权利实现条件的供给上,否则,

---

① 参见郭栋:《美好生活的法理观照——"新时代社会主要矛盾深刻变化与法治现代化"高端智库论坛述评》,载《法制与社会发展》2018年第4期。

会失去研究方向,也会失去对社会主要矛盾变化后法治实践的解释力。因此,环境权利范畴也是未来国家环境法治建设的目标与理想。

三、作为工具范畴的环境义务

(一)环境义务范畴的内容

新时代背景下,在环境法治领域内,环境相关权利的实际享有离不开具有工具性价值的环境义务。与环境权利相对应,环境义务同样具多层次性,而非纯粹的抽象义务。具体而言,环境义务范畴包括以下方面:(1)国家义务。《宪法》第 26 条规定了"国家保护和改善生活环境和生态环境,防治污染和其他公害"义务,并在序言中明确"生态文明"作为国家根本任务。(2)行政主体的依法履行环境职责的义务。(3)企业依法履行的环境许可审批、达标排放、生态治理、环境修复等环境行政法定义务。(4)公众依法履行的保护环境义务。不同于环境权利范畴的目标指向与价值引导,环境义务范畴更侧重于环境法律技术分析。各主体义务间存在紧密的相互关系。国家义务最终落实需有赖于行政主体义务、企业义务、公众义务的履行;公众义务、企业义务的内容需依靠行政主体义务执行来进行划定。通过在国家、政府、公众、企业之间协同分配多层次、具象化的义务实现主体行为的规范化。

(二)环境义务体系因应新时代法治需求而变化

伴随新时代法治需求变化,义务体系要求也正发生。2018 年宪法修改,"生态文明"等内容入宪回应了环境保护的价值需求,采用"国家目标"方式,通过国家权力课以不同层次义务,实现"环境权入宪"的功能期待。[①] 这意味着在国家义务层次,国家增强了有关环境利益的政治承诺,并将国家义务作为兑现政治承诺的最主要途径。而法治、民主、公平、正义的突出需求,则要求环境行政主体在行使权力和履行法定职责时的规范化,通过明确法律授权与义务规定将权力置于法律制度笼子。对于生态利益突出需求,则强调要求公众、企业能依法履行环境保护义务,形成

---

① 参见张翔:《环境宪法的新发展及其规范阐释》,载《法学家》2018 年第 3 期。

守法自觉。同时,也需要明确规定企业与公民的环境保护义务,防止"一刀切、滥作为",不能以环保之名侵犯公民、企业的合法财产权,妥善处理好经济与环境利益的冲突。在此意义上,环境义务除了提供主体义务视角外,更是从法律技术层面建构环境法学研究体系。确定性、可预测性、可司法性、权义相当等义务内容研究跨越了公私法研究隔阂,从法律的形式正义层面提出规范性研究路径。而这正与新时代突出强调的民主、法治、公平、正义要求密切关联。复合、多层次的义务范畴构成了新时代环境法学的规范性研究基石。

四、二元范畴互动是促成权利走向实际享有的核心

权利与义务二元范畴互动紧密,反映中国环境法学的时代特征。不同于一元范畴,二元核心范畴理论明确澄清了权利与义务各层次的互动关系,大体反映了当代环境法学的现状与未来环境法学的发展趋势。

（一）"基本权利—国家义务"框架下的二元范畴展开

在"基本权利—国家义务"框架中,国家环境义务以基本权利为基础,并以基本权利保护展开。"国家义务就国家在调和冲突与调和潜在利益场域中,通过共同政治形式至良性运行以满足于保护民众充分表达利益的机制。"[1]基于"基本权利—国家义务"关系上的国家义务体系,是以公民基本权利为逻辑前提和理论依据,国家义务直接源自明确的公民权利。[2] 根据国家的消极（尊重）义务,公民得以对抗针对公民环境相关权利的国家侵犯;根据国家的保护义务,国家应采取措施阻止或防止针对公民环境相关权利的侵害;根据国家的给付义务,国家应积极履行对公民的生存保障,不断改善环境质量。[3] 虽然当前环境权尚未入宪,但生态文明入宪在一定程度上发挥着环境基本权的功能。"基本权利—国家义务"间的互动并未因环境基本权缺失而失能。

---

[1] 蒋银华:《论国家义务的基本内涵》,载《广州大学学报（社会科学版）》2010 年第 5 期。
[2] 参见龚向和:《国家义务是公民权利的根本保障——国家与公民关系新视角》,载《法律科学（西北政法大学学报）》2010 年第 4 期。
[3] 参见陈海嵩:《国家环境保护义务的溯源与展开》,载《法学研究》2014 年第 3 期。

（二）"公众环境权利—政府环境义务"框架下的二元范畴展开

在"公众环境权利—政府环境义务"框架中，私法性质的环境权利间接为政府环保义务履行提供了基本价值牵引，构成环境行政不作为、滥作为的判断标准之一，也直接构成环境行政给付义务履行的内容。在应然状态下，私法性质的环境权利内容可具体化为符合各类环境质量标准的环境。例如，清洁水、空气、洁净土壤以及安静的声音环境与良好的生态系统环境，均是由各类环境质量标准界定的。独立的私法环境权利侵犯与否的判断标准必然应是以环境质量标准为准绳的。虽然，当前环境私法中并未直接或间接承认环境权利，但以权利为本位的新时代，必然朝着相对独立的环境权利发展。那么作为保证环境公共物品产生的重要主体——政府，必须履行环境行政职责促使环境质量符合标准。这点已体现于行政公益诉讼中。《行政诉讼法》第25条所规定的"国家利益或者社会公共利益受到侵害"①在生态环境和资源保护领域就体现为环境质量不达标。在环境行政公益诉讼实践中，行政机关违法行使职权与不作为的判断标准之一就是环境质量不达标。新时代环境行政法的内容也不再是单纯的合法行使职权，而是将环境质量达标与环境公共产品给付作为最主要内容。这在生态红线、环境质量底线、资源利用上线、主体功能区划法律制度中体现得尤为明显，其要求行政主体须保证环境质量与生态环境达标，为公众环境权利实现创造条件，否则将承当相应行政责任与绩效责任。

（三）"公众程序性权利—行政主体义务"框架下的二元范畴展开

在"公众程序性权利—行政主体义务"的框架中，一方面，公众通过程序性权利督促行政主体履行职责，同时促使权力朝合目的方向展开，为私法性质的环境权的实际享有创造了基础性保障。在传统行政法意义

---

① 《行政诉讼法》第25条规定："人民检察院在履行职责中发现生态环境和资源保护、食品药品安全、国有财产保护、国有土地使用权出让等领域负有监督管理职责的行政机关违法行使职权或者不作为，致使国家利益或者社会公共利益受到侵害的，应当向行政机关提出检察建议，督促其依法履行职责。行政机关不依法履行职责的，人民检察院依法向人民法院提起诉讼。"

上,公众通过公众参与行使监督权,监督环境行政主体依照法定职权和法定程序履行职责。若有行政不作为或滥作为将引发行政诉讼。在现代行政法意义上,公众通过行使参与权与决策权,弥补行政主体在环境管理上的信息不足,协助行政主体正确决策。另一方面,行政主体的义务履行也为公民程序性权利实现提供保障。公民程序性权利实现,同样离不开行政主体宣传义务、告知义务、信息公开义务、听证义务等履行。

(四)"公民环境权利—公民环境义务"框架下的二元范畴展开

在"公民环境权利—公民环境义务"的框架中,在私法体系内,公法环境义务成为公民主张环境权利内容、救济环境权利的标准。履行排污义务就构成判断环境侵权的重要标准。在环境质量达标时,达标排污具有"合规抗辩"效力,阻断了环境侵权中的法律因果关系。在环境质量超标时,超标排污构成了判断排污行为与环境质量超标存在因果关系的重要因素。因此,公民环境义务不仅仅是公法上基于行政目标的要求,更与环境侵权的救济存在紧密关联。这一问题本质上是公法义务与私法权利相互交叉的产物。只不过在传统公私法范式下,公私法间的应然关联被两分范式所回避。新时代环境法学研究就是要让其还原至事理状态,重新界定公法义务与私法权利之间的相互关系,并将其纳入规范与秩序的轨道上。

因此在一定程度上,基于公法与私法层面而生发与运作的上述四重"权利—义务"关系框架,贯穿于环境法律始终。环境法学研究从价值证成到实证分析始终都围绕着上述环境"权利—义务"框架关系而展开。权利范畴与义务范畴的互动过程,是将传统部门法中相对稳定的权利价值续造于环境法的疆域之中,为公法、私法在环境法治领域交互构建桥梁。这一过程亦是公共利益与个体利益相互调和适应的过程,环境法学通过"权利—义务"关系努力寻找公共利益与个体自由之间的平衡点,划定个体权利空间,并以公共利益项下的义务维护个体权利的范围。

第四节 "从边界模糊走向功能分层协同"的研究方法转型

　　环境法治客观条件的变化凸显环境法律制度的体系化需求,这意味着环境法学研究方法须对环境法律制度体系化形成关照,方法本身也应走向科学化与层次化。由此而呈现出的"从功能——边界模糊走向层次化——体系化"的变化,进而因应时势变化及转型需求。作为一定程度呈现领域法学特点的环境法学①,宜采用一种功能主义态度,以解决现实问题为目的,综合运用各种方法。但并不意味着环境法学研究方法是模糊或不加区分地"眉毛胡子一把抓"。面向新时代,环境法学应在包容并蓄立场之下形成方法上的自觉,厘清各研究方法差异与层次,明确各研究方法的功能指向与适用边界。故而就不可能再继续曾经的应急性、对策性研究方法,而需综合运用规范、专业的研究方法组合,将环境法律及其制度循序渐进地落实于社会生活中。

一、环境法教义学的环境法律适用中心地位确立

　　在一定程度上,新时代环境法治的核心任务在于:如何将行之有效的环境管理实践经验以科学立法方式予以确定;如何将既有环境立法所固定的共识与价值秩序寓于各主体的守法行为之中;如何通过既有法律解释解决环境纠纷,做到于法有据、有法有理。虽然四十多年来环境法治突飞猛进,生态文明法治的建设成果令人瞩目,但不可否认仍存环境立法的协同性不足,执法不严等不同层面问题。环境立法的协同性不足,将造成环境法律适用的混乱,进而会在社会生活中呈现不同甚至截然相反的秩序,有违公平、正义的基本法律价值,不利于解决"不平衡、不充分"的问

――――――

　　① 参见刘剑文:《论领域法学:一种立足新兴交叉领域的法学研究范式》,载《政法论丛》2016年第5期;刘剑文:《学科突起与方法转型:中国财税法学变迁四十年》,载《清华法学》2018年第4期;侯卓:《"领域法学"范式:理论拓补与路径探明》,载《政法论丛》2017年第1期。

题。而"执法不严、一刀切乃至滥作为"等问题的不同层次呈现，在本质上是囿于环境行政权力缺少立法对行政权权力边界的明确指引，是囿于司法对环境行政权监督的"拿捏不准"。这些都可归咎于环境法治的科学性不足、环境法律的精细化程度不够、环境立法与司法间的互动性不足。而这些问题正需要仰赖环境法教义学的发展而予以适时回应。

（一）环境法教义学的功能与适时回应

法教义学把法作为维持现实社会生活秩序的规范来对待，所关切的是实证法的规范效力、规范的意义内容及法院判决中包含的裁判准则，是关于现行法之陈述所成的体系。法教义学强调从法律内部的视角出发，预先接受现行实在法律规范的权威性和效力，通过弥合法律规则与法律事实之间的不一致，实现法律科学化与体系化。其所见长的正是整合法律规则体系，促使规则秩序从纸面走向现实，在现实中反思规则，形成规则间、事实间、规则与事实间的一致性。而这正是环境法律制度确立、环境行政体制改革完成后，形成法律秩序、环境资源开发利用社会秩序的核心突破点。

除此之外，从环境法学研究角度看，法教义学还发挥着环境法学理论的整合与转译功能，是社科法学、政法法学多元成果的中继器和转译工具。环境法学中各类法社会学运用的成果呈现出"横看成岭侧成峰"的多元样貌。环境管理学、环境经济学、环境科学、环境伦理学间存在立论基础的差异，同学科中不同理论之间亦存在理论起点的差异，那么不同层次的法社会学观察就会形成高度多元、多层次的理论成果。如何让不同来源、不同层次的环境法学外部观察能进入规范领域，形成"法言法语"，并为环境法律职业共同体分享、交流，形成可"对话"和"交锋"的理论，是当下环境法学面临的主要问题。环境法教义学正是法律职业共同体所持的共同话语，其以规则为中心，选择性排除与法治无关的命题判断，并将观察结果置于既有的法律理论中去理解，促成了既有法律理解与外部观察的衔接①，担负起环境法学减负与转译功能。无论出于对何种学科的外部观察，采用何种论证法学，最终的学术成果都需要能被法官、律师、执

---

① 参见张翔：《形式法治与法教义学》，载《法学研究》2012 年第 6 期。

法者理解和掌握。他们所能理解和把握的仅仅只有规则本身及对规则解释,而在法律实施过程中,真正起到定分止争的也恰恰只有规则本身及对规则解释。法教义学的中心地位正是建立在这种规则中心的话语翻译功能之上。

(二)推进环境法教义学中心化的基础条件

面对新时代,环境法学已具备了教义学中心化的三个现实基本条件:其一,我国已初成相对完善、稳定的环境法律体系建构,已具备解释环境法律、形成教义理论的前提。其二,我国已建构起民事、行政公益诉讼制度,利于破解环境司法受案瓶颈,案件数量的日渐庞大以及不同案例类型的呈现也为教义学应用提供了质料和场域。其三,我国环境法学已形成诸多环境部门法理论,能为研究者提供充分的理论选择,促进教义学理论朝着融贯、务实的方向发展。因此,无论从时代背景、法学需求还是现实条件来看,环境法教义学中心地位并非仅是一种理论预判,更非德国经验的移植,而是在环境法治需求变化下,回答法治实施主体是谁、法学研究成果服务于谁的问题。显然,从服务立法者到服务司法者与执法者的转变,决定了环境法教义学的中心地位。

二、环境社科法学的功能定位与层次化

法教义学虽然不局限于法律内部的论证,对外部社会保持一种开放性①,但不可避免地仍存研究视野上的盲区。例如,中国是否需要推进垃圾分类立法,经济成本与制度成本能否承受?区域间生态利益协调是采用相对的生态补偿标准,还是全额的生态服务付费标准?正在起草的"长江保护法"是建立流域综合管理机构,还是流域协同机构?诸如上述相关问题虽引起诸多关注,但教义学很难给出一个切合中国实际的建议。原因在于,上述问题的回答都依赖于社会经验的观察与判断,处于法学与其他学科的交叉地带,无法仅限于法律的封闭视野而给出答案。而这恰是

---

① 参见孙海波:《法教义学与社科法学之争的方法论反省——以法学与司法的互动关系为重点》,载《东方法学》2015 年第 4 期。

社科法学所擅长的,其能对环境法教义学提供一种社会经验支撑。

(一)立法阶段的社科法学功能发挥

在环境立法阶段,不同于传统部门法学研究者能通过自身直觉或经验判断给出相对准确答案。因科学不确定性和共识匮乏的影响,环境法学研究者难以仅通过自身经验感受,而对立法需求、资源供给状况、发展趋势进行预测。因此,从中国乃至域外立法实践看,环境立法过程需不同学科专家的广泛参与。不仅需要环境管理学家、环境经济学家等专家的参与,更需要环境科学家对环境问题的性状、污染行为、防治对策予以阐释。在此阶段,环境法学研究者不仅是法学研究者身份,更是科学、管理学、经济学的结论受众。环境法学研究者需要将法学外部成熟的共识和结论纳入法学内部之中,将实施经验判断转化为法律判断。这一转化过程正是法社会学在发挥作用,其承担的是跨学科的中介功能,其更多的不是知识增量而是知识引介。

(二)执法与司法阶段的社科法学功能发挥

当然,社科法学在不同阶段的功能发挥以及与教义学的合作方式并不相同。在执法与司法阶段,教义学处于中心地位,社科法学更多的是对事实与规则间隙不足而提供经验性的论据。法律的适用绝非简单的逻辑演绎,而需要目光在大前提和生活事实间往返流盼。[1] 尤其是结合我国环境行政法学突出的目的性特征与环境司法能动主义,更是强调法律适用过程中对社会经验的有效把握。社科法学在此过程所提供的经验性结果主要应用在"法律论证中的目的性论证特别是后果论证"[2]。

(三)社会效果评估阶段的社科法学功能发挥

在社会效果评估阶段,教义学无法对环境效果、公众法治认可境况予以揭示,故仍需借助于社科法学外部视角。在此,社科法学中的法社会学能发挥重要作用,即对社会实在的揭示。但不同于法社会学典型研究领域,例如乡村社会、民间法、基层执法等,环境法社会学难以通过一般社

---

① 参见[德]卡尔·恩吉施:《法律思维导论》,郑永流译,法律出版社2004年版,第8页。

② 宋旭光:《面对社科法学挑战的法教义学——西方经验与中国问题》,载《环球法律评论》2015年第5期。

会学调查方式,获得环境监测信息、执法信息等经验性知识以评估环保效
应、执法效果。因而需要与各级行政主管部门合作才能展开环境法社会
学研究。这种合作方式往往以政策制定、立法评估、地方立法、工作报告
等方式展开。这一方面决定了环境法社会学具有强烈的公共问题意识,
并非经典法社会学所持的价值中立态度;另一方面也决定了环境法社会
学服务于环境立法的可能性。因此,可以将此阶段社科法学的研究成果
作为下一"立法阶段"的预备。

三、环境政法法学的实践转向与补强

环境法治实践依赖于政治对于环境保护这一社会议题的优先度安
排。观察域外环境立法沿革以及绿色政治的演进,能明显感知环境法律
与政治、政党间的紧密关系。

(一)环境政法法学的实践转向

环境政法法学并非简单采用传统政法法学的"自上而下"方式对法
律与政治、权力与权利的关系予以思考;而是在不同层面呈现一种"自
下而上"方式,在环境法治实践中阐述法律与政治的关系,通过具体经
验提炼进而理解与呈现中国政法关系。环境政法法学并非依据一种西
方唯一的、超验的政法理论去理解、支配环境法治中的政法关系,而是
以中国现实的环境问题为代入点,采用了一种强烈的实用主义倾向,对
行之有效的环境法律制度通常采取理解的立场。事实上,这也符合环
境部门法学的定位,即在宪法学给定的权力框架下思考环境法律与政
治的动态关系。但这一定位并不意味着环境政法法学缺少反思精神。
相反,这恰恰弥补了宏观层面上政法法学视角上的实践盲区,其更多是
对传统政法法学成果的一种实践检验或矫正。在此意义上,"政法法学
有可能会转移阵地,从学术界转向社会、从法学圈内的政治意识形态话语
转变为公共话语"①。从当代环境政法法学的视角来看,这种"阵地"转
移,一定意义是从理论架构转向实践反思,从唯一的政治宪法学转向全部

---

① 苏力:《中国法学研究格局的流变》,载《法商研究》2014 年第 5 期。

的部门法学。

(二)新时代强化政法法学的两大重点领域

面对新时代,应当继续强化政法法学在环境法学中的应用,才能充分回应环境法实践特征,充分揭示环境法治中国规律。这一强化应围绕环境法学的两大重点领域:

1.生态文明的环境法学解释

从"避免先污染后治理"到"可持续发展",到"科学发展观",再到当前的"生态文明",国家的顶层政治决策影响了环境法治的历史发展。但局限于实用主义政法法学的立场,环境法学尚未建构起国家宏观政治与环境法治之间的关系。自党的十八大以后,生态文明建设受到高度关注,给环境法治发展注入了新活力,促进了环境法治体系的实施转型。2018 年"生态文明"入宪意味着生态文明从政治话语体系进入法律话语体系之中。无论从顶层设计还是从法治实践,环境法学均不应也不可能再忽视宏观的政法关系的建构,而须正面回应生态文明自上而下给环境法治所带来的积极影响。以生态文明为中心阐明中国政治与法治之间的互动关系,阐明政党在环境法治中的领导形式与表现,阐明政策与法律之间的二元关系。

2.在现代性中理解国家与法律的新型关系

环境法具有最为明显的现代性特征,是认识和理解国家与法的现代性的一个切口。在环境法治发展中,能明显观察到环境法律的工具化特征与实质正义的特性。法律与权力之间不再是曾经的合法性依据与实施保障的一元关系,而呈现出相互交融的多元复杂关系。

第五节　协同共治下"从借鉴走向创造"的基本话语转型

新时代环境法治的转型升级决定了环境法学研究必须走出西方话语禁锢,实现话语自觉,并建构中国环境法学的话语权。即实现从域外借鉴向本土创造的转型,回归到中国法治语境下的主体性特征,找准中国问题,利用中国资源,形成中国话语。在这一过程中,其一,应明确中国环境法学的问题意识,走向中国环境法治的"田野",解决服务于谁的问题。其二,充分理解和利用中国本土环境法治资源,解决如何服务的问题。其三,正确处理中西方法治话语关系,坚持开放并蓄的话语立场。

一、走向中国环境法治问题的"田野"

问题的本土性决定了话语体系的本土性。"实现环境法律有效性转型,让法律在中国生根落地,就须面向中国环境法治的真问题,而不是面向预设与虚构的假问题,须立足中国本土资源,而不是隔空取物般的盲从。"①那么如何去寻找中国问题,在哪里才能找到中国问题?法律功能是使复杂世界和社会关系变得可以预期和把握,是对复杂生活系统的简化,然而法律要扩展普遍秩序并获得成功的前提是对社会多样性的洞悉和理解,这意味着需要进入法律存在其间的"田野"。② 这就要求环境法学研究走出桌案研究与资料研究,走入中国"田野"中;从先验的理论语境或域外语境回到中国现实语境中;从中国环境法治建构者视角转向环境法治实施一线的观察者视角。面对新时代,环境法学研究在立法、司法、执法领域应全面深入环境法治一线,发现问题,回应问题。

(一)立法层次上的走向中国环境法治问题"田野"

在立法层次上,可以预见在未来一段时间内,仍需继续环境立法与大规模修法,以促进环境法律形式与实质的统一。这就需要环境法学人走向"田野"获得实质性知识,追问行为如何发生、为何发生以及对行为的性质有所理解。蓬勃发展的环境地方立法给环境法学研究走向实质的"田野"打开了一扇窗口,使环境法学者全面、深入接触环境立法成为可能。在地方立法调研或评估过程中,地方政府部门与环境法学者

---

① 钭晓东、杜寅:《中国特色生态法治体系建设论纲》,载《法治与社会发展》2017 年第 6 期。

② 参见王启梁:《法学研究的"田野"——兼对法律理论有效性与实践性的反思》,载《法制与社会发展》2017 年第 2 期。

就相关领域可以进行深入融合与交流,并且相应的环境质量、环境执法等信息也可得以更为充分地提供。同时相应信息经由政府规范性文件背书,其权威性与真实性得以保证,更重要的是上述信息在一定程度上反映了国家立法盲点与基层执法现实苦情,弥补了环境法学实质知识的匮乏。与此同时,地方环境立法文本本身也为环境法学研究提供了大量规范性研究的质料,打破了原来可能存在的信息共享壁垒。无疑,通过地方与国家法律文本的比对,可明显看出地方立法的针对性与创设性,大量地方立法将对国家层面的模糊立法进行补充;同时也是对自上而下的国家立法理性一定程度的矫正。更进一步而言,国家立法应当对地方立法中那些普遍性、共识性、有效性的立法经验予以借鉴,及时反馈至国家生态法律的文本之中,形成自上而下与自下而上双向互动体系。① 这种双向的互动关系可以经由环境法学者的教义学分析进入司法领域,与群体性的判例研究形成互动,从而促使环境法学融入国家理性与地方经验、静态规则与司法实践的"田野"之中,得以深度回应中国法治发展的时代召唤。

(二)执法层次上的走向中国环境法治问题"田野"

在执法层次上,深入基层是促使环境法学研究走向本土广袤疆域的关键。在我国自上而下的环境管理体制中,行政权力最终作用于公众在基层,公众对于环境行政的体会和感悟也在基层。因此,基层成为环境执法第一线。自上而下的立法是否符合中国国情,是否存在法治实施难题,在基层执法层面暴露得最为充分。如果不能深入基层执法一线就不可能真正了解环境执法,不可能了解中国环境法律的实施状况。通过地方立法可以发现,对于环境法律制度问题认识最深刻,对于环境法律制度改革最迫切的就是基层,而提出行之有效的制度创新往往也在基层。这就要求环境法学研究须深入到环境执法的最底层,采用社科法学的方法观察与解释制度运作,充分揭示问题。唯有如此,环境法学研究才能深入,才

_____

① 参见钭晓东、杜寅:《中国特色生态法治体系建设论纲》,载《法治与社会发展》2017 年第 6 期。

能精细化。

(三)司法层次上的走向中国环境法治问题"田野"

在司法层次上,判例研究是新时代环境法学研究对接本土资源的重要路径。在《民事诉讼法》《环境保护法》建立公益诉讼制度后,环境法相关案例规模日渐庞大。最高人民法院《关于人民法院在互联网公布裁判文书的规定》更是明确规定人民法院做出的生效裁判文书均应在裁判文书网上进行公开,最高人民法院《关于加强和规范裁判文书释法说理的指导意见》则要求对裁判结论的形成过程和正当性理由予以阐明。无疑,大量、高质的裁判文书为环境法学走向环境法治的"田野"提供了大量的质料与观察切口。法学所处理的对象固然是有待进行意义澄清的法律概念和规范,但其更为根本的成因乃是司法实践中实际所遇到的难题,这些问题呼唤法学给出一种响亮的回应。[1] 显然司法裁判为环境法学提供理论对接本土真实法治实践材料的同时,环境法学也为司法裁判提供了裁判的基准及备选论证路径,"对新问题做出符合事实的试探性判断,同时积累并分析目前的解决模式中的经验和结果"[2]。这种理论与实务间的互动关系在"两高"及地方法院的环境法指导案例或典型案例中屡见不鲜。如果未来环境法学共同体能够转向发掘那些兼具理论意义和实践意义的案例并对其进行评注或者分析,而且这种评注或者分析一旦流行起来,便会在一定程度上影响法官在司法裁判中的判决说理,从而推进环境法学研究与司法实践之间的良性互动和沟通。[3]

二、充分汲取与彰显中国环境法治资源

(一)充分理解运用中国共产党领导的政治资源

作为引领民族、国家发展的核心政治力量,中国共产党是使命型政

---

① 参见孙海波:《法教义学与社科法学之争的方法论反省——以法学与司法的互动关系为重点》,载《东方法学》2015年第4期。
② [德]伯恩·魏德士:《法理学》,丁晓春、吴越译,法律出版社2013年版,第138页。
③ 参见孙海波:《法教义学与社科法学之争的方法论反省——以法学与司法的互动关系为重点》,载《东方法学》2015年第4期。

党、动员型政党,深嵌入中国政治结构的等级组织,将党的任务目标与国家发展融为一体,形成了独具特色的党政体制。党的十八大以来生态文明建设所取得的制度成果以及对生态问题的有效遏制,说明在环境法治建设中离不开党的领导核心作用,没有党中央大力推进生态文明建设的坚定意志和长远战略部署,就不可能实现生态法律制度的转型与创新。①充分理解党的"高位推动"决策,充分发挥中国共产党的领导地位才能实现真正的中国环境法治。抛开党的领导,将永远无法解释中国问题,也无法提出具有话语权的法治路径。

(二)充分理解和运用国家在环境法治体系建设中的权力资源

不同于西方的形式法治观,我国法治建设所坚持的是一种社会主义实质法治观。这在国家权力的构造上体现得尤为明显。不同于西方的权力分立,我国更强调权力之间的相互配合与监督。中国共产党使命型、动员型属性使得国家权力具有强烈的问题导向和使命意识。这种中国权力特质反映在法学中就突出表现为:对行政权力合目的的保障,而非单一的控制行政权力;强调司法权对社会矛盾解决的能动性,突出政治力量与司法的合力作用,强调相对的独立性,而非司法的绝对独立。环保政策的法律化、环境司法的专门化与能动性、环境的大部制改革与垂直管理都是这种中国国家权力特质的体现。

(三)充分理解集体主义的文化资源

不同于西方崇尚自由、反对强制的个体主义文化,中国本土文化具有强烈的集体主义取向,强调"家国"观念,强调国家、社会、个人三者的整体、综合与和谐。集体主义文化下的个体对安全、秩序具有强烈的要求。在此文化背景下,法治对于主要矛盾的化解并不主张通过竞争、对抗的模式解决,而是寻求各方共同的利益,力求通过法治凝聚成社会最为广泛共识的"最大公约数",注重平衡集体利益和个人利益、长远利益和短期利益的关系。② 如果不理解中国集体主义文化背景,就极有可能将个人主

---

① 参见陈海嵩:《中国环境法治中的政党、国家与社会》,载《法学研究》2018 年第 3 期。

② 参见周叶中、林骏:《论新时代中国特色社会主义法治话语体系创新》,载《江汉论坛》2019 年第 1 期。

义、自由主义话语纳入中国语境，混淆了服务的对象。而集体主义恰恰是中国环境法治建设的优势，体现了解决"公地悲剧""囚徒困境"等现代问题的中国智慧。

三、坚持开放与并蓄的话语立场

（一）兼容立场以积极借鉴成功经验

在坚持中国特色环境法治的同时，一方面，持开放兼容话语立场，积极学习和深入挖掘西方环境法治理论。借鉴先行国家的法治经验，是当代中国取得环境法治成就，实现快速发展的历史经验之一。建构中国法治话语体系需要增强理论自信，就是要勇于学习借鉴人类文明的成果，当然也包括西方法治理论。西方法治理论在中国不是作为我们建构自己的法治话语体系的标准而存在的，而是作为一种有意义的理论来源与法治发展的参照系统成为建构中国法治理论的一部分。① 这种开放兼容的借鉴应符合三个标准：一是以实现人的需求为最终目的，体现中国"为人民服务"宗旨的价值基础。二是符合世界发展潮流，体现世界各国现代性特征。三是在承认不同国家政治制度、文化差异性基础之上，揭示和解决包括中国在内的全球环境法治中的共性问题。

（二）开放立场以有效呈现"扩胸明目"

另外，环境法学研究应充分坚持开放的学科立场，进一步呈现"扩胸明目"。显然法学并非仅仅关于规范或司法，其中的多元进路和问题意识可以同时指向比规范和司法更为广阔的法律治理理论及其实践问题。无疑，要对环境法律、制度运行实际有真切的质性把握，离不开人类学、环境科学、环境经济学、环境管理学、社会学、心理学等学科的介入，而不可能孤立地依赖法律内部知识或教条来解释其中的动态与复杂的法律运行。此时，研究者须保有一种多维视角，推进不同理论之间的碰撞，如此有助于达至最终的理论话语统一标准落脚于事实标准，落脚在对于社会真实

---

① 参见朱振：《中国特色社会主义法治话语体系的自觉建构》，载《法制与社会发展》2013年第1期。

的解释力以及问题对策可行性上。这种开放式的立场将有利于中国环境法学克服那种空洞、没有事实依据的中国虚无理论,进而提升环境法学理论的有效性和实效性。①

---

① 参见王启梁:《法学研究的"田野"——兼对法律理论有效性与实践性的反思》,载《法制与社会发展》2017 年第 2 期。

结语　迈向新时代——变革发展中的中国环境法治任重而道远

一、多元共生的生态文明诉求环境法治的协同共治

当下是一个积极走向协同共生发展的时代，因此综合而言，上述研究旨在为理解环境协同治理提供一个概念性的框架，并将此作为协同共治环境保护体制机制变革提供一个理论和实践性的指南。作为一种"超越实证主义和自然法"的立场，环境协同共治可以被看作是传统的系统理论和法律实证主义理论结合的一个发展，它将给我国环境保护体制、机制与法律制度的变革提供一种本体论的指导。这种本体论的指导对于生态治理的法治化建设与具体化的实践探索所做的现实主义的分析、解释或描述将是十分必要的。可以肯定，环境体制、机制与制度变革应该是基于环境协同共治的理论展开或者以此为基础而进行的。与此同时，协同共治的理论体系作为环境法治建设的本体论的论点，也将为环境法律教义学的发展诱导出一种合适的知识理论。

我们力图能够有效运用环境协同共治理论，为环境法治建设的实践寻求一种归属于环境法律哲学和变革逻辑的本体论的问题。在我国全面推进"依法治国、生态文明、五大发展"的时势背景下，为了尽早走

出当前环境监管体制所面临的困境,为了相应的环境法律制度及机制更快地顺应时势变迁,回应新时代的需求,故而在此希望引入协同治理等理论的研究与探讨,进而将之与现有的生态治理深度融合,重塑环境共治模式的基本框架,厘清其中关键性概念,界定其基本的要素、结构和运行机制,使得对环境保护体制机制变革的研究更系统、更有针对性,从而达致环境法治建设与发展的实效性追求与环境协同共治的样态。具体而言:运用协同治理理论,培育社会权利协同机制对环境共治的支撑力,实现环境共治的基础层面;激发市场—利益协调对生态治理的驱动力,实现环境共治的中通环节;优化政府权力配置强化对环境共治的正确引导,实现环境共治的关键点。

环境保护体制机制变革,追求环境法治建设与发展达致实效、呈现多元环境共治的样态是其中一个重要目的。而环境法治建设与发展若想达至实效,第一要务无疑就是使环境法律得到良好的实施;再者,从守法者角度来看便是令环境法律得到切实地遵守。当前学界对此通常因应两个维度的区分:在环境法律的实施方面殚精竭虑地思考如何促进政府履行义务,如提出通过立法建立对政府行为的监督与制约,强化政府责任[1],或者主张大力推动以环境公益诉讼为代表的环境司法创新,督促政府有效履行环境职责[2],或者提出要构建包括"正激励"和"负激励"的激励制度,督促政府积极作为[3]。在保障环境守法方面,学界相当一致性的意见就是加重处罚力度。2014年修订的《环境保护法》基本"回应"了上述意见。[4]

---

[1] 参见王曦:《当前我国环境法制建设亟需解决的三大问题》,载《法学评论》2008年第4期。
[2] 参见别涛:《环境公益诉讼立法的新起点——〈民诉法〉修改之评析与〈环保法〉修改之建议》,载《法学评论》2013年第1期。
[3] 参见巩固:《政府激励视角下的〈环境保护法〉修改》,载《法学》2013年第1期。
[4] 参见《环境保护法》第59条规定"按日计罚";第60条规定"超标或者排放总量控制指标排污的,县级以上人民政府环境保护主管部门可以责令其采取限制生产、停产整治等措施;情节严重的,报经有批准权的人民政府批准,责令停业、关闭";第62条规定对重点排污单位不公开或不如实公开环境信息的,环境保护主管部门处以罚款;第63条规定对企业事业单位和其他经营者的行政拘留;第65条规定环境影响评价机构、环境监测机构以及从事环境监测设备和防治污染设施维护、运营的机构等与造成环境污染和生态破坏的其他责任者承担连带责任;等等。为了督促政府积极作为,第26条规定"国家实行环境保护目标责任制和考核评价制度";第27条规定政府应依法接受人大监督;第67条规定上级人民政府及其环境保护主管部门发现有关工作人员有违法行为,依法应当给予处分的,应当向其任免机关或者监察机关提出处分建议;第68条规定对地方各级人民政府、环境保护主管部门责任人员的行政处分,造成严重后果的,其主要负责人应当引咎辞职;等等。

从认知角度,环境法治建设与发展实效的确就是取决于环境法律的实施和遵守两个方面。因此,对于当前我国环境法律仍然实效性欠缺,人们最为通常的反应就是剖析环境法律不能全面实施、企业与民众不能认真遵守法律的原因,进而针对性提出改进意见。不可否认,这种剖析和建议都是重要的。但是,还必须看到:环境法律的实施和遵守之间,绝对不是孤立的。环境法律不能得到全面实施和没有得到认真遵守的原因,都涉及政府、企业和民众。环境法律的实施和遵守统一在"守法主义"之下,完全应该对其进行系统化的分析。正因如此,本书前文指出实效结构是环境法实效的根本所在,而环境管理体制、机制改革和环境法律制度的变革,无非是建构环境法治建设与发展的实效结构。在理论层面,这种实效结构体现为两方面:权力与权利的"互补"以及权力与利益的"共生"。在实践层面则体现为协同共治的框架。

然而,对于协同治理,人们从公私伙伴关系角度,或者从协同性公共管理视角,或者治理理论等不同角度①,通常考虑到的就是多元主体的合作问题。② 诚然,多元主体的合作或协同是环境协同治理的特征或者说要求,因而环境协同治理概念中包含"共治"的意思。但是,如果将环境协同治理或者说环境协同共治的内涵仅限于合作或协同,则明显误读了协同理论,并抹杀了其在生态治理实践中的建设意义。而严格从协同理论出发,在我国构建与运行环境的协同共治,显然不能仅涉及政治与行政理念的重大变革,唯理智论的行政范式也需全盘拓新,进而才是制度及其运行的调整。众所周知,我国的环境保护从 20 世纪 70 年代肇始,基本沿着政府主导型生态治理模式发展演进,多年来明显呈现出路径依赖特点。所以,尽管本书从"权力—权利—利益"理论框架内对我国建构与运行环

---

① 参见王俊敏、沈菊琴:《跨域水环境流域政府协同治理:理论框架与实现机制》,载《江海学刊》2016 年第 5 期。

② 参见曹姣星:《生态环境协同治理的行为逻辑与实现机理》,载《环境与可持续发展》2005 年第 2 期;邹庆华:《生态环境协同治理中公民生态意识的培育》,载《哈尔滨工业大学学报(社会科学版)》2016 年第 5 期;李礼、孙翊锋:《生态环境协同治理的应然逻辑、政治博弈与实现机制》,载《湘潭大学学报(哲学社会科学版)》2016 年第 3 期;杨华锋:《论环境协同治理——社会治理演进史视角中的环境问题及其应对》,南京农业大学 2011 年博士学位论文;等等。

境协同共治进行了诸多的探索,但是,完全可以合理在预测到,在具体实践层面这必然任重而道远。

生态治理无论是从手段措施角度,还是主体关系构造方面,都是应该被理解为法律治理的。生态治理离不开科学,缺少不了政府的环境行政管理,而正是因为法律才使它们彼此之间有了联系,因为法律它们彼此也必然要发生联系。环境科学、环境行政管理相对于法律具有独立性。就环境科学而言,前文说到环境问题需要在风险视阈下理解,因而科学理性需要大众理性的补充。但是,这仅仅说明环境科学作为自我独立系统的开放性,因之它能够和社会进行信息沟通。科学追求的"正确性"是由科学家团体依赖"共识"进行沟通进而形成团体意识。这种寻求共识的过程犹如钟摆:科学家就像被置于一条钟摆曲线之上,大多数会落在曲线的中间,而极少数要么处于钟摆的最高处,要么在最低处。这些多数的意见,不管最终正确与否,当时代表着最高可能性的科学真实。"在对主题进行讨论后,科学家会倾向于取得核心一致性,因为大多数科学家在问题探讨中有着'和众'(众云亦云)的本性。科学家谁也不想自己是错误的,承担信誉受损的风险。一个科学家被证实错误而失去的,将比被证明正确所得到的要多得多,因为信誉是科学家成功的关键。因此,可以说是'名声'引导着科学家们'和众'。"①当然,毕竟还是会存在"不顾名声"的处于钟摆极端的科学家(要么最高处,要么最低处)。并且,当一种新的科学观点提出时,它必然是处于少数甚至个别的地位。② 同时,即便科学观点从少数或个别到逐渐被大多数科学家认同,形成共识之后也并非就停滞不前了。共识性的科学观点完全有可能在若干年后,再被某个科学家认为是错误的,在此基础上他再提出新的观点,他的这种个别见解,再慢慢地有可能形成新的共识。显然,科学的发展演进本身就可以用协同

---

① Goldstein,Bernard D. (1989),"Risk Assessment and the Interface Between Science and Law",*Columbia Journal of Environmental Law*,Vol. 14 No. 2,343 at 345 – 346.

② 如哈肯就说到他 1969 年宣布协同学作为学科诞生时,当时也基本没有人支持,他自己仅仅能够找到几个可以用来支持观点的例证。参见[德]H. 哈肯:《协同学:理论与应用》,杨炳奕译,中国科学技术出版社 1990 年版,第 5 页。

学的原理来解释的,"名声"充当着系统演进的序参量。从科学观点提出到赞成与批评,在对峙与冲突中最终形成共识,形成协同结构。而此时宏观上的有序并未消除微观上的无序,总是有少数科学家处于钟摆的极端。并且,宏观有序结构形成之后,再酝酿着新一轮的无序。在有序与无序之间,循环往复。

我们就环境行政管理来说,相对于科学系统,因为它的整体合目的性使其独立体系性特征更为明显。充当科学系统演进的序参量——"名声"不仅仅限于科学家团体之间,社会公众对之也有着影响。尤其当科学的观点与人们的日常生活紧密相关时,社会公众往往从"非专业"的角度,如实用性、经验等方面"评点"科学观点。所以,科学系统是通过"名声"形成机制和融入社会大系统的。而行政则通过民主政治对行政长官的控制和社会公众形成互动。

法(律)是行为规则,社会性是它的本质特征。不过,法学家们都公认法区别社会习惯、观念以及道德等,具有自身独有的特点。康德曾经感慨法学家们经过上千年的研究却仍不清楚法为何物。其实,康德之后的又几百年未尝不是同样如此。这一方面当然是因为构成法概念的质料具有发展流变性,伯恩·魏德士说得很对的,法是人类生存必不可少的条件,否则混乱就会来临,因此法是必要的。但是另一方面,法任何时候都是人类制定和适用的首要产物,因此法不是一个简单的"正确性""真理性"问题,它是不确定的和可变迁的。① 还有一个重要方面就是认知论本身的问题,认知在本质上就是石里克说的"标示",人们对同一对象用不同的语言进行标示,也可能使用同一的词汇标示不同的对象。为此,罗伯特·阿列克西就看到了这点,他总结各种关于法的概念的争议学说,包含三个要素:权威的制定性、社会的实效性,以及内容的正确性。三个要素之间的比重分配,就产生了各种不同的法的概念。他从独立于效力与非独立于效力的法概念、规范与程序、参与者与观察者、区分的与品质的关联、概念上与规范的必然联结5个方面,将之组合为32种可能,每个组合

---

① 参见[德]伯恩·魏德士:《法理学》,丁晓春、吴越译,法律出版社2013年版,第3页。

又可表述为"存在必然联系"与"不存在必然联系"的命题,由此产生总共64个命题。

　　法的概念之所以没有定论,正在于法学家们用"法"指称完全不同的东西,争议者经常没有认识到,他们所要辩护的命题在种类上完全不同于所要攻击的命题,以致彼此各说各话。① 既然如此,关于法的概念的界定一方面则必然要求更侧重于形式,另一方面则是"综合性"。从拉德布鲁赫的相对主义法哲学、阿列克西的法概念,斯通的综合法学等都可看出这种倾向。拉德布鲁赫的观点,前文已有提及,他认为法律的理念包括正义、合目的性和安定性三个组成部分,彼此需要也互相矛盾。正义就是平等,法律的平等要求法律原则的一般性,正义在任何层面上都能得以概括。不过,法律的平等从来就是从一定的观察角度对现实存在的不平等的抽象概括。而从合目的性的角度出发,所有的不平等都是根本的,合目的性必须尽最大可能去适应自己的需要。由此,正义和合目的性之间就处于矛盾之中。通过行政与行政司法权之间的斗争,通过刑法中的正义倾向和合目的性倾向的斗争,我们可以把正义和合目的性间的矛盾讲解清楚,但两者之间的紧张关系是不可消除的。法的安定性要求实证性,而实证性则想要在不考虑其正义性与合目的性的情况下具有有效性。②

　　阿列克西的法概念试图综合他说的权威的制定性、社会的实效性,以及内容的正确性等三个要素,并且界定三者之间的关系。他认为法律是一个规范体系:(1)它提出正确性宣称;(2)由一部大体具有社会实效性且非极端不正义的宪法包含的规范,以及依据该宪法所制定的,展现最低限度的社会实效或实效可能性,且非极端不正义的规范;(3)它还包含了法律适用程序为了实现正确性宣称所依据且/或必须依据的原则以及其他规范论据。③ 美国当代学者斯通教授的"综合法学"首先是一种法学的

　　① 参见[德]罗伯特·阿列克西:《法概念和法效力》,王鹏翔译,商务印书馆2015年版,第132页。
　　② 参见[德]拉德布鲁赫:《法哲学》,王朴译,法律出版社2005年版,第75页。
　　③ 参见[德]罗伯特·阿列克西:《法概念和法效力》,王鹏翔译,商务印书馆2015年版,第132页。

方法论,霍尔、博登海默以及伯尔曼都有类似的思想,斯通作为杰出代表试图在三个方面实现法律的综合和法学的综合:(1)批判自然法、实证法与法社会学三大法学流派的片面与偏执,超越学派的藩篱;(2)综合的方法不仅于理性批判方法、分析的方法、社会法方法的某一种;(3)法律不是我们从某一侧面看到的样子,而是一个综合体,形式、价值和社会事实应被包涉其中。而关于法律概念的具体观点,我们从斯通的成名作《法律的范围与功能》的副标题"作为逻辑、正义与社会控制的法律"就可看出。[1]

不过,阿列克西、斯通都没有明确指出法的不同要素之间存在相互矛盾,或者说三大法学流派之间的矛盾。拉德布鲁赫表述了矛盾,并且非常正确地指出这些矛盾具有体系性。但他的相对主义法哲学更多地在展示矛盾,"哲学不应该剔除这些矛盾,而应站在判断之前,如果世界不是矛盾,生命不是判断,那么,存在似乎是多余的"[2]。如同阿多诺的否定辩证法——"矛盾地思考"——将矛盾进行到底,所以拉德布鲁赫展示矛盾当然是有重要意义的,指出法概念的哲学体系中始终存在矛盾,超越了所有那些追求确定性的片面性。但是,仅仅展示还是不够的,哲学的思考不能完全是描述或诠释,必须有建构的成份,也就是应该阐明矛盾的发展与演进,揭示充满矛盾的法概念体系的未来。对于法的概念,即在法的认识论范畴,只要我们坚持可知论,即的确存在一个能够作为认识对象的本体论意义上的法,认识就不可能为法本身增添任何东西,所认识的法也永远不可能等同于本体意义上的法。

因此,如果各种对法的认识在各种法学流派对于理解法的概念时都需要的话,彼此之间的矛盾就永远在矛盾中发展演进。对峙着的矛盾不但没有削弱法概念的哲学体系,也没有影响人们对法的理解和信仰。其根本原因正在于作为认识对象的法,根本上就是实践着的法,实践是法的基本品格。而对任何实践而言,实践的主体、内容与对象等要

---

[1] 参见薄振峰:《斯通:法的综合解读》,黑龙江大学出版社2009年版,第113页。
[2] [德]拉德布鲁赫:《法哲学》,王朴译,法律出版社2005年版,第52~77页。

素都必须是确定的。所以,无论对法的认识存在多么尖锐的矛盾冲突,只要法依然还在被应用于社会生活,矛盾的对峙与冲突就不会导致"无效"。认识论中的矛盾自然会完成了它的实践转换。而一旦认识的矛盾转换到实践之中,就如托依布纳说的:悖论的发现孕育着新知,悖论意味着超越。托依布纳坚持认为法律就是一个自创生系统,法律的微观领域,如"谁来监管监管者"、重婚禁止、法人理论等,无处不是自我关联、悖论和不确定性。

然而,对此我们不应当望而止步。因为,存在解决的实际方法,即"去悖的悖论"——悖论的创造性应用,从而将信息的无限负载转向有限负载,将不可确定的复杂性向可确定的复杂性解译。① 的确,就如我们抛掷硬币,有正反两种两矛盾的结果,但随着抛掷的次数无限多时,稳定的本征值就出现了,正反的矛盾似乎并不构成矛盾。法律的实践显然也同样如此,每一次立法的出台之前总是会存在种种对峙冲突的意见与观点,每一个具体的个案总是存在诸多从不同角度的争论,但只要是法的实践就必然在最后结果上具有有限性和确定性。因而,种种有认识上无限与不确定的冲突与对峙反而成为有限和确定的动力。立法的创制和个案的审判显然并没有消除矛盾,甚至也没有解决矛盾,它只是为了实践、出于实践才使矛盾的对峙发展到新的阶段,从而呈现出有序的新结构。若干法的具体实践构成实践的法的整体,从而宏观上我们看到法的稳定性结构。

从而,我们完全可以也应当从系统角度理解法律,并且法律系统的发展演进也可以用协同学原理来说明。人们从不同侧面对法的认识,以及不同个体认识的差异,相互之间的矛盾与冲突的"主张"构成系统演进的"微观动力",推动着法的实践在矛盾中发展;矛盾与对峙中形成的"自然权威"是系统演进的序参量;法的实践最终必须针对具体问题而确定化,充当着系统的"约束"。对托依布纳来说,法律是自组织系

---

① 参见[德]贡塔·托依布纳:《法律:一个自创生系统》,张骐译,北京大学出版社 2004 年版,第 23 页。

统中的自创生系统,只有当法律决定什么应当是法律的时候,法律才诞生。法律行为、法律规范、法律过程、法律教义学等构成法律系统的组成部分,各组成部分之间的内在互动,使得法律系统以区别和程序的形式进行自我关联,从而法律系统自生自发地生产出一种自治秩序。

不过,托依布纳认为法律也是一个对其紊乱的外部环境意义重大的开放的系统,他借用埃德加·茂林的"悖论"——"开放有赖于封闭""开放依靠闭合",得出法律作为自创生系统的中心议题:(1)现代法律通过法律与政治、法律与经济的一种极度的结构耦合而高度政治化。(2)由于这些领域的封闭地交织混合,经济中的政治——法律干涉是普通和必要的。① 托依布纳的理解,当然基本上是正确的。事实上,任何系统都有闭合与开放两个方面,系统如何没有封闭性就不可能结成系统,没有开放性系统就无法运行演进。不过,法律具有自我生产性,法律概念、原则、规范、法律事实与价值,法律行为与过程彼此之间是自我关联的,因之才有法律实证主义强调"逻辑"的中心地位;同时,法律也始终是以"存在者"的地位而出现的。麦考密克和魏因贝格尔宣称他们的"制度法论"是一种关于法的本体论,目标主要就是解释和说明规范、法律制度以及类似的思想——客体的存在。② 麦考密克和魏因贝格尔坚持法是一种"制度事实",他们举出一个具体例子,他说对于一车乘客,除了坚实的、物质的汽车和冷静的、可以触知的乘客之外,还存在和乘客数目一样多的运输合同。这里的"合同"既不是物理学的事实,也不是心理上的事实。汽车的乘客或者司机知道不知道"合同"这种事实的存在都不影响它的存在。但是,"我怎样知道有关的某些乘客不知道的事呢,即他们与运输公司签订了一项合同呢? 答案既是明显又是简单:我了解法律,并且用关心用法律条款观察汽车经营者和乘客之间的

---

① [德]贡塔·托依布纳:《法律:一个自创生系统》,张骐译,北京大学出版社 2004 年版,第 9 页。

② [英]尼尔·麦考密克、[澳]奥塔·魏因贝格尔:《制度法论》,周叶谦译,中国政法大学出版社 2004 年版,第 2~10 页。

关系"①。

在哲学的一般原理层面,麦考密克和魏因贝格尔主张"合同"的事实存在当然是正确的。在回答"我怎样知道合同的存在"时,从主体角度——"因为我了解法律",也并无明显不当。存在先于认知,对存在本性的体验不是通过对实在的知识获得的。并且,除了物质性、有形的实在物外,其他无形的、精神性的东西和任何超验的"事物"在同样的意义上都是独立实在的。然而,无论如何,麦考密克和魏因贝格尔所主张的事实存在只是社会事实的存在。这些社会事实只有通过法律规则,才有法律意义。而规则的意义,无疑就是观察与实践规则的人所赋予的。所以,诺内特和塞尔兹尼克说,只有当关于谁有"权利"规定和解释义务的一些问题呈现出来时,法律才会出现。就好比一个孩子能够声称他的父母没有"权利"把特定的义务强加给他,不管基于什么理由。② 在理性主义阵营中,黑格尔也表达过类似的观点。他说法基本是精神的东西,出发点是意志。而作为一门科学的出发点,也就是在先的成果和真理。所以,法的概念就其生成来说是属于法学范围之外的,它的演绎被预先假定,并且作为已知的东西而予以接受。③ 在先,不可争议的是,法律的产生就是一种社会控制规范的选择过程。选择是自由的,但不是任意和全无缘由的。政治观念、经济地位,伦理道德信仰以及其他法律之外的物质、精神的情势与境况,影响着选择。

亚里士多德仔细界定了"选择",他认为:(1)选择显然是自愿的,但自愿并不一定是选择,儿童和动物也可以自愿活动,但不能选择。(2)选择是理性的活动,选择可以和欲望相反,那些不能自制的人按照欲望来行动,没有选择。选择也不同于激情,出于激情的行为和选择相差甚远。(3)选择也不是意图。选择绝非对不可能的东西的选择,意图则可能针

---

① ［英］尼尔·麦考密克、［澳］奥塔·魏因贝格尔:《制度法论》,周叶谦译,中国政法大学出版社 2004 年版,第 61 页。

② 参见［美］P.诺内特、P.塞尔兹尼克:《转变中的法律与社会:迈向回应型法》,张志铭译,中国政法大学出版社 1994 年版,第 15 页。

③ 参见［德］黑格尔:《法哲学原理》,范杨、张企泰译,商务印书馆 1961 年版,第 2 页。

对不可能的东西,如长生不老。意图也可以独立于自己的行为,如希望竞赛中某个运动员获胜。(4)选择也不是意见。意见可针对我们力所能及的东西,也可以针对永恒的和不可能的东西。选择是对某一物的取得或是放弃,意见则是对某事物是什么或者它对什么有利,或者是什么方式。亚里士多德在区分选择与自愿、欲望、激情、意图、意见等之后,阐明"选择就是我们经过考虑办所及的期求"①。

显然,对亚里士多德来说,选择首先是理性的活动,相当于韦伯说的工具理性。选择的东西就是人们通过考虑所期求的对象。人们所考虑的不是目的,而是达到目的的东西。目的是在考虑之前树立的,考虑就是探求怎样和通过什么手段去达到目的。并且,人们所考虑的不是永恒的东西,也不是偶然的东西,而是人们力所能及的东西。如此,选择也是一种理性的能力。在法的实践中,我们这里赞同与援用亚里士多德对选择的界定,选择是法律产生的本原,也是实施法律解决个案的标志。法律实践中的选择,作为理性活动和理性能力,本身可以独立于选择依据的种种"理由",包括政治的、经济的,以及观念的等各种"意见"或"主张";法律实践的选择也不同于选择的东西,即具体的立法规范或个案判断。所以,我们可以将选择视为法律系统从无序通往有序的界点。在选择之前,法律似乎并不存在,我们看到的就是一大堆基于政治的、经济的、伦理与道德的,或者科学的等各种"意见"或"主张",彼此之间互不相让、自认为有理;但所有"意见"或"主张"能够聚到一起争论、对峙,无疑正是因为法律。一旦选择,这些"意见"或"主张"似乎就戛然而止,人们理解的具有独立性与专业性的法律产生和形成了,人们自觉遵守它,对于不服从者,法律强制他们服从,一切都处于"法秩序"之下,井然有序。

这里有两点必须特别注意:第一,法的实践中的选择,我们可以认为它是"集体选择",毕竟从启蒙时代开始人们就从不怀疑民主与法律的密切关系。但是,对于独立于选择理由、区别于选择结果、不同于行为事实

———

① 《亚里士多德全集》(第8卷),苗力田主编,中国人民大学出版社1992年版,第52页。

的选择,其实必须认识到它是立法者或者法官的选择。"民意"是"意见",而不是选择。即使在极端情况下,民众一致同意某种观点,法律也依然是立法者对这种一致的民意的选择。只有在所谓的"习惯法"中有些例外,但是"习惯法"是在具体的个案裁判中体现出法的意义的,因此此时其实是法官的选择和立法者的选择合二为一。第二,法的实践中的选择不是终结性的,也不是线性的,而是在间断与连续之中的。系统发生质变的标志就是"选择",这种"选择"在形式上是连续的,选择之后会有"新"选择。但它又是间断的,在内容上它是变化的,新的选择的内容必定相异于先前的选择。选择导致"法秩序"出现,但是"新"的选择同时也蕴含其中。选择之后矛盾与对峙着的各种"意见"或"主张"表面上的戛然而止,其实只是更换了新的方式、新的内容。既有法律出于稳定性,既有判决基于既判力,会不断地抵制种种异议,想方设法地去消解它们,但当矛盾与冲突达到临界点,"新"的选择就不可避免了。这一过程也就是我们通常说的法律的进化,它表现在立法的修订完善之中,也体现在个案的监督之中。

　　总之,法(律)的系统性是通过法的实践体现并在运行中彰显的。法律系统是自组织系统,也是开放的系统。一方面,人们对法的认识差异,包括对法的本质、法律现象与法律事实等相互矛盾与对立的"意见"与"主张",构成了法律系统的微观变量;另一方面,法从来就不是脱离社会、经济与政治而孤立运行的,人们总能也总是会基于文化、宗教、伦理道德,经济与政治等,而对法律提出种种"意见"或"主张"。从而,使得法律系统的构成与运行更显复杂性。文化、宗教、伦理道德,经济与政治等无时无刻不侵蚀着法律的"自治性",客观上使得法律系统必须更具包容性,更具有学科跨度性和兼容性。从此角度,我们看到法律系统构成与运行本身就具有"治理"的特征,所以我们往往也可以直接将法律系统的运行、法律的实践表述为"法律治理"。环境法和一般法律系统的原理并没有什么本质上的不同,如果将环境法和那些纯粹作用于社会关系的传统民、刑事法律相比较,环境法的特点就在于和环境科学的紧密关系,前文我们也阐明,事实上离开了环境科学,环境法将无所适从。环境法的系统构成及其运行如图7-1所示：

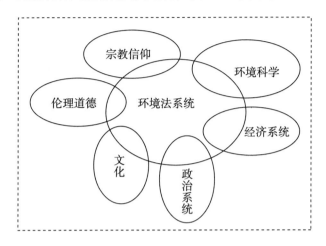

图7-1 环境法系统构成示意

毋庸置疑，环境问题及生态治理有很强的生态系统性，而且环境问题的复杂性、相关性、公共性等诸多特点，决定了环境问题的解决、治理理念的推进必须充分契合生态的系统性特点。而这不仅对"环境法治建设与发展实效性及环境协同共治"提出更高层次的挑战与要求，也为其的最终实现提供了系统的作用与展现场域。而这都将在新时代的环境保护体制机制变革的不同环节得以发生。

二、环境问题全球化·中国地方知识·中国式方案及使命

（一）共性：环境问题全球化

环境问题已成当下全球公众共同面临的全球性问题，呈现出多方面的特点：其一，全方位性。上至臭氧层，下至地下水，大至全球气候，小至遗传基因，无不呈现令人担忧的退化或恶化迹象。其二，全因子性。表现为全球范围内所有环境因子的退化或恶化。无论是大气、水、土地、还是物种栖息地，生态系统或遗传基因，都呈现退化或恶化迹象。其三，整体性。整个自然环境是由诸多环境要素组成的有机整体，环境要素的关联性客观上决定了环境问题的整体性。河流的污染涉及的不仅仅是某个河段，而是整个流域；空气污染不仅危及某个工业城市，而是跨界影响；温室

气体排放、森林植被破坏则导致全球性气候变暖。显然，在当今社会，环境问题不是一国的问题，亦不是一个地区的问题，而是普遍性的、全球性的问题。在经历过或正经历着工业革命及经济快速增长所带来的短暂快感之后，许多国家都正面临或将面临着严峻的环境挑战。不管是发达国家、发展中国家，还是欠发达国家。过度可发、过快增长的所谓现代化进程的冲击致使环境危机正在各个国家不同程度地存在，即便是在远离现代文明的土著居住地与土著部族，都概莫能外。

（二）个性：地方性知识与环境的中国式问题

1. 环境法治建设围绕环境问题解决而展开

环境问题，是指由于自然界或人类的活动，使环境质量下降或生态系统失调，对人类的社会经济发展、健康和生命产生有害影响的现象①。环境问题的产生与每个地方生态系统的整体状况及其构成要素的状况息息相关，因此，"地方性的生态系统状况"直接关系到环境问题的产生或严重程度，决定了生态建设发展的功能定位与建构。用吉尔兹的话说，就是"法律是地方性知识"。就我国的地域构成而言，我国是一个地域广大、地形地貌复杂、气候类型多样、生物群落分布广袤、区域经济发展及污染技术水平各异的国家。显然，以整个国家或整个省份的环境状况、社会经济发展水平、生产技术水平等的平均量值作为制定依据的环境法律规范（特别是环境标准），将会使环境法治建设与发展在情态各异的"地方性知识"面前面临"普适性不能"的难题。

2. "地方性知识"特性也反映在不同利益集团利益取向及力量差异对比

在一定程度上，法律是利益争夺及利益妥协的产物。对此，马克思指出："社会上占统治地位的那部分人的利益，总是要把现状作为法律加以神圣化。并且要把习惯和传统对现状的各种限制用法律固定下来。"②因此，一定时期一定法律规则的形成与运行总是由一定利益取向所决定的，

---

① 韩德培：《环境保护法教程》（第3版），法律出版社1998年版，第3页。
② 《马克思恩格斯全集》（第25卷），人民出版社1964年版，第894页。

法律通常在维护特定集团利益的同时可能牺牲了另一集团的利益。或者本来对该现象的法律规定应当是符合逻辑的,然而对个别情况而言,法律的适用却表现为法不得体,甚至可能出现相反的意义,使法律规则在获得一般正义同时又丧失了个别正义。因此,伊壁鸠鲁指出:"在稍微具体地适用法律的时候,它对某些人是不利的、错误的,而对另一些人也可能是有利的、正确的,法律同样会因条件变为恶法。"①显然,既得利益集团的阻碍,诸多利益取向的压力(如短期的政绩工程需求、眼前的经济利益追求等),都将影响环境法治建设与应对的实际运行,甚至出现运行不合目的性的状况。

因此,环境问题全球性并不代表解决应对方案是整体划一的,反而有很强的特定区域依赖性。无疑,环境法治建设与发展想要实现普适性是极为艰难的,这也很大程度地决定了环境法治建设与应对的"普适性不能"与"普适性不宜"。尤其是对于自然环境、地质境况、民族文化、区域发展水平层次都差异很大并且人口基数大的中国而言。研究与建构中国特色社会主义的环境法理论体系、中国特色社会主义的环境法治体系是适宜的,也是亟须的。

(三)变革发展的中国式方案及使命

随着我国依法治国战略的不断推进,学界对中国特色社会主义法学理论的探索和研究日益全面。张文显教授认为,"社会主义"是当代中国法学的本质规定。我国的法学必须是社会主义的,即必须反映社会主义本质,为社会主义服务。"中国特色"是当代中国法学的基本规格,主要反映在三个方面:

第一,我国法学必须从中国国情出发,从建设中国特色社会主义的实践出发。第二,有中国特色的法学必须体现当代中国的时代特征和时代精神。第三,有中国特色的法学必须继承中国优秀法律文化传统和中华法系具有生命力和再生力的民族精神,确立我国法学自己的民族品格或

---

① 吕世伦、谷春德:《西方政治法律思想史》,辽宁人民出版社1998年版,第79页。

民族性,以具有民族特色的形象自立于世界法学之林。① 姚建宗、黄文艺则对中国特色社会主义法学理论体系研究作了一个全面的概括,即"中国特色社会主义法学理论体系研究,是以中国改革开放以来中国特色社会主义民主、法治的实践,中国特色马克思主义法学的现实发展,中国传统文化与文化传统以及人类政治法律文明共识,为研究基础和资源,从中总结、归纳、概括和建构作为一种理论模型的反映中国特色社会主义法治的中国经验而又在约束条件下具有普遍真理性质的中国特色社会主义法学理论"②。杨春福认为,"中国特色社会主义法学理论体系就是对中国特色社会主义法治实践的总结和提升,这一理论体系主要包括依法执政理论、依法治国理论、中国特色社会主义法律体系理论以及中国特色社会主义法律监督理论等"③。刘红臻把中国特色社会主义法学理论形成的基本标志归纳为:由中国特色社会主义法律的一般理论、中国特色社会主义法律体系各法律部门的基本理论、中国特色社会主义法治的基本理论所构成的法学范畴体系和知识体系;由马克思主义法学的世界观、方法论和中国特色社会主义理论体系,党的领导、人民当家作主、公有制等所表征的"社会主义特质";由"道德""情理"因素的拾补,"和谐"价值的开发为标识的"中国特色"。④ 无疑,中国特色社会主义法学理论是中国特色社会主义理论的重要组成部分,它既源于中国特色社会主义法治实践,同时又对中国特色社会主义法治建设实践的进程有重要推进作用。

虽然环境问题是全球性的问题,在我国的环境法学研究及相应环境法治建设中,可以比较借鉴西方发达国家的先进环境法学理论研究成果与实践经验。但是,从另一个层面而言,中国又是一个特色鲜明的特殊国度,中国是一个具有深厚底蕴的文明古国,有着深厚的"天人合一""合和

---

① 参见张文显:《再论建构有中国特色的社会主义法学》,载《中国法学》1997 年第 3 期。

② 姚建宗、黄文艺:《中国特色社会主义法学理论体系研究》,载《法制与社会发展》2012 年第 2 期。

③ 杨春福:《中国特色社会主义法学理论体系的现实基础》,载《法制与社会发展》2012 年第 6 期。

④ 参见刘红臻:《中国特色社会主义法学理论体系的形成过程及其基本标志》,载《法制与社会发展》2013 年第 2 期。

平衡中庸"的传统文化特质;在民族众多、国土广阔的同时,又面临民族习惯习俗结构多样,地理环境与资源分布不均、差异明显,人口基数大,人均资源少,生态环境建设压力大等复杂境况。更何况,中国作为近年来世界上经济发展速度最快的国家之一,利用近四十年时间走完了西方国家两百多年的社会发展道路。快速的经济发展需要上层建筑、法律制度、生态文明等各方面的发展紧随其后。无疑,在中国"建设发展时间段的压缩"与"环境问题的叠加",致使我国"实现经济环境协同、促进区域发展的平衡与可持续、提供具有中国特色的环境法治保障"等任务更为繁重,也对中国特色社会主义环境法理论研究与体系形成增加了难度,提出了更高层面的挑战。

就我国的环境法学理论研究及运行实践看,在一定程度上,崇尚"天人合一、人与自然和谐"是自古以来中国传统文化思想的精髓,然而环境法学的理论研究及其制度建构却属新学初兴,总和算来不过四十载。不过,也就在这短暂的几十年间,环境法学的研究与建设成效显著,体现在学科研究、基础理论、法治建设等不同方面。自 20 世纪七八十年代始,我国环境法学者开始逐步接触与思考环境法学问题,比较分析国外环境法学的相关研究成果与实践经验。20 世纪 90 年代后,我国的环境法学研究深入"环境法本质、环境法本位、环境权、环境法律体系等"理论性问题。时至当下,伴随着 2014 年《环境保护法》的颁布与实施,环境法学界进一步推进了关于"环境监管的垂直体制变革、环境权保护如何进入民法典、环境责任的'一岗双责与党政同责'、环境司法专门化、环境公益诉讼的深入、国家生态治理能力现代化"等诸多细化问题的研究与探讨。诸多迹象表明,当下我国的环境法学理论研究及其体系建设已开始进入一个后环境保护法时代的转型时期。尤其是从党的十九届四中全会审议通过《中共中央关于坚持和完善中国特色社会主义制度、推进国家治理体系和治理能力现代化若干重大问题的决定》,明确坚持和完善中国特色社会主义制度、推进国家治理体系和治理能力现代化是全党的一项重大战略任务;再到 2020 年中共中央办公厅、国务院办公厅印发《关于构建现代环境治理体系的指导意见》,要求到 2025 年,建立健全环境治理的领导责任体系、企业责任体系、全民行动体系、监管体系、市场体系、信用体系、法律法规政策体系,落实各类主体责任,提高市场主体和公众参与的积极性,形成导向清晰、决策科学、执行有力、激励有效、多元参与、良性互动的环境治理体系。这无疑为中国特色社会主义环境法理论研究与体系形成、走向深入提供了纲领性的指引。在"环境问题全球化—中国地方知识—中国式方案及使命"的相互交织与相互作用中,中国特色社会主义环境法理论的研究与体系形成仅是第一步。在"因地制宜接地气、推陈出新绘蓝图"中,中国特色社会主义环境法治体系的建构仍将在路上。

综合而言,环境法学的核心范畴、研究方法与基本话语厘清了新时代环境法学研究知识格局。社会主要矛盾的变化呼唤权利本位价值,新时代比任何时候都需求将权利本位落到环境法治建设实践中。作为环境法学研究逻辑起点和环境法律现象认知的中介概念——核心范畴及其建构须对新时代的转型需求予以回应,从一元的权利或义务本位走向二元的"权利—义务"范畴。环境法治客观条件的变化凸显环境法律制度的体系化需求,这意味着环境法学研究方法须对环境法律制度体系化予以关照,环境法学方法本身也应走向科学化与层次化。中国环境法学研究要走出西方话语禁锢,实现话语自觉,建构中国学术话语权,必然需要回归到中国环境法学话语的主体性特征,走向中国环境法治问题的"田野",充分理解和利用中国环境法治资源,坚持开放并蓄的话语立场。

全面依法治国、建设生态文明体系的新时代,不仅为环境法学研究提供了丰富的社会实践场域,同时对中国特色的环境法学理论研究提出了迫切需求。也正是基于此背景及对其中关键性问题的长期跟踪关注,课题研究团队自2011年成功申报教育部人文社会科学重点研究基地重大项目《新时期环境保护体制机制改革与环境法律制度变革》(编号11JJD820001),到2013年成功申报国家社科基金重点项目《民本视域下国家环境义务研究》(编号13AFX023),到2016年成功申报国家社科重大招标项目《社会源危险废弃物环境责任界定与治理机制研究》(编号16ZDA072),到2020年成功申报国家社科重大招标项目《加快推进生态治理体系与治理能力现代化研究》（编号 20&ZD091），其中的时代变迁与文明演进中环境保护体制机制改革与环境法律制度变革、环境共治变革中的权力与权利协同等关键性议题，始终是团队系列课题研究的连接主线与关注核心。历经 20 余年回应时代变迁的铺垫与反复研磨，直至今日检查并校对完最后一个参考文献注释，在凌晨东方既白中本议题研究终于可以暂时告一段落。本书成果在课题组团队的几次修改完善后最终形成。此来之不易的研究结果，与整个项目研究及撰写文稿的黄秀蓉、肖磊、冯如、欧阳恩钱、曹可亮等团队成员的扎实探索与不懈努力是分不开。尤其是肖磊、冯如、欧阳恩钱、曹可亮等团队成员所重点撰写的第四章、第五章，其中的有些难题阐释都是历经多个层面的"破与立"打磨而成。新时代环境法学研究的三重转型预示着中国环境法学研究将摆脱先验理论的束缚，走向中国特色的环境法治实践；标志着中国环境法学研究将从浅层的经验描述与现象观察走向深层次、科学化的理论建构；意味着中国环境法学研究将走出西方话语禁锢，掌握中国环境法学话语权，逐渐将中国生态文明建设与环境法治模式推向世界。这是一个需要理论而且一定能够产生理论的时代，这是一个需要思想而且一定能够产生思想的时代。我们不能辜负这个时代。

参考文献

一、中文专著

1. 冯友兰:《中国哲学史新编》(第 1 册),人民出版社 1982 年版。

2. 曲格平等编:《环境科学基础知识》,中国环境科学出版社 1984 年版。

3. 韩德培主编:《环境保护法教程》,法律出版社 1986 年版。

4. 尹田:《法国现代合同法》,法律出版社 1995 年版。

5. 郑杭生主编:《中国社会转型中的社会问题》,中国人民大学出版社 1996 年版。

6. 包亚明主编:《后现代性与公正游戏:利奥塔访谈、书信录》,上海人民出版社 1997 年版。

7. 金瑞林:《环境与资源保护法学》,高等教育出版社 1999 年版。

8. 蔡守秋:《环境政策法律问题研究》,武汉大学出版社 1999 年版。

9. 蔡守秋:《调整论——对主流法理学的反思与补充》,高等教育出版社 2003 年版。

10. 蔡守秋主编:《环境资源法教程》,高等教育出版社 2004 年版。

11. 张文显:《法哲学范畴研究》(修订版),中国政法大学出版社 2001 年版。

12. 陈新民:《德国公法学基础理论》,山东人民出版社 2001 年版。

13. 公丕祥:《权利现象的逻辑》,山东人民出版社 2002 年版。

14. 周玉华主编:《环境行政法学》,东北林业大学出版社 2002 年版。

15. 莫纪宏:《现代宪法的逻辑基础》,法律出版社 2002 年版。

16. 周训芳:《环境权论》,法律出版社 2003 年版。

17. 尹伊君:《社会变迁的法律解释》,商务印书馆 2003 年版。

18. 王岳川主编:《中国后现代话语》,中山大学出版社 2004 年版。

19. 俞可平:《社群主义》(修订版),中国社会科学出版社 2005 年版。

20. 莫伟民:《莫伟民讲福柯》,北京大学出版社 2005 年版。

21. 王利明:《人格权法研究》,中国人民大学出版社 2005 年版。

22. 王利明主编:《中国民法典学者建议稿及立法理由》(人格权编·婚姻家庭编·继承编),法律出版社 2005 年版。

23. 瞿同祖:《中国法律与中国社会》,中华书局 2006 年版。

24. 汪劲:《环境法学》,北京大学出版社 2006 年版。

25. 汪劲:《环境保护法治三十年:我们成功了吗——中国环保法治蓝皮书(1979—2010)》,北京大学出版社 2011 年版。

26. 王树义:《可持续发展与中国环境法治——循环经济立法问题专题研究》,科学出版社 2007 年版。

27. 徐祥民、陈书全:《中国环境资源法的产生与发展》,科学出版社 2007 年版。

28. 姜安、赵连章等:《政治学概论》,高等教育出版社 2007 年版。

29. 张之沧、林丹编著:《当代西方哲学》,人民出版社 2007 年版。

30. 汪应洛:《系统工程》(第 4 版),机械工业出版社 2008 年版。

31. 周珂主编:《环境法学研究》,中国人民大学出版社 2008 年版。

32. 钭晓东:《论环境法功能之进化》,科学出版社 2008 年版。

33. 钭晓东:《民本视阈下环境法调整机制变革——温州模式内在动力的新解读》,中国社会科学出版社 2010 年版。

34. 林火旺:《正义与公民》,吉林出版集团有限责任公司 2008 年版。

35. 童世骏:《当代中国人精神生活研究》,经济科学出版社 2009 年版。

36. 薄振峰:《斯通:法的综合解读》,黑龙江大学出版社 2009 年版。

37. 段德智:《主体生成论对"主体死亡论"之超越》,人民出版社 2009 年版。

38. 余俊:《环境权的文化之维》,法律出版社 2010 年版。

39. 王蓉:《环境法总论——社会法与公法共治》,法律出版社 2010 年版。

40. 宋建丽:《公民资格与正义》,人民出版社 2010 年版。

41. 梁剑琴:《环境正义的法律表达》,科学出版社 2011 年版。

42. 宣兆凯:《中国社会价值观现状及演变趋势》,人民出版社 2011 年版。

43. 李艳霞:《公民资格与社会福利》,中国社会科学出版社 2012 年版。

44. 黄锡生:《自然资源物权法律制度研究》,重庆大学出版社 2012 年版。

45. 倪正茂:《激励法学探析》,上海社会科学院出版社 2012 年版。

46. 王社坤:《环境利用权研究》,中国环境出版社 2013 年版。

47. 洪大用、马国栋编著:《生态现代化与文明转型》,中国人民大学出版社 2014 年版。

48. 何艳梅:《环境法的激励机制》,中国法制出版社 2014 年版。

49. 冯汝:《环境法私人实施研究》,中国社会科学出版社 2017 年版。

50. 叶俊荣:《环境政策与法律》,台北,月旦出版股份有限公司 1993 年版。

51. 叶俊荣:《环境行政的正当法律程序》,台北,翰芦图书出版有限公司 2001 年版。

52. 陈慈阳:《环境法总论》,台北,元照出版有限公司 2011 年版。

53. 国家环境保护局编:《中国环境保护事业(1981—1985)》,中国环境科学出版社 1988 年版。

二、外文专著

1. [德]黑格尔:《法哲学原理》,范扬、张企泰译,商务印书馆 1961 年版。

2. [英]休谟:《人性论》,关文运译,商务印书馆 1980 年版。

3. [古希腊]亚里士多德:《政治学》,吴寿彭译,商务印书馆 1981 年版。

4. [美]庞德:《通过法律的社会控制:法律的任务》,沈宗灵译,商务印书馆 1984 年版。

5. [德]费希特:《论学者的使命人的使命》,梁志学、沈真译,商务印书馆 1984 年版。

6. [奥]维特根斯坦:《逻辑哲学论》,郭英译,商务印书馆 1985 年版。

7. [奥]弗洛伊德:《梦的解析》,赖其万、符传孝译,作家出版社 1986 年版。

8. [德]尼采:《悲剧的诞生》,李长俊译,湖南人民出版社 1986 年版。

9. [德]马丁·布伯:《我与你》,陈维纲译,生活·读书·新知三联书店 1986 年版。

10. [德]黑格尔:《精神现象学》(上卷),贺麟、王玖兴译,商务印书馆 1987 年版。

11. [联邦德国]H.哈肯:《协同学:理论与应用》,杨炳奕译,中国科学技术出版社 1990 年版。

12. [德]康德:《法的形而上学原理——权利的科学》,沈叔平译,商务印书馆 1991 年版。

13. [奥]巴巴利特:《公民资格》,谈谷铮译,台北,桂冠图书股份有限公司 1991 年版。

14. [古希腊]亚里士多德:《亚里士多德全集》(第 8 卷),苗力田主编,中国人民大出版社 1992 年版。

15. [美]全钟燮:《公共行政:设计与问题解决》,黄曙曜译,台北,五南图书出版股份有限公司 1994 年版。

16. [古希腊]亚里士多德:《政治学》,颜一、秦典华译,载苗力田主编:《亚里士多德全集》(第 9 卷),中国人民大学出版社 1994 年版。

17. [古希腊]亚里士多德:《尼各马可伦理学》,苗力田译,载苗力田主编:《亚里士多德全集》(第 8 卷),中国人民大学出版社 1994 年版。

18. [英]A. J. M. 米尔恩:《人的权利与人的多样性——人权哲学》,夏勇、张志铭译,中国大百科全书出版社 1995 年版。

19. [德]《黑格尔法哲学批判》,载中共中央翻译局译:《马克思恩格斯全集》(第 1 卷),人民出版社 1995 年版。

20. [日]富井利安、伊藤护也、片冈直树:《环境法的新展开》,日本法律文化出版社 1995 年版。

21. [美]欧内斯特·盖尔霍恩、罗纳德·M. 利文:《行政法和行政程序概要》,黄列译,中国社会科学出版社 1996 年版。

22. [英]霍布斯:《利维坦》,黎思复、黎廷弼译,商务印书馆 1997 年版。

23. [美]约翰·罗尔斯:《正义论》,何怀宏等译,中国社会科学出版社 1988 年版。

24. [日]原田尚彦:《环境法》,于敏译,法律出版社 1999 年版。

25. [古罗马]优士丁尼:《法学阶梯》,徐国栋译,中国政法大学出版社 1999 年版。

26. [美]托马斯·雅诺斯基:《公民与文明社会》,柯雄译,辽宁教育出版社 2000 年版。

27. [美]约翰·罗尔斯:《政治自由主义》,万俊人译,译林出版社 2000 年版。

28. [德]于尔根·哈贝马斯:《后形而上学思想》,曹卫东、付德银译,译林出版社 2001 年版。

29. [法]拉康:《拉康选集》,褚孝泉译,上海三联书店 2001 年版。

30. [美]迈克尔·J. 桑德尔:《自由主义与正义的局限》,万俊人等译,译林出版社 2001 年版。

31. ［美］R. M. 昂格尔：《现代社会中的法律》，吴玉章、周汉华译，译林出版社2001年版。

32. ［日］美浓部达吉：《公法与私法》，黄冯明译，中国政法大学出版社2003年版。

33. ［美］拉塞尔·M. 林登：《无缝隙政府：公共部门再造指南》，汪大海等译，中国人民大学出版社2002年版。

34. ［德］埃德蒙德·胡塞尔：《迪卡尔式的沉思》，张廷国译，中国城市出版社2002年版。

35. ［德］哈贝马斯：《在事实与规范之间：关于法律与民主法治国的商谈理论》，童世骏译，生活·读书·新知三联书店2003年版。

36. ［美］H. 乔治·弗雷德里克森：《公共行政的精神》，张成福等译，中国人民大学出版社2003年版。

37. ［英］齐格蒙特·鲍曼：《共同体》，欧阳景根译，江苏人民出版社2003年版。

38. ［美］列奥·施特劳斯：《自然权利与历史》，彭刚译，生活·读书·新知三联书店2003年版。

39. ［澳］加里·特朗普：《宗教起源探索》，孙善玲译，四川人民出版社2003年版。

40. ［德］霍尔斯特·海因里希·雅科布斯：《十九世纪德国民法科学与立法》，王娜译，法律出版社2003年版。

41. ［德］乌尔里希·贝克：《风险社会》，何博闻译，译林出版社2004年版。

42. ［美］P. 诺内特、P. 塞尔兹尼克：《转变中的法律与社会：迈向回应型法》，季卫东、张志铭译，中国政法大学出版社2004年版。

43. ［美］珍妮特·V. 登哈特、罗伯特·B. 登哈特：《新公共服务：服务，而不是掌舵》，丁煌译，中国人民大学出版社2004年版。

44. ［英］爱德华·马尔特比等：《生态系统管理——科学与社会问题》，康乐等译，科学出版社2004年版。

45. ［德］恩斯特·卡西尔：《人论》，甘阳译，上海译文出版社2004

年版。

46. [美]劳伦斯·M. 弗里德曼:《法律制度——从社会科学角度观察》,李琼英、林欣译,中国政法大学出版社 2004 年版。

47. [英]尼尔·麦考密克、奥塔·魏因贝格尔:《制度法论》,周叶谦译,中国政法大学出版社 2004 年版。

48. [德]贡塔·托依布纳:《法律:一个自创生系统》,张骐译,北京大学出版社 2004 年版。

49. [美]R. 科斯、A. 阿尔钦、D. 诺斯等:《财产权利与制度变迁——产权学派与新制度学派译文集》,刘守英等译,上海人民出版社 2004 年版。

50. [英]约翰·菲尼斯:《自然法与自然权利》,董娇娇等译,中国政法大学出版社 2005 年版。

51. [德]赫尔曼·哈肯:《协同学:大自然构成的奥秘》,凌复华译,上海译文出版社 2005 年版。

52. [德]奥特弗利德·赫费:《政治的正义性:法和国家的批判哲学之基础》,庞学铨等译,上海世纪出版集团 2005 年版。

53. [德]G. 拉德布鲁赫:《法哲学》,王朴译,法律出版社 2005 年版。

54. [法]古郎士:《希腊罗马古代社会研究》,李玄伯译,中国政法大学出版社 2005 年版。

55. [英]约翰·菲尼斯:《自然法与自然权利》,董姣姣等译,中国政法大学出版社 2005 年版。

56. [德]康德:《康德著作全集》(第 4 卷),李秋零译,中国人民大学出版社 2005 年版。

57. [美]詹姆斯·博曼、威廉·雷吉:《协商民主:论理性与政治》,陈家刚译,中央编译出版社 2006 年版。

58. [德]费希特:《自然法权基础》,谢地坤、程志民译,商务印书馆 2006 年版。

59. [美]戴维·奥斯本:《改革政府:企业家精神如何改革着公共部门》,周敦仁等译,上海译文出版社 2006 年版。

60.［美］詹姆斯·汤普森:《行动中的组织:行政理论的社会科学基础》,敬乂嘉译,上海人民出版社 2007 年版。

61.［美］罗斯科·庞德:《法理学》(第 3 卷),廖德宇译,法律出版社 2007 年版。

62.［英］恩靳·伊辛、布雷恩·特纳主编:《公民权研究手册》,王小章译,浙江人民出版社 2007 年版。

63.［法］让·保罗·萨特:《存在与虚无》,陈宣良等译,生活·读书·新知三联书店 2007 年版。

64.［德］康德:《康德著作全集》(第 6 卷),张荣、李秋零译,中国人民大学出版社 2007 年版。

65.［德］鲁道夫·冯·耶林:《为权利而斗争》,郑永流译,法律出版社 2007 年版。

66.［英］马克·尼奥克里尔斯:《管理市民社会——国家权力理论探讨》,陈小文译,商务印书馆 2008 年版。

67.［美］史蒂芬·布雷耶:《规制及其改革》,李洪雷、宋华琳等译,北京大学出版社 2008 年版。

68.［美］凯斯·R.桑斯坦:《权利革命之后:重塑规制国》,钟瑞华译,中国人民大学出版社 2008 年版。

69.［日］长谷川公一:《NPO 与新的公共性》,载［日］佐佐木毅、［韩］金泰昌主编:《中间团体开创的公共性》,王伟译,人民出版社 2009 年版。

70.［美］朱迪·费里曼:《合作治理与新行政法》,毕洪海、陈标冲译,商务印书馆 2010 年版。

71.［德］罗伯特·阿列克西:《法理性商谈法哲学研究》,朱光、雷磊译,中国法制出版社 2011 年版。

72.［德］于尔根·哈贝马斯:《现代性的哲学话语》,曹卫东译,译林出版社 2011 年版。

73.［法］米歇尔·福柯:《规训与惩罚》,刘北成、杨远婴译,生活·读书·新知三联书店 2012 年版。

74.［英］克里斯托弗·卢茨主编:《西方环境运动:地方、国家和全球向度》,徐凯译,山东大学出版社 2012 年版。

75. [荷]皮特·何、[美]瑞志·安德蒙主编:《嵌入式行动主义在中国:社会运动的机遇与约束》,李婵娟译,社会科学文献出版社 2012 年版。

76. [德]伯恩·魏德士:《法理学》,丁晓春、吴越译,法律出版社 2013 年版。

77. [美]约翰·D.多纳休、理查德·J.泽克豪泽:《合作:激变时代的合作治理》,徐维译,中国政法大学出版社 2015 年版。

78. [法]米歇尔·福柯:《自我技术:福柯文选Ⅲ》,汪明安编,北京大学出版社 2015 年版。

79. [德]罗伯特·阿列克西:《法概念和法效力》,王鹏翔译,商务印书馆 2015 年版。

三、中文论文

1. 蔡守秋:《环境权初探》,载《中国社会科学》1982 年第 3 期。

2. 沈宗灵:《对霍菲尔德法律概念学说的比较研究》,载《中国社会科学》1990 年第 1 期。

3. 蔡守秋:《论加强市场经济体制下的环境资源法制建设》,载《法学评论》1995 年第 2 期。

4. 童之伟:《公民权利国家权力对立统一关系论纲》,载《中国法学》1995 年第 6 期。

5. 韩崇华:《权利结构与权利空间》,载《山东法学》1996 年第 3 期。

6. 王明远、马骧聪:《论我国可持续发展的环境经济法律制度》,载《中国人口资源与环境》1998 年第 4 期。

7. 沈宗灵:《权利、义务、权力》,载《法学研究》1998 年第 3 期。

8. 童之伟:《论法理学的更新》,载《法学研究》1998 年第 6 期。

9. 彭国栋:《浅谈环境正义》,载《自然保育季刊》1998 年第 28 期。

10. 童之伟:《再论法理学的更新》,载《法学研究》1999 年第 2 期。

11. 童之伟:《论法学的核心范畴和基本范畴》,载《法学》1999 年第 6 期。

12. 马越：《对我国社会转型时期公共权力与私人权利的法理学探究》，载《公安研究》2000 年第 1 期。

13. 童之伟：《以"法权"为中心系统解释法现象的构想》，载《现代法学》2000 年第 2 期。

14. 张联、陈明、曾万华：《法国水资源环境管理体制》，载《世界环境》2000 年第 3 期。

15. 杨立新：《民事行政诉讼检察监督与司法公正》，载《法学研究》2000 年第 4 期。

16. 吕忠梅：《论环境使用权交易制度》，载《政法论坛》2000 年第 4 期。

17. 信春鹰：《后现代法学：为法治探索未来》，载《中国社会科学》2000 年第 5 期。

18. 吕忠梅：《环境权力与权利的重构——论民法与环境法的沟通和协调》，载《法律科学》2000 年第 5 期。

19. 吕忠梅：《关于物权法的"绿色思考"》，载《中国法学》2000 年第 5 期。

20. 吕忠梅：《再论公民环境权》，载《法学研究》2000 年第 6 期。

21. 童之伟：《权利本位说再评议》，载《中国法学》2000 年第 6 期。

22. 漆多俊：《论权力》，载《法学研究》2001 年第 1 期。

23. 郭道晖：《权力的多元化与社会化》，载《法学研究》2001 年第 1 期。

24. 马俊驹、梅夏英：《无形财产的理论和立法问题》，载《中国法学》2001 年第 2 期。

25. 朱谦：《论环境权的法律属性》，载《中国法学》2001 年第 3 期。

26. 黄喜春：《刍论环境保护相邻权制度》，载《中国环境管理干部学院学报》2001 年第 3 期。

27. 王明远：《略论环境侵权救济法律制度的基本内容和结构——从环境权的视角分析》，载《重庆环境科学》2001 年第 4 期。

28. 马晶：《论环境权的确立与拓展》，载《长白学刊》2001 年第 4 期。

29. 朱谦:《对公民环境权私权化的思考》,载《中国环境管理》2001 年第 4 期。

30. 童之伟:《法权中心的猜想与证明——兼答刘旺洪教授》,载《中国法学》2001 年第 6 期。

31. 王庆礼、邓红兵、钱俊生:《略论自然资源的价值》,载《中国人口·资源与环境》2001 年第 11 期。

32. 白飞鹏、李红:《私法原则、规则的二元结构与法益的侵权法保护》,载《现代法学》2002 年第 2 期。

33. 刘仲桂:《德国、法国、荷兰水资源保护与管理概况》,载《人民珠江》2002 年第 3 期。

34. 徐国栋:《论市民——兼论公民》,载《政治与法律》2002 年第 4 期。

35. [德]乌尔里希·贝克:《风险社会再思考》,载《马克思主义与现实》2002 年第 4 期。

36. 徐祥民:《告别传统,厚筑环境义务之堤》,载《郑州大学学报(哲学社会科学版)》2002 年第 2 期。

37. 孙双琴:《论当代中国国家与社会关系模式的选择:法团主义视角》,载《云南行政学院学报》2002 年第 5 期。

38. [德]沃特·阿赫特贝格、周战超:《民主、正义与风险社会:生态民主政治的形态与意义》,载《马克思主义与现实》2003 年第 3 期。

39. 王灿发:《论我国环境管理体制立法存在的问题及其完善途径》,载《政法论坛》2003 年第 4 期。

40. 徐祥民:《极限与分配——再论环境法的本位》,载《中国人口、资源与环境》2003 年第 4 期。

41. 李步云、杨松才:《权利与义务的辩证统一》,载《广东社会科学》2003 年第 4 期。

42. 薛澜、张强、钟升斌:《危机管理:转型期中国面临的挑战》,载《中国软科学》2003 年第 4 期。

43. 许纪霖:《从非典危机反思民族、社群和公民意识》,载《天涯》

2003 年第 4 期。

44. 王利明:《美国惩罚性赔偿制度研究》,载《比较法研究》2003 年第 5 期。

45. 高利红、余耀军:《论排污权的法律性质》,载《郑州大学学报(哲学社会科学版)》2003 年第 5 期。

46. [德]乌尔里希·贝克、张世鹏:《世界风险社会:失语状态下的思考》,载《当代世界与社会主义》2004 年第 2 期。

47. 吴忠民:《现阶段中国的社会风险与社会安全运行——当前中国重大问题研究报告之一》,载《科学社会主义》2004 年第 5 期。

48. 康伟平:《环境保护垂直管理曲折前行》,载《财经》2004 年第 8 期。

49. 韩大元:《宪法文本中"公共利益"的规范分析》,载《法学论坛》2005 年第 1 期。

50. 胡锦光、王锴:《论公共利益概念的界定》,载《法学论坛》2005 年第 1 期。

51. 丛日云:《当代中国政治语境中的"群众"概念分析》,载《政法论坛》2005 年第 2 期。

52. 曹姣星:《生态环境协同治理的行为逻辑与实现机理》,载《环境与可持续发展》2005 年第 2 期。

53. 周战超:《当代西方风险社会理论引述》,载《马克思主义与现实》2005 年第 3 期。

54. 杜群:《生态补偿的法律关系及其发展现状和问题》,载《现代法学》2005 年第 3 期。

55. 李富贵、熊兵:《环境信息公开及在中国的实践》,载《中国人口·资源与环境》2005 年第 4 期。

56. [美]布伦特·K.马歇尔、周战超:《全球化、环境退化与贝克的风险社会》,载《马克思主义与现实》2005 年第 5 期。

57. [加]彼得·哈里斯·琼斯、周战超:《"风险社会"传统、生态秩序与时空加速》,载《马克思主义与现实》2005 年第 6 期。

58. 文军:《社会学理论的核心主题及古典传统的创新——兼论社会学理论中"全球化研究范式"的建立》,载《浙江学刊》2005 年第 4 期。

59. 张文显、姚建宗:《权利时代的理论景象》,载《法制与社会发展》2005 年第 5 期。

60. 庄友刚:《风险社会理论研究述评》,载《哲学动态》2005 年第 9 期。

61. 章国锋:《反思的现代化与风险社会——乌尔里希·贝克对西方现代化理论的研究》,载《马克思主义与现实》2006 年第 1 期。

62. 程新英、柴淑芹:《风险社会及现代发展中的风险——乌尔利希·贝克风险社会思想评述》,载《学术论坛》2006 年第 2 期。

63. 林国华:《私法自治原则的基础》,载《山东大学学报(哲学社会科学版)》2006 年第 3 期。

64. 王芳:《行动者及其环境行为博弈:城市环境问题形成机制的探讨》,载《上海大学学报(社会科学版)》2006 年第 3 期。

65. 中华环境保护联合会:《中国环境保护民间组织发展状况报告》,载《环境保护》2006 年第 5 期。

66. 黄庆桥:《科学的风险意识与和谐社会的建设》,载《毛泽东、邓小平理论研究》2006 年第 9 期。

67. 郭道晖:《公法体系要以公民的公权利为本》,载《河北法学》2007 年第 1 期。

68. 王小钢:《贝克的风险社会理论及其启示——评〈风险社会〉和〈世界风险社会〉》,载《河北法学》2007 年第 1 期。

69. 吕世伦、宋光明:《权利与权力关系研究》,载《学习与探索》2007 年第 4 期。

70. 赵泽洪、翟国然:《我国环境保护中的信息公开机制及其优化》,载《环境保护》2007 年第 4 期。

71. 吴卫星:《环境权可司法性的法理与实证》,载《法律科学(西北政法学院学报)》2007 年第 6 期。

72. 马英杰、房艳:《美国环境保护管理体制及其对我国的启示》,载

《全球科技经济瞭望》2007 年第 8 期。

73. 夏玉珍、郝建梅:《当代西方风险社会理论:解读与讨论》,载《学习与实践》2007 年第 10 期。

74. 钭晓东:《生态文明、风险社会与环境法功能之进化》,载《学术月刊》2008 年第 1 期。

75. 钭晓东:《论社会变迁与环境法律规则运行模式的演进》,载《河北法学》2008 年第 3 期。

76. 王明远:《论环境权诉讼——通过私人诉讼维护环境公益》,载《比较法研究》2008 年第 3 期。

77. 国冬梅:《环境管理体制改革的国际经验》,载《环境保护》2008 年第 7 期。

78. 杨妍、孙涛:《跨区域环境治理与地方政府合作机制研究》,载《中国行政管理》2009 年第 1 期。

79. 刘永鑫、刘晓静、王志伟:《自然资源利用权的双重物权属性及环境保护价值》,载《中国环境管理干部学院学报》2009 年第 2 期。

80. 金海统:《自然资源使用权:一个反思性的检讨》,载《法律科学(西北政法大学学报)》2009 年第 2 期。

81. 王曦:《当前我国环境法制建设亟需解决的三大问题》,载《法学评论》2008 年第 4 期。

82. 陈冬:《环境公益诉讼的限制性因素考察——以美国联邦环境法的公民诉讼为主线》,载《河北法学》2009 年第 8 期。

83. 常纪文:《中国环境法治的历史、现状与走向——中国环境法治30 年之评析》,载《昆明理工大学学报(社会科学版)》2009 年第 1 期。

84. 欧阳恩钱:《环境法功能进化的层次与展开——兼论我国第二代环境法之发展》,载《中州学刊》2010 年第 1 期。

85. 李拥军、郑智航:《中国环境法治的理念更新与实践转向——以从工业社会向风险社会转型为视角》,载《学习与探索》2010 年第 2 期。

86. 钭晓东:《论环境监管体制桎梏的破除及其改良路径——〈环境保护法〉修改中的环境监管体制命题探讨》,载《甘肃政法学院学报》2010

年第 2 期。

87. 朱玲等:《论美国的跨区域大气环境监管对我国的借鉴》,载《环境保护科学》2010 年第 2 期。

88. 雷鑫、刘益灯:《排污权的法域归属探析》,载《湖南大学学报(社会科学版)》2010 年第 4 期。

89. 王明远:《论碳排放权的准物权和发展权属性》,载《中国法学》2010 年第 6 期。

90. 钭晓东:《环境法调整机制运行双重失灵的主要症结》,载《河北学刊》2010 年第 11 期。

91. 刘晓娇:《从传统官僚制到整体政府改革——西方政府改革的路径回顾》,载《广东青年干部学院学报》2010 年第 79 期。

92. 王清军、Tseming Yang:《中国环境管理大部制变革的回顾与反思》,载《武汉理工大学学报(社会科学版)》2010 年第 6 期。

93. 郭道晖:《认真对待权力》,载《法学》2011 年第 1 期。

94. 钭晓东:《后现代社会转型背景下〈环境保护法〉修改的几个重点领域》,载《绿叶》2011 年第 8 期。

95. 张璐:《自然资源作为物权客体面临的困境和出路》,载《河南师范大学学报(哲学社会科学版)》2012 年第 1 期。

96. 赵雪雁、李巍、王学良:《生态补偿研究中的几个关键问题》,载《中国人口·资源与环境》2012 年第 2 期。

97. 禹海霞、刘建伟:《改革开放后中国共产党对环境问题认识的转变——基于历次党代会报告的视角》,载《理论学刊》2012 年第 3 期。

98. 杜健勋:《从权利到利益:一个环境法基本概念的法律框架》,载《上海交通大学学报(哲学与社会科学版)》2012 年第 4 期。

99. 纪建文:《从排污收费到排污权交易与碳排放权交易:一种财产权视角的观察》,载《清华法学》2012 年第 5 期。

100. 高晓璐:《大部制背景下中国环境管理体制之反思与重构——以〈环境保护法〉之第 7 条的修改为视角》,载《财政监督》2012 年第 6 期。

101. 丁丁、潘方方:《论碳排放权的法律属性》,载《法学杂志》2012 年第 9 期。

102. 袁春湘:《2002—2011 年全国法院审理环境案件的情况分析》,载《法制资讯》2012 年第 12 期。

103. 杜辉:《论制度逻辑框架下环境治理模式之转换》,载《法商研究》2013 年第 1 期。

104. 巩固:《政府激励视角下的〈环境保护法〉修改》,载《法学》2013 年第 1 期。

105. 别涛:《环境公益诉讼立法的新起点——〈民诉法〉修改之评析与〈环境保护法〉修改之建议》,载《法学评论》2013 年第 1 期。

106. 杜晨妍、李秀敏:《论碳排放权的物权属性》,载《东北师大学报(哲学社会科学版)》2013 年第 1 期。

107. 冯汝:《自然资源损害之名称辨析及其内涵界定》,载《科技与法律》2013 年第 2 期。

108. 高晓露、梅宏:《中国海洋环境立法的完善——以综合生态系统管理为视角》,载《中国海商法研究》2013 年第 4 期。

109. 史玉成:《环境利益、环境权利与环境权力的分层建构——基于法益分析方法的思考》,载《法商研究》2013 年第 5 期。

110. 李金龙、胡均民:《西方国家生态环境管理大部委制改革及对我国的启示》,载《中国行政管理》2013 年第 5 期。

111. 张文斌:《"大科室制"改革的实践与思考》,载《中国机构改革与管理》2013 年第 10 期。

112. 任江:《人格权法中是否存在环境人格权之问》,载《人民论坛》2013 年第 18 期。

113. 王树义、皮里阳:《我国碳排放权交易的制度危机及应对》,载《环境保护》2013 年第 20 期。

114. 汪劲:《论生态补偿的概念——以〈生态补偿条例〉草案的立法解释为背景》,载《中国地质大学学报(社会科学版)》2014 年第 1 期。

115. 田培杰:《协同治理概念考辨》,载《上海大学学报(社会科学版)》2014 年第 1 期。

116. 毛寿龙、骆苗:《国家主义抑或区域主义:区域环境保护督查中心的职能定位与改革方向》,载《天津行政学院学报》2014 年第 2 期。

117. 邱秋:《完善立法为生态补偿提供硬约束》,载《环境保护》2014 年第 5 期。

118. 周玉珠:《国内环境保护垂直管理研究综述》,载《江苏省社会主义学院学报》2014 年第 5 期。

119. 秦天宝、王金鹏:《生态大部制的范例——我国台湾地区"环境资源部"改革述评》,载《环境保护》2014 年第 7 期。

120. 刘卫先:《对"排污权"的几点质疑——以"排污权"交易为视角》,载《兰州学刊》2014 年第 8 期。

121. 丰霏:《当代中国法律激励的实践样态》,载《法制与社会发展》2015 年第 5 期。

122. 徐祥民:《环境质量目标主义:关于环境法直接规制目标的思考》,载《中国法学》2015 年第 6 期。

123. 田凯、黄金:《国外治理理论研究:进程与争鸣》,载《政治学研究》2015 年第 6 期。

124. 罗文君:《新西兰环境管理体制转型研究与启示》,载《湖北第二师范学院学报》2015 年第 6 期。

125. 付淑娥:《环境人格权基本权能研究》,载《人民论坛》2015 年第 7 期。

126. 陈海嵩:《"生态红线"制度体系建设的路线图》,载《中国人口·资源与环境》2015 年第 9 期。

127. 杜立:《论排污权的权利属性》,载《法律适用》2015 年第 9 期。

128. 王明远:《论我国环境公益诉讼的发展方向:基于行政权与司法权关系理论的分析》,载《中国法学》2016 年第 1 期。

129. 杜晨妍、李秀敏:《论碳排放权的私法逻辑构造》,载《东北师大学报(哲学社会科学版)》2016 年第 1 期。

130. 李礼、孙翊锋:《生态环境协同治理的应然逻辑、政治博弈与实现机制》,载《湘潭大学学报(哲学社会科学版)》2016 年第 3 期。

131. 韩兆柱、李亚鹏:《网络化治理理论研究综述》,载《上海行政学院学报》2016 年第 4 期。

132. 吕忠梅、王国飞:《中国碳排放市场建设:司法问题及对策》,载《甘肃社会科学》2016 年第 5 期。

133. 史玉成:《环境法学核心范畴之重构:环境法的法权结构论》,载《中国法学》2016 年第 5 期。

134. 王俊敏、沈菊琴:《跨域水环境流域政府协同治理:理论框架与实现机制》,载《江海学刊》2016 年第 5 期。

135. 邹庆华:《生态环境协同治理中公民生态意识的培育》,载《哈尔滨工业大学学报(社会科学版)》2016 年第 5 期。

136. 王慧:《论碳排放权的法律性质》,载《求是学刊》2016 年第 6 期。

137. 叶念:《巴纳德与西蒙的行政组织理论之比较》,载《职工法律天地》2016 年第 9 期。

138. 唐清利:《公权与私权共治的法律机制》,载《中国社会科学》2016 年第 11 期。

139. 曹金根:《排污权交易合同及其规制》,载《重庆大学学报(社会科学版)》2017 年第 3 期。

140. 王彬辉:《论环境法的逻辑嬗变——从"义务本位"到"权力本位"》,武汉大学 2005 年博士学位论文。

141. 刘岩:《发展与风险——风险社会理论批判与拓展》,吉林大学 2006 年博士学位论文。

142. 赵路平:《公共危机传播中的政府、媒体和公众关系研究》,复旦大学 2007 年博士学位论文。

143. 赵青奇:《美国环境保护协会研究》,中国科学技术大学 2009 年博士学位论文。

144. 颜敏:《红与绿——当代环境运动考察报告》,上海大学 2010 年博士学位论文。

145. 杨华锋:《论环境协同治理——社会治理演进史视角中的环境问题及其对策》,南京农业大学 2011 年博士学位论文。

146. 杜辉:《环境治理的制度逻辑与模式转变》,重庆大学 2012 年博士学位论文。

147. 曾怀德:《现代性与风险——吉登斯风险社会理论探索》,苏州大学 2005 年硕士学位论文。

148. 李向群:《我国区域环境保护督查中心模式研究》,山东大学 2009 年硕士学位论文。

149. 徐寅杰:《我国政府环境保护部门垂直管理的探索》,北京林业大学 2011 年硕士学位论文。

150. 赖文伊:《城市生活垃圾分类激励机制研究——以成都"绿色地球"城区居民生活垃圾分类为例》,天津师范大学 2017 年学位论文。

151. 崔玉成、陈赛:《环境法律制度利益平衡观》,环境资源法学国际研讨会 2001 年会议论文。

152. 吴卫星:《环境权概念之研究》,中国法学会环境资源研究会 2002 年年会论文。

153. 徐祥民:《环境权论——从人权发展的历史分期谈起》,中国环境资源法学研讨会中国海洋大学法学院 2003 年论文。

154. 梁慧星:《人格权:与生俱来的权利——访梁慧星教授》,载《工人日报》2009 年 12 月 17 日。

155. 罗序文、王静:《荆州启动大科室制改革》,载《湖北日报》2013 年 5 月 6 日。

156. 魏双、孙磊:《确立环境保护相邻权》,载《中国社会科学报》2014 年 8 月 28 日。

157. 扶庆、马晓澄:《中国探索奖励公民碳币鼓励低碳行为》,载新华网 2015 年 7 月 29 日。

158. 王争亚:《生态文明建设之全面准确把握生态红线内涵》,载《中国环境报》2015 年 9 月 18 日。

四、英文文献

1. John Dwyer, The Pathology of Legislation, 17 Ecology L. Q. 233 –

316(1990).

2. Arnold W. Reitze, Jr. The Legislative History of U. S. Air Pollution Control, 1999, 36 Hous. L. Rev. 679, p. 701.

3. Hans Kelsen, *The Pure Theory of Law* (*revised edition*), California University Press, 1967, p. 10 – 12.

4. See Water Quality Act of 1965, Pub. L. No. 89 – 234, 79 Stat. 903 (1965).

5. See John C. Whitaker, Striking a Balance: Environment and Natural Resources Policy in the Nixon—Ford Years 96 (1976).

6. See Richard E. Cohen, Washington At Work: Back Rooms and Clean Am 18 (2ed. 1995).

7. See Jones, supra note 117, at 179 – 80 (discussing Nixon's 1970 State of the Union address setting the environment as a priority of his Administration).

8. Hans Kelsen, *The Pure Theory of Law* (*revised edition*), California University Press, 1967, p. 12.

9. Defenders of Wildlife & Center for Wildlife Law, the Public in Action: Using State Citizen Suit Statutes to Protect Biodiversity, September 2000, p. 4, http://www. defenders. org/states/Publica—tions/publication. pdf.

10. J. Freeman, *Collaborative Governance in the Administrative State*, UCLA Law Rreview, 1997, 45(1) : 1 – 99.

11. M Minow, Partners, *Not Rivals: Privatization and the Public Good*, Boston: Beacon Press, 2002: 171.

12. Wesley Newcomb Hohfeld, *Some Foundation Legal Conceptions as Applied in Judicial Reasoning*, 23 The Yale Law Journal 55 (1913).

13. Ven A H V D, Delbecq A L, Koenig R. , *Determinants of Coordination Modes within Organizations*, American Sociological Review, 1976, 41(2): 322 – 338.

14. Randy A. Becker, Cynthia Morgan, Carl Pasurka Jr. , Ronald J.

Shadbegian, "Do Environmental Regulations Disproportionately Affect Small Business? Evidence from the Pollution Abatement Costs and Expenditures Survey", Journal of Environmental Economics and Management, 2013 (66), p. 523 – 538.

15. Haitao Yin, Howard Kunreuther, Matthew White, Last revised on May 8, 2012, "Do Environmental Regulations Cause Firms to Exit The Market? Evidence from Underground Storage Tank (UST) Regulations", Retrieved August 12, 2015, from http://papers. ssrn. com/sol3/results. cfm? RequestTimeout = 50000000.

16. Daniel J. Fiorino, *The New Environmental Regulation*, London: The MIT Press, 2006: p. 207 – 212.

17. EPA, Last updated on August 11, 2015, "About the Office of Small Business Programs (OSBP)", Retrieved August 12, 2015, from http://www2. epa. gov/aboutepa/about—office—small—business—programs—osbp.

18. EPA, Last updated on January 28, 2014, "Minority Academic Institutions Program", Retrieved August 12, 2015, from http://www. epa. gov/osbp/mai_program. htm.

19. EPA, Lastupdated on July 15, 2015, "Asbestos and Small Business Ombudsman", Retrieved August 12, 2015, from http://www. epa. gov/ sbo/index. htm.

20. EPA, Last updated on June 17, 2015, "DBE Program Team", Retrieved August 13, 2015, from http://www. epa. gov/osbp/dbe _ team. htm.

21. SBA, "About the 8(a) Business Development Program", Retrieved August 14, 2015, from https://www. sba. gov/content/about—8a— business—development—program.

22. EPA, Last updated on November 6, 2014, "OSBP Direct Team", Retrieved August 13, 2015, from http://www. epa. gov/osbp/direct _ team. htm.

23. J. Weintraub, "The Theory and politics of the Public/Private Distinction", in J. Weintraub and K. Kumar (eds), Public and Thought and Practice, Chicago: University of Chocago Press. 1997, p. 7.

24. Eran Vigoda—Gadot and Robert T., Golembiewski: "Citizenship Behavior and the New Managerialism: A Theoretical Framework and Challenge for Governance." In Citizenship and Management in Public Administration, ed. Eran Vigoda—Gadot and Aaron Cohen, Edward Elgar Cheltenham, UK · Northampton, MA, USA, 2004, p. 13 – 15.

25. Foucault, Michel (1979) Discipline and Punish, New York: Vintage Books, p. 217.

26. Foucault, Michel (1980) Power/Knowledge, New York: Pantheon Books, p. 117.

27. Derrida, Jacques (1973): Speech and Phenomena, and Other Essays on Husserl's Theory of Signs, Evanston: Northwestern university Press, p. 58.

28. Marshall v. Jerrico, Inc. 446 U. S. 238, 242 (1980), citing Carey v. Piphus, 435 U. S. 237, 259 – 262, 266 – 267 (1978).

29. Acheson, D. G. (1919) Book review, Harward Law Review 338: p. 330.

30. Goldstein, Bernard D. (1989), "Risk Assessment and the Interface Between Science and Law", Columbia Journal of Environmental Law, Vol. 14 No. 2, 343 at 345 – 346.

31. Gilbert Harman, The Nature of Morality, New York: Oxford University Press, 1977, p. 6.

后　记

　　毋容置疑,全面依法治国、建设生态文明体系的新时代,不仅为环境法学研究提供了丰富的社会实践场域,同时对中国特色的环境法学理论研究提出了迫切要求。正是基于此时势背景及对其中关键性问题的长期跟踪关注,本课题研究团队自 2011 年成功申报教育部人文社会科学重点研究基地重大项目"新时期环境保护体制机制改革与环境法律制度变革"(编号 11JJD820001),到 2013 年成功申报国家社科基金重点项目"民本视域下国家环境义务研究"(编号 13AFX023),到 2016 年成功申报国家社科重大招标项目"社会源危险废弃物环境责任界定与治理机制研究"(编号 16ZDA072),到 2020 年成功申报国家社科重大招标项目"加快推进生态治理体系与治理能力现代化研究"(编号 20&ZD091),其中的时代变迁与文明演进中的环境保护体制机制改革与环境法律制度变革、环境共治变革中的权力与权利协同等关键性议题,始终是团队系列课题研究的连接主线与关注核心。历经 20 余年的铺垫与研磨,直至今日检查并校对完最后一个参考文献,在东方既白中,本议题研究终于可以暂时告一段落。此来之不易的研究结果,与整个项目研究及撰写文稿的黄秀蓉、肖磊、冯如、欧阳恩钱、曹可亮等团队成员的扎实探索与不懈努力是分不开的。尤其是肖磊、冯如、欧阳恩钱、曹可亮等团队成员所重点撰写的第四章、第五章,其中的很多难题阐释都是历经多个层面的"破与立"论证打磨而成。新时代环境法学研究的三重转型预示着中国环境法学研究将摆脱先验理论的束缚,走向中国特色的环境法治实践;标志着中国环境法学研究将从浅层的经验描述与现象观察走向深层次、科学化的理论建构;意味着中国环境法学研究将走出西方话语禁锢,掌握中国环境法学话语权,逐渐将中国的生态文明建设与环境法治模式推向世界。这是一个需要理论而且一定能够产生理论的时代,也是一个需要思想而且一定能够产生思想的时代。我们不能辜负这个时代。

斗晓东

2021 年 10 月